基於公平互惠心理偏好的激勵機制設計

魏光興、覃燕紅、方涌、彭京玲、唐瑜 著

大量實驗經濟學、心理學和行為經濟學的研究已經表明，
經濟行為主體還存在其他心裡偏好，
比如利他、嫉妒、互惠、公平等關注他人的心理偏好，
而各個主體之間的公平、互惠與合作，
正是建構和諧經濟社會的必然要求和條件。

財經錢線

前　言

古典經濟學對各個經濟主體經濟行為的研究都是假設他們為完全或純粹理性的,即只關注自身利益的最大化,而不關注他人的收益,經濟主體都是自私自利的個體。大量實驗經濟學、心理學和行為經濟學的研究已經表明,經濟行為主體還存在其他心理偏好,比如利他、嫉妒、互惠、公平等關注他人的心理偏好,而各個主體之間的公平、互惠與合作,正是構建和諧經濟社會的必然要求和條件。在經濟理論方面,把公平互惠心理偏好引入激勵機制設計框架,是行為契約理論這一行為經濟學的分支學科的發展前沿。本書針對團隊合作和錦標競賽兩種典型的多代理問題,引入公平互惠心理偏好,分析其對激勵結構和效率的影響。

首先,考慮團隊成員的公平互惠偏好特徵,把公平偏好心理損益引入效用函數,構建了同時描述能力水平差異和公平互惠偏好強度差異的團隊生產博弈模型,研究公平互惠偏好在不同博弈時序下影響團隊生產效率的內在機理。通過數理模型推理和數值分析得到在靜態博弈下,收益公平(文獻中也稱為公平偏好)會產生代理人的協調一致效應,而在序貫博弈下,收益公平會產生代理人的承諾效應。動機公平(文獻中也稱為互惠偏好)相對純粹自利偏好帕累托改進了團隊生產,序貫博弈帕累托改進團隊生產的程度要大於靜態博弈帕累托改進團隊生產的程度。因此,委託人在招聘員工時,應該深入瞭解各個員工的工作能力狀況,識別其偏好類型,確定各自的公平互惠偏好強度,優先選用具有動機公平的員工,並且設計合理的激勵契約讓員工序貫行動,並且確保后行動者具有動機公平,如此更易於實現團隊生產的帕累托改進,進而實現團隊生產的帕累托最優。

其次,引入風險規避,構建了代理人風險規避下同時描述能力水平差異和公平互惠偏好強度差異的團隊生產博弈模型,研究動機公平、收益公平和風險規避對團隊生產的綜合影響。研究發現公平互惠偏好有助於實現團隊生產的帕累托改進，進而實現帕累托最優，且只要滿足特定的限制條件，動機公平和收益公平兩者都能夠帕累托改進團隊生產。但是，收益公平帕累托改進團隊生產效率的條件比較苛刻，在靜態博弈下要求代理人能力大小比值大於其收益公平強度比值的倒數，在序貫博弈下要求讓低能力的代理人先行動而高能力的代理人后行動並且代理人的能力差異不大。而動機公平帕累托改進團隊生產效率的條件則比較寬松，在靜態博弈下只要求團隊中至少存在一位具有動機公平的代理人，在序貫博弈下只要求后行動者具有動機公平，這樣動機公平就能夠帕累托改進團隊生產效率。在靜態博弈下，收益公平會形成一致效應；在序貫博弈下，收益公平會形成承諾效應。與靜態博弈相比，在序貫博弈下公平互惠偏好帕累托改進團隊生產效率的程度更大。另外，代理人的風險規避會抑制團隊產出的增加，雖然對團隊生產產生了不利影響，但是只要滿足特定條件，風險規避降低團隊產出的負面影響就會低於公平互惠偏好增加團隊產出的正面影響，從而增加團隊產出。

最后，研究了具有不同心理偏好結構下的錦標競賽機制，並分別考察每種心理偏好對錦標激勵的影響。採用數理模型和數值分析得出，無論是分類競賽還是混同競賽，代理人心理偏好強度越大，競賽工資差距、競賽平均工資及代理人努力水平就越低。當自利者與公平互惠者競賽時，自利者在混同競賽中付出的努力更少，且其期望效用先隨心理偏好強度的增大而增大，后隨心理偏好強度的增大而減小；當嫉妒者與同情者競賽，兩者在混同競賽中付出的努力更少，其努力程度隨心理偏好的增強而降低。對於委託人的期望利潤而言，無論是嫉妒者與自利者、同情者與自利者還是嫉妒者與同情者競賽，委託人採取分類競賽都可以獲取更多的利潤，且心理偏好強度越大，分類競賽的優勢越明顯，但委託人獲得的期望利潤也同時在減少。

目　錄

1 緒論

1.1 研究背景及問題

1.1.1 研究背景

中國正在構建社會主義和諧社會，和諧社會蘊含著經濟主體之間的公平和互惠，而古典經濟學對各個經濟主體經濟行為的研究都是假設他們為完全或純粹理性的，即只關注自身利益的最大化，而不關注他人的收益，經濟主體都是自私自利的個體。這種假設在理論上加劇了社會經濟關係的衝突和矛盾，不利於當前社會主義和諧社會的構建和發展。近期，大量的實驗經濟學、心理學和行為經濟學研究表明，經濟行為主體還存在其他社會偏好（Social Preference，指利他、嫉妒、互惠、公平等關注他人的心理偏好；也稱「涉他偏好」Other-regarding Preferences，少數文獻中亦稱「互動偏好」Interdependent Preferences，或「親社會性偏好」Prosocial Preferences），而各個主體之間的公平、互惠與合作，正是構建和諧經濟社會的必然要求和條件。探索刻畫中國當前經濟環境下各種社會偏好的理論模型，有助於緩和及解決經濟文化中存在的矛盾衝突，為和諧社會建設提供微觀機制，並為微觀的企業文化建設提供決策依據。

理論上，以嚴密數學推導為特徵的博弈論與契約理論在發展過程中受到了嚴峻挑戰：一方面不能解釋最后通牒博弈（Ultimatum Game）等的實驗結果，另一方面實證研究發現其設計的激勵契約在很多重要領域與實踐並不一致（Fehr & Goett，2009）。對此，博弈論與契約理論也開始了引入利他（Altruism）、嫉妒（Envy）、同情（Compassion）、互惠（Reciprocity）、公平（Fairness）等心理偏好的「行為化」過程，在建立刻畫社會偏好的理論模型基礎之上，形成了行為博弈論（Behavioral Game Theory）和行為契約理論（Behavioral Contract Theory），提高了其經濟現象解釋力和經濟行為指導力

(Fehr & Goett & Zehnder, 2009)。

因此，在前人研究的基礎上，將行為主體的各種社會偏好引入委託代理模型和團隊生產中，並結合信息經濟學，分析研究公平和互惠偏好在不同博弈時序下影響團隊生產效率的內在機理，以及社會偏好如嫉妒、同情、自利等對團隊生產激勵結構、激勵效率的影響。通過這些研究可以對博弈實驗結果和現實契約做出更合理的解釋與預測，並為團隊激勵提供新的思路，有助於緩和及解決經濟文化中存在的矛盾衝突，為和諧社會建設提供微觀機制。

1.1.2 研究問題

團隊生產是現代企業廣泛採用的生產方式，其效率問題自然成為人們所關注的焦點。基於代理人的純粹自利偏好假設，霍姆斯特姆（Holmstrom, 1982）證明，在團隊生產中，預算均衡與帕累托最優兩者不可兼得，只有打破預算均衡，才能解決團隊生產中的「搭便車」問題。但是，近年來一系列的博弈實驗（如最后通牒博弈實驗、禮物交換博弈實驗、信任博弈實驗、獨裁博弈實驗等）令人信服地證明，人們在自利偏好之外還具有公平偏好，即在追求個人收益的同時還會關注收益分配或行為動機是否公平。公平偏好和自利偏好一樣會影響人們的行為決策，而且有時候二者的影響是矛盾的，比如人們可能會犧牲部分收益去維護收益分配公平，也可能會犧牲部分收益去報答善意行為或報復敵意行為。

公平偏好理論具有重要的經濟涵義，能夠解釋很多純粹自利偏好理論不能夠解釋的經濟現象。因此建立描述公平偏好並能夠解釋博弈實驗結果和經濟現象的理論模型具有重要的經濟理論意義。目前，經濟學家創建的描述公平偏好的理論模型主要有三種。一是基於收益分配公平的模型，以 FS 模型（Fehr & Schmid, 1999）和 ERC 模型（Bdlton & Ockenfels, 2000）為代表；二是基於行為動機公平的模型，以 Rabin 模型（Rabin, 1993）和 DK 模型（Kirchsteiger & Dufwenberg, 2004）為代表；三是收益分配公平和行為動機公平並重的模型，以 FF 模型（Falk & Fischbacher, 2006）為代表。

很多學者的研究都表明，當人們具有公平偏好時，團隊的生產效率要高於 Holmstrom 經典模型的團隊生產效率。比如，基於費爾（Fehr）和施密特（Schmidt）提出的人們具有追求收益分配公平偏好的假設，李建培（Li, 2009）研究了當代理人表現出其他相關偏好時，團隊生產的效率問題。他認為當代理人具有足夠的收益公平時，通過一個預算均衡機制可實現團隊生產的帕累托最優。哈克和貝爾（Huck & Biel, 2003）探索了團隊生產中代理人選擇努力水平的時機問題。他們認為，在外源性時機下，即團隊中包括一名制定激勵機制的委託人，當異質代理人同時決策時，會產生收益公平的一致性效應；當異質代理人序貫決策時，會產生收益公平的承諾效應。在內源性時機下，即團隊中只有代理人沒有委託人，如果團隊生產中至少有一個代理人具有收益公平，那麼代理人將會序貫選擇各自的努力水平以增加物質收益。而蒲勇健和郭心毅等（2010）引入行為經濟學中行為人具有公平偏好的研究結論，運用心理規律弱化理性假設，改進並構建新的委託—代理模型，研究代理人關注物質效用和公平分配情況下的最優激勵契約和激勵效率。吳國東和汪翔等（2010）在 Rabin 動機公平博弈模型的基礎上，研究了多代理情形下的團隊生產問題。他們認為當人們具有動機公平時，團隊的生產效率要高於 Holmstrom 經典模型預言的團隊生產效率，因此在團隊生產中引入具有動機公平的參與者可以帕累托改進團隊生產；進一步，如果選定的動機公平系數以及團隊規模恰當，還能夠實現團隊生產的帕累托最優。錢峻峰和蒲勇健（2011）研究指出動機公平在不同條件下對團隊生產效率的影響差別很大，既可能提高也可能降低團隊生產效率，其中代理人對團隊其他成員行為動機的推斷和信念是一個非常重要的因素。

在上述研究中，公平偏好因素改變了傳統委託—代理模型的許多結論，同時表明引入公平偏好，有助於實現團隊生產的帕累托改進，進而實現帕累托最優。但是，這些研究通常都是基於代理人為風險中性的假設前提來研究公平偏好對團隊產出的影響，尤其是在委託—代理模型中。康敏和王蒙（2012）從實際出發構造了一類委託—代理模型，研究風險偏好對激勵合同的影響。其研究表明：激勵系數的大小受委託人和代理人的風險偏好影響。委託人應結合自身及代理人的風險偏好來制定激勵合同，這樣才能達到有效激勵的目的。在信息不對稱的條件下，代理人的風險偏好是隱藏信息，委託人只瞭解自身的風險偏好。因而在制定激勵合同時，委託人還要考慮代理人的風險規避偏好及其風險規避強度，才能制定出有效的激勵合同，改進團隊產出。引入風險規避，能夠更加貼合實際情況，使得理論研究更具準確性。

另外，在企業中，代理人與委託人以委託代理的合作關係相互影響，因此，委託代理機制本身所帶來的道德風險與逆向選擇問題必然存在。從委託代理理論來看，代理人總是選擇使自己效用最大化的行為，而委託人的利益又受代理人私人信息（行動或知識）的影響。對委託人來說，這些私有信息通常不能直接被觀測，但可以觀測到影響代理人行動的一些變量，如代理人的產出。為了使代理人做出對委託人最有利的行動，委託人應建立一套相應的激勵機制（委託人通過一些信號來推斷代理人的努力水平並根據該信號來付給代理人報酬，從而間接地影響代理人的努力水平），使代理人的利益和委託人的利益相聯繫，激勵代理人在追求自身利益最大化的同時實現委託人利益的最大化。同時，委託人應在最大範圍內保證代理人的公平性，減少代理人的道德風險與逆向選擇行為。

委託人應採用何種激勵機制來保證雙方利益的最大化？拉齊爾和羅斯（Lazear & Rosen，1981）首先提出錦標競賽制度，在該制度下，每個代理人的報酬取決於他在所有代理人中的排名，是相對業績比較的一種特殊形式，而與該代理人的絕對業績沒有關係。由於錦標競賽理論具有可以降低監控成本等優點，從而，促使了更多學者對於該理論的研究。通過研究發現，絕大多數關於錦標賽的研究都是基於經濟學的傳統假設，即人是純粹自利的。但事實上，從錦標激勵制度這一自身條件來說，它是利用公平因素作為一種激勵手段，因此，如果研究忽略了人的另外一面，那麼從文獻的角度來講，關於對「公平」的追求便有待進一步的提高。所以，站在心理偏好的立場上來研究錦標激勵是很有必要的。

1.2 研究意義

1.2.1 理論意義

a. 由於拉賓（Rabin，1993）動機公平效用函數結構複雜，要用到心理博弈論，以往的學者在研究團隊生產問題時，一般都採用費爾和施密特（Fehr & Schmidt，1999）提出的收益公平理論。尤其，哈克和貝爾（Huck & Biel，2003）基於 FS 模型研究比較了不同博弈時序下的團隊生產效率，發現收益公平在靜態博弈下存在一致效應，在序貫博弈下存在承諾效應，兩者在一定條件下都能提高團隊生產效率，且在序貫博弈下改進程度更大。但是，目前尚未發現關於動機公平在不同博弈時序下影響團隊生產效率內在機理的研究。引入動機公平，分析了不同博弈時序下團隊生產中代理人的行為決策問題，並對兩類公平偏好的研究結果進行比較分析。這是對公平偏好影響團隊生產效率的內在機理這一研究問題的完善和擴展。

b. 以往的學者通常都是基於代理人是風險中性的假設前提，研究公平偏好對團隊產出的影響。將風險規避與公平偏好結合起來，研究兩者對團隊生產以及代理人行為選擇的綜合影響，能夠更加貼合實際情況，使得理論研究更具準確性。這是對公平偏好影響團隊生產效率的內在機理這一研究問題的完善和擴展，也是對激勵契約理論的完善和擴展。

c. 雖然已經有少數研究考慮公平偏好（嫉妒與同情）對錦標激勵的綜合作用，但通過觀察可知大多數人在不同的情形下會表現出不同的公平偏好，有可能是其中一種，也有可能同時表現其中兩種，因此從研究每種心理偏好入手，分析單一心理偏好與多種心理偏好對激勵結構和激勵效率的影響，將更能夠完善心理偏好在錦標激勵中關於道德風險與逆向選擇的應用。另外，現有研究都是假設線性努力成本函數，不具有一般性和普遍性，不能很好地解釋實際的激勵制度。本書關於代理人的產出函數與以往研究不同，不再使用線性努力成本函數，從某種程度上說，擴展了該範圍的研究。

1.2.2 實踐意義

引入公平偏好，有助於實現團隊生產的帕累托改進，進而實現帕累托最優。研究表明，與靜態博弈相比，收益公平和動機公平在序貫博弈下帕累托改進團隊生產效率的程度更大；相對收益公平，動機公平能夠在更寬松的條件下更大幅度地改進團隊生產效率；代理人的風險規避抑制了團隊生產的帕累托改進。這些研究結果可以為團隊生產中委託人制定有效的激勵機制提供一定的借鑑。比如，在委託—代理模型中，委託人應當盡量避免聘用具有風險規避的代理人，因為風險規避會抑制代理人選擇高努力水平，進而抑制團隊產出的增加。同時，委託人應當選用具有公平偏好的代理人，如果優先聘用具有動機公平的代理人，並且安排代理人序貫博弈，那麼就可以大幅度地改進團隊生產效率，促進團隊生產的帕累托改進，進而實現團隊生產的帕累托最優。此外，研究發現，將代理人的偏好結構引入團隊生產的錦標機制中，代理人的偏好不僅會對努力水平、激勵結構、期望效用產生影響，還將影響委託人組織競賽的方式。所以，委託人在設計最優的錦標競賽機制時，應根據代理者的能力分佈情況及心理偏好強弱的影響因素，設置合理的競賽結構、工資差距，從而為外部勞動力市場上的委託代理關係提供理論依據。

1.3 研究內容與結構

1.3.1 研究內容

①基於風險中性的公平偏好代理人行為選擇分析。

a. 引用哈克和貝爾（Huck & Biel, 2003）的研究結果，基於收益公平理論，研究代理人的行為選擇問題。

b. 採用改進的 Rabin 動機公平效用函數模型，研究代理人的行為選擇問題，分析動機公平在不同博弈時序下影響團隊生產效率的內在機理。

c. 將動機公平的研究結論與收益公平的相關結論作比較分析。

②基於風險規避的公平偏好代理人行為選擇分析。

a. 採用改進的 FS 公平效用函數模型，研究代理人的行為選擇問題，分析收益公平在不同博弈時序下影響團隊生產效率的內在機理。

b. 採用改進的 Rabin 動機公平效用函數模型，研究代理人的行為選擇問題，分析動機公平在不同博弈時序下影響團隊生產效率的內在機理。

c. 將動機公平的研究結論與收益公平的相關結論作比較分析。

③研究具有不同偏好結構下的錦標競賽機制。

a. 當同質代理人進行分類錦標競賽時，分析不同偏好對錦標競賽機制的影響機理。

b. 當異質代理人進行混同錦標競賽時，分析不同偏好對錦標競賽機制的影響機理。

c. 將分類競賽和混同競賽中不同偏好結構下的努力水平、期望效用和錦標激勵結構進行比較分析。

1.3.2 研究框架

第一章是緒論，主要介紹研究背景、研究問題、研究意義、研究方法和創新之處等。

第二章是理論前提研究，歸納總結國內外的公平偏好理論、團隊生產理論以及風險規避理論。梳理公平偏好理論和風險規避理論在團隊生產中的應用研究，這是研究的理論基礎和出發點。

第三章將基於風險中性的假設前提，引用哈克和貝爾（Huck & Biel, 2003）基於收益公平的相關結論，採用改進的 Rabin 動機公平效用函數模型，研究比較不同博弈時序下的團隊生產效率，分析動機公平在不同博弈時序下影響團隊生產效率的內在機理；最后將兩者進行比較分析。

第四章將基於風險規避的假設前提，採用改進的 FS 模型和 Rabin 動機公平效用函數模型，研究比較不同博弈時序下的團隊生產效率，分析公平偏好在不同博弈時序下影響團隊生產效率的內在機理；最后將兩者進行比較分析。

第五章對存在不同偏好結構的錦標競賽，以委託人的總利潤最大化為目標的錦標激勵機制，討論不同偏好結構下，委託人如何組織競賽及不同偏好結構對努力水平、期望效用、錦標激勵結構和委託人的期望利潤的影響。

第六章是結論與展望，歸納總結研究結果，指出研究的不足之處以及未來的研究方向。

1.4 研究方法和創新之處

1.4.1 研究方法

本書主要採用了以下研究方法：

a. 博弈論。應用博弈論中的納什均衡理論、序貫理性以及逆向選擇模型等，採用改進的 FS 模型和 Rabin 模型，研究公平偏好在不同博弈時序下影響團隊生產效率的內在機理。

b. 比較研究。第三章和第四章分別對具有收益公平和動機公平偏好代理人的行為選擇進行比較分析，同時引入風險規避參數，對比分析公平偏好和風險規避對代理人行為選擇的綜合影響。一方面比較收益公平與動機公平的差異，分析公平偏好對代理人努力選擇以及團隊產出的影響；另一方面又比較靜態博弈與序貫博弈下的差異，分析博弈時序對代理人努力選擇以及團隊產出的影響。第五章分別對自利者、嫉妒者與同情者兩兩進行分類競賽和混同競賽，比較他們的努力水平和委託人在競賽中的期望利潤，從而研究代理人偏好類型對錦標競賽激勵結構和激勵效率的影響。

c. 數值仿真。以 MATLAB 為工具，通過建立數學實驗模型對理論分析結果進行數值仿真，進而對理論分析結論進行說明、驗證、修正和改進。

1.4.2 創新之處

①基於 Rabin 動機公平效用函數，研究公平偏好影響團隊生產效率的內在機理。

雖然哈克和貝爾（Huck & Biel，2003）基於 FS 模型研究比較了不同博弈時序下的團隊生產效率，發現收益公平在靜態博弈下存在一致效應，在序貫博弈下存在承諾效應，兩者在一定條件下都能提高團隊生產效率，且在序貫博弈下改進程度更大。但是，目前尚未發現關於動機公平在不同博弈時序下影響團隊生產效率內在機理的研究。因而基於 Rabin 模型，研究動機公平在不同博弈時序下影響團隊生產效率的內在機理，並與收益公平的影響進行比較分析。

②採用改進的 Rabin 動機公平效用函數，研究動機公平影響團隊生產效率的內在機理。

重新闡釋了吴國東等擴展的 Rabin 動機公平效用函數中的變量 γ 的含義。原 Rabin 模型中並沒有該系數，而吴國東和蒲勇健（2011）引入了該系數，他們將其定義為公平動機系數，其本質就是公平動機相對於物質效用的替代率。這裡則將其定義為衡量代理人動機公平強度的系數。引入動機公平強度系數，一方面可以刻畫代理人對動機公平心理損益的重視程度，另一方面便於分析動機公平強度對團隊生產效率的影響。

③考慮代理人之間的博弈時序問題，研究動機公平影響團隊生產效率的內在機理。

吴國東、汪翔和蒲勇健（2010）研究發現動機公平能夠帕累托改進團隊生產而且在恰當的動機公平系數和團隊規模條件下能夠實現帕累托最優[37]。錢峻峰和蒲勇健（2011）研究指出動機公平在不同條件下對團隊生產效率的影響差別很大，既可能提高也可能降低團隊生產效率，其中代理人對團隊其他成員行為動機的推斷和信念是一個非常重要的因素。這些研究分析了動機公平對團隊生產效率的影響，但都是在靜態博弈的框架下進行的，沒有考慮代理人之間的博弈時序。因而基於 Rabin 模型，研究比較了不同博弈時序下的團隊生產效率，分析了動機公平在不同博弈時序下影響團隊生產效率的內在機理，並與收益公平的影響進行比較分析。

④引入風險規避參數，研究公平偏好影響團隊生產效率的內在機理。

近年來，大量學者對團隊生產理論的研究表明公平偏好因素改變了傳統委託—代理模型的許多結論，引入公平偏好，有助於實現團隊生產的帕累托改進，進而實現帕累托最優。但是，這些研究通常都是基於代理人為風險中性的假設前提，來分析公平偏好對團隊產出的影響。而本研究在引入風險規避理論的基礎上，分別採用改進的 FS 模型和 Rabin 動機公平博弈模型，對兩類公平偏好代理人的行為選擇時機進行了分析，研究不同博弈時序下兩類公平偏好影響團隊生產效率的內在機理，並將兩者進行比較分析。

⑤考慮代理人多種心理偏好，研究偏好類型對激勵結構和激勵效率的影響。

錦標機制作為一種激勵機制，傳統研究已證明它能夠激勵代理人努力，但是傳統研究大多是在假設代理人純粹自利偏好下進行的，少數研究是在假設代理人具有單一偏好下進行（魏光興和覃燕紅，2010），不具有一般性和普遍性。因此，引入代理人應要求其具有多種心理偏好，而不是單純的考慮單一心理偏好與能力，在此條件下，研究代理人偏好類型對錦標競賽激勵結構和激勵效率的影響機理，從而有助於委託人合理根據不同偏好結構組織不同競賽方式提高激勵效率。另外，以往研究都採用線性努力成本函數，而本研究採用非線性努力成本函數，從某種程度上說，擴展了該範圍的研究。

2 文獻綜述和基礎理論

2.1 文獻綜述

2.1.1 公平偏好理論

當前，實驗經濟學的純粹自利偏好假說備受爭議。近年來，一系列的博弈實驗（主要包括最后通牒博弈實驗、禮物交換博弈實驗、信任博弈實驗、獨裁博弈實驗等）都證明，大部分人們除了具有自利偏好之外還具有公平偏好，他們不僅追求自身物質收益最大化，而且還關注對方收益或團體收益分配是否公平、行為動機是否公平。這說明，公平偏好同樣會影響人們的效用從而影響人們的決策行為，如有時人們會為了追求更公平的收益分配而犧牲自我收益，但他們會付出成本去報答別人的善意行為或報復別人的敵意行為，尤其是付出成本越低，那麼行為人實施報復或報答的可能性越大。因此，很多博弈實驗表明，公平偏好理論的引入提高了經濟現象解釋力和經濟行為指導力，能有效解釋很多純粹自利偏好所不能解釋的經濟問題和現象。因此，引入行為人的公平偏好行為並建立公平偏好數理模型具有重要的經濟理論意義。

目前，經濟學家所創建的描述公平偏好（主要是描述強調結果的收益公平和強調過程的動機公平）的理論模型主要有三種：①基於收益分配公平的模型，以 FS 模型（Fehr & Schmid，1999）和 ERC 模型（Bolton & Ockenfels，2000）為代表；②基於行為動機公平的模型，以 Rabin 模型（Rabin，1993）和 DK 模型（Kirchsteiger & Dufwenberg，2004）為代表；③同時基於收益分配公平和行為動機公平並重的模型，以 FF 模型（Falk & Fischbacher，2006）為代表。

費爾和施密特（Fehr & Schmidt，1999）與博爾頓和奧肯費爾斯（Bolton & Ockenfels，2000）都遵循收益分配公平原則。費爾和施密特（Fehr & Schmidt，

1999）將公平定義為以自我為中心的收益公平。其理論的一個主要觀點就是特定總體的偏好分佈與戰略環境之間有重要的互動。博爾頓和奧肯費爾斯（Bolton & Ockenfels，2000）創建了一個簡單的 ERC 模型以此來表示由公平理論、互惠理論以及競爭理論所引發的三種行為類型。而且他們將 ERC 均衡定義為解決了局中人的激勵函數的完美貝葉斯均衡。拉賓（Rabin，1993）與杜文伯格和基希斯泰格爾（Dufwenberg & Kirchsteiger，2004）都是從行為人具有動機公平的角度進行研究。拉賓（Rabin，1993）通過擴展 GPS 方法，即從基礎的物質博弈衍生出心理博弈，構造了公平模型；並且採用 GPS 定義的心理納什均衡概念，定義公平均衡。杜文伯格和基希斯泰格爾（Dufwenberg & Kirchsteiger，2004）提出了互惠理論以適用於序貫博弈實驗，在此理論中他們明確構造了戰略格局的序列結構，並且提出了一個新的解決方案概念，即序貫互惠均衡。福克和菲施巴赫爾（Falk & Fischbacher，2006）遵循收益分配公平和行為動機公平的綜合原則，該理論能夠協調由雙邊互動產生的看似矛盾的分配結果。斯蒂芬妮（Stephanie，2013）研究了個人和企業之間的互惠行為，並分析了個人和企業的互惠行為是如何影響努力水平和企業產出的。

魏光興（2006）對該領域的一些經典博弈實驗，如最后通牒博弈實驗、禮物交換博弈實驗等以及描述公平偏好的理論模型，作了簡要評論及應用展望。黃健柏和徐江南（2009）總結了近期國內外學者對公平偏好的研究，在已有研究成果和不足的基礎上，圍繞理論和應用兩個方面提出了未來的研究設想。唐忠陽和鐘美瑞等（2009）以博弈實驗證據為基礎來闡述這些模型的優劣和使用範圍，並對這些模型的實驗檢驗研究進行分析，拓展了公平偏好理論在現實生活中特別是在激勵契約中的應用。牛志勇和黃沛等（2010）對公平偏好的定義進行了重新歸納和總結，從應用角度出發，尋找公平偏好存在於營銷行為中的實驗依據及結果，並結合營銷策略組合 4P 作了應用分析，為企業的科學營銷管理提供了新的策略方向。師偉和蒲勇健（2013）引入代理人的互惠偏好研究了序貫決策下代理人互惠偏好對激勵效率的影響，並研究得出，在完全信息下，代理人的互惠偏好足夠大時會迫使委託人放棄強制契約；另外，他們還研究了當委託人也具有互惠偏好時，代理人的互惠偏好不會降低努力水平，從而有可能改善委託人的物質收益。蒲勇健和師偉（2013）通過構建互惠性管理者和員工的兩階段序貫策略選擇博弈模型，研究了動態環境下互惠偏好對管理者和員工的最優策略作用，結果表明，管理者的互惠偏好會使員工的最優策略收斂，且管理者的收益大於其在理性條件下的水平。宋圭武（2013）從價值維、領域維、時間維、空間維來研究效率與公平的關係。陳克貴，黃敏和王興偉（2013）考慮成員企業的公平偏好行為建立了虛擬企業的委託代理模型，並發現企業的公平偏好行為會對合作企業的努力水平和收益分享產生顯著影響。

事實上，由於動機公平是強調行為的動機即行為過程，而收益公平是強調行為的結果即行為結果，因此，動機公平和收益公平都是決定行為人經濟決策行為的重要因素，而且在序貫博弈中動機公平的作用可能更明顯，因為很多博弈實驗和實際觀察都表明在序貫博弈中先行動者的行為動機直接影響后行動者的行為選擇（Wei & Li，2013）。

2.1.2 團隊生產理論

現代企業廣泛採用團隊生產這一生產方式，因而其效率問題備受關注。阿爾欽和德姆塞茨（Alchian & Demsetz，1972）認為為了解決團隊生產中的個人偷懶行為，即「搭便車」問題，應該在團隊中引入一個監督者。基於代理人的純粹自利偏好假設，霍姆斯特姆（Holmstrom，1982）的研究表明在團隊生產中預算均衡與帕累托最優兩者是不能同時實現的，如果要解決團隊生產中的「搭便車」問題，那麼就要打破預算均衡，從而實現帕累托最優。麥克阿菲和麥克米蘭（McAfee & McMillan，1991）認為恰當結構的激勵契約能夠在一定程度上提高生產效率、促進團隊合作。阿尼爾，約翰和喬納森（Anil & John & Jonathan，1997）認為在只有團隊績效可觀察的背景下，明確的激勵契約對於激勵團隊成員而言已綽綽有余，通過讓成員重複同一項任務，明確的激勵就會被團隊成員彼此間的不明確激勵所替代。同時他們還研究了在不相關的個人績效指標已知的情況下，將一個經理人的工資與兩個經理人的績效掛勾是最優的激勵契約，這樣就為每一個經理人提供了相互監督以及懲罰其他經理人的動力。車永酷和柳承苑（Che & Yoo，2001）介紹了代理人長期間的相互作用，並且研究了如何利用代理人間的重複互動所產生的不明確激勵來設計明確的激勵機制，設定工作組織。烏斯奇，阿恩特和阿爾文妮（Uschi & Arndt & Alwine，2004）基於「搭便車」和「同事壓力」效應，為啓動團隊規模很小，通常不會超過三名成員的現象提供了新的解釋。為了降低團隊的努力成本，創始人會選擇團隊規模。他們認為，在特定的經濟環境下存在有關努力水平的最優團隊規模。通過大量的實證研究，他們發現個人努力水平上升，團隊規模就會減少，當團隊成員為三人時，其平均努力水平最大。魯珀特（Rupert，2005）通過一項實驗來檢測團隊精神，即在一項團隊工作任務中改變受試者關於相對團隊績效的信息，但保持明確的激勵機制不變。他們認為當團隊能夠觀測到每個人的工作績效時，受試者會為團隊工作做出更多的貢獻。他們將這一結果歸因於由觀測團隊間非對稱同伴效應所引起的團隊精神的強化。大衛和麗貝卡（David & Rebecca，2012）提出了一個框架，以此來研究團隊成員在關注自身應該獲得多少的背景下任人唯才的叛離概念的戰略意義。張華和鄒東濤（2012）研究了公平偏好下的團隊生產問題，並認為公平偏好下個人產出的總和等於集體產出，能實現團隊生產的帕累托最優。

但是，很多博弈實驗都表明代理人不僅具有純粹自利偏好，而且還具有一些其他相關偏好，比如公平偏好，風險規避等。公平偏好主要包括費爾和施密特（Fehr & Schmidt，1999）所述的收益公平和拉賓（Rabin，1993）的動機公平。當行為人具有公平偏好時，那麼團隊生產的效率要高於 Holmstrom 模型，且行為人的努力水平高於純粹自利偏好的情況，對此很多學者也都進行了相關研究。魏光興和覃燕紅（2008）研究發現較強的公平偏好能夠實現團隊合作。陳俊（2008）通過把公平偏好的相關理論引入信息經濟學中的委託—代理模型，在考慮多個代理的條件下對經典委託代理模型進行了一定的改進。

李訓和曹國華（2008）在假設代理人具有公平偏好的情況下分析了委託人雇傭公平偏好代理人時的最優報酬契約，並通過數理模型表明公平偏好改變了純粹自利偏好下委託代理模型的一些結論。李訓（2009）指出公平偏好既有可能提高也有可能降低團隊生產效率且在一定條件下也有可能實現團隊生產的帕累托最優。阿爾文妮，卡特林和德克（Alwine & Kathrin & Dirk，2008）基於收益公平，為團隊中的「同事壓力」效應作出解釋。通過分析一個兩階段的兩代理人模型，他們認為收益公平的效應非常依賴於信息結構。當貢獻不可觀測時，代理人好像是自私自利的；但當貢獻在過渡時期可觀測時，代理人在第一階段就會付出高努力，並且按照過渡時期的信息調整第二階段的努力。這種形式的「同事壓力」效應會降低「搭便車」效應，從而獲得更高效的結果。基於費爾和施密特（Fehr & Schmidt，1999）提出的人們具有追求收益分配公平偏好的假設，李建培（Li，2009）研究了公平偏好對團隊生產激勵機制的影響，並認為當代理人是足夠的收益公平時，通過一個預算均衡機制可實現團隊生產的帕累托最優。在該預算均衡機制中，當團隊產出不低於有效產出時，在所有代理人之間均分產出；但當團隊產出低於有效產出時，懲罰隨機選定的若干代理人，然后在剩余的代理人之間均分產出。但對於當團隊中代理人偏好不同時，即存在不同偏好性質的代理人，能否通過其他激勵機制來實現團隊生產的帕累托最優，並未進行研究。在許多行業中，夥伴關係都是一種非常普遍的組織形式，大部分夥伴關係是在合作夥伴之間均分利潤。繼坎德爾和拉齊爾

（Kandel & Lazear，1992）之后，普遍認為，「同事壓力」緩解了「搭便車」問題的出現，這樣的推理採用了外生給定的平等分擔規則。但是，巴特林和西蒙斯（Bartling & Siemens，2010）的目的是要表明，如果合作夥伴具有收益公平，作為合夥人激勵問題的最佳解決方案，平等分擔規則的出現具有內源性。基於 FS 模型，巴特林和西蒙斯（Bartling & Siemens，2004）研究了收益公平對團隊生產激勵機制的影響。他們認為當代理人是足夠的收益公平時，通過一個簡單的預算均衡共享規則可實現代理人的有效努力選擇，收益公平促進了代理人努力水平的供給；且團隊規模越小，對代理人收益公平強度的制約越小，這與現實中小規模團隊的工作效率要高於大規模團隊的工作效率的觀察結果一致；其研究結果對確定企業的最優內部組織和規模有著重要的意義。巴特林和斐迪南（Bartling & Ferdinand，2004；Bartling，2012）在多任務背景下利用一個標準的線性指數道德風險模型分析了收益公平代理人之間的工資比較對最優激勵強度的影響。他們認為當個人產出任務不同於團隊產出任務時，只有個人產出會造成工資的不平等；如果在代理人的努力成本函數中，任務是可替代的，那麼委託人就會平衡激勵機制以降低代理人總的不平等的暴露。此外，通過一個有兩個代理人的標準線性道德風險模型，巴特林（Bartling，2006，2011）研究了具有其他相關偏好的代理人的最優激勵契約問題，為缺乏實證研究的相對績效評價提供了一種行為解釋。巴特林（Bartling，2011）根據實驗數據來研究團隊生產中工資不平等對團隊成員參與及其努力選擇的影響。最終認為工資的不平等對團隊成員的參與及其努力選擇沒有很大的影響。但是，通過一個與巴特林和西蒙斯（Bartling & Siemens，2004）文中相似的模型，基於有限責任是道德風險問題來源的假設，伊藤（Itoh，2004）分析了代理人的收益公平對團隊生產最優激勵契約的影響，與巴特林和西蒙斯（Bartling & Siemens，2004）的結論相反，伊藤（Itoh）認為收益公平不會增加代理人的努力成本。基於費爾和施密特（Fehr & Schmidt，1999）收益分配公平偏好假設，貝爾（Biel，2008）用一個簡單的模型來研究團隊生產中的最優激勵契約，得到兩個新穎有趣的研究結果：首先不應該忽略團隊內部存在的員工福利之間的比較，合同應當註明在所有可能的情況下給予所有代理人獎勵；其次，最優化獎金設計為員工共同努力提供了一個新的理由，即使努力沒有互補性或者不存在信息問題也是如此。基於費爾和施密特（Fehr & Schmidt，1999）提出的人們具有追求收益分配公平偏好的假設，引用團隊生產理論中的一個純粹非合作模型，即在該模型中代理人之間不能通過談判實現有效契約，哈克和貝爾（Huck & Biel，2003）探索了團隊生產中代理人選擇努力水平的時機問題；他們認為，在外源性時機下，即團隊中包括一名制定激勵機制的委託人，當異質代理人同時決策時，會產生收益公平的一致性效應（Conformity Effect）；當異質代理人序貫決策時，會產生收益公平的承諾效應（Commitment Effect）；在內源性時機下，即團隊中只有代理人沒有委託人，如果團隊生產中至少有一個代理人具有收益公平，那麼代理人將會序貫選擇各自的努力水平以增加其物質收益。哈克和貝爾（Huck & Biel，2006）研究了團隊中代理人的「以身作則」。當代理人墨守成規時，即代理人不喜歡努力差異，領導者有利於整個團隊。此外，還展示了領導者是如何內源性產生的並且討論了什麼類型的領導者能夠使一個團隊的福利最大化。研究表明，在因循守舊的背景下，領導者對團隊總是有益的。事實上，至少有一個代理人是因循守舊的，由此領導者就會內源性地出現而不需要被外源性地強加，並且他們認為團隊應該選擇生產力最低的代理人作為領導者。這是因為通過純「一致性效應」和「承諾效應」產生的激勵誘導是一致的。最后，如果代理人是同質的，那麼當代理人墨守成規時，即代理人不喜歡努力差異，領導者有利於整個團隊。最好讓具有「自由精神」，即不易因循守舊的代理人作領導者。黄邦根（2012）構建了企業高管團隊成員具有公平偏好下高管團隊錦標激勵對企業績效影響的理論模型，並得到高管的公平偏好強度越大則會減低高管努力水平從而導致企業績效越差，且企業績效隨高管公平偏好度遞減。蒲勇健和郭心毅等（2010）引入行為經濟學中行為人具有公平偏好的研究結論，運用心理規律弱化理性假設，改進並構建新的委託—代理模型，研究代理人關注物質效用和公平分配情況下的最優激勵契約和激勵效率。吴國東和汪翔等（2010）通過假設多個具有動機公平的代理人進行生產，在 Rabin 動機公平博弈模型的基礎上得出團隊生產效率在具有動機公平代理人情形下要高於 Holmstrom 模型預言的團隊生產效率，因此引入具有動機公平的參與者到團隊生產中可以帕累托改進團隊生產；另外，當選定恰當的動機公平系數以及團隊規模，就能實現團隊生產的帕累托最優。錢峻峰和蒲勇健（2011）研究指出動機公平在不同條件下對團隊生產效率的影響差別很大，既可能提高也可能降低團隊生產效率，其中代理人對團隊其他成員行為動機的推斷和信念是一個非常重要的因素。魏光興和張茜（2013）建立了描述員工內部同事壓力和外部同事壓力的理論模型，研究了員工的內在心理偏好和外在團隊文化對團隊生產的影響。

吴國東和蒲勇健等（2011）在 Rabin 動機公平模型的基礎上，研究了當代理人偏好信息隱藏時的激勵機制，他們結合西蒙斯（Siemens，2005）的研究結論得到「混同定理」，即只要代理人具有公平偏好，無論是收益公平還是動機公平，如果具有公平偏好的代理人都被雇傭，那麼委託人是不能通過設計不同的契約來實現區分不同公平偏好的代理人，而只能提供一個激勵相容約束的最優契約來雇傭，因此最優契約是混同的，委託人不能實現「分類定理」。進一步，由於代理人偏好類型混同，委託人除了要支付補償代理人努力成本的工資，還要支付額外報酬來補償代理人的任何公平負效用，因此得出最優報酬契約表現出對外在好運氣的敏感性（好運氣同樣會給代理人帶來報酬的增加，且公平偏好強度越大，運氣支付越大）和對外在壞運氣的不敏感性，實際中代理人工資就表現出向下的「剛性」，他們的理論為勞動力市場非自願失業提供了一種新的解釋。另外，吳國東和蒲勇健等（2011）提出了一個「分離定理」，即由於代理的參與約束不同，如果委託人只打算雇傭單一偏好類型的代理人，則委託人可以通過滿足某個參與約束來進行機制設計甄別和篩選不同偏好類型的代理人。

2.1.3 風險規避理論

風險規避理論是彩票選擇、資產評估、合同以及保險等傳統理論中的一個基本要素（Bernoulli，1738；Pratt，1964；Arrow，1965），但是對風險規避應該如何進行建模，實驗研究並沒有給出指導。迄今為止，學者們已經提出了幾種方法來衡量風險規避的特性及其重要性。在拍賣中，出價過高被歸因於一些人的風險規避和其他人的嘈雜決策，因為這樣的收益結果往往很少（Harrison，1989）。通過大幅度地擴大拍賣回報，史密斯和沃克爾（Smith & Walker，1993）評估了噪音和決策成本的影響。在私人價值拍賣會中，他們沒有發現支持噪聲假說的證據，並且當拍賣回報從 5 增加到 10，再增加到 20 時，出價過高現象並沒有顯著的增加。另一種推斷風險規避的方式是引發簡單彩票交易的買入和（或）賣出。卡切梅爾和施哈塔（Kachelmeier & Shehata，1992）研究發現隨著獎品價值的提高，人們的風險規避也會顯著的增加（或更確切地說，減少風險尋求行為）。夏普和威連斯（Shupp & Williams，2008）研究比較了彩票估值由個人與小團體做出的類似決定的差異。他們採用非連續重複測量的彩票實驗，即贏額為 20 美元，百分比從 10%到 90%不等的彩票實驗，來比較三人團體和個人的風險偏好差異。研究表明：團體的風險偏好方差普遍小於個人的風險偏好方差，在高風險的情況下平均團體比平均個人更厭惡風險；但在低風險的情況下個人往往比團體更厭惡風險。赫特和羅瑞（Holt & Laury，2002）在實驗中，為受試者提供了一個選項單，該選項單允許測量風險厭惡程度，並且估計其功能形式。在從幾十元到幾百元不等的彩票交易中，如此便可以比較在真實激勵和假想激勵下受試者的行為差異。廣泛的回報允許我們指定並且估計混合效用函數，該函數包含了相對風險厭惡增加以及用以避免「荒謬」預測高回報待遇的絕對風險厭惡減少兩種類型。

雖然許多經濟學家認為風險規避理論有其重要性，但在很多理論和實證研究中，為了簡化計算，通常都假定參與者為風險中性，尤其是在委託—代理模型中，很多團隊生產理論都是以風險中性為前提進行研究的。但是近年來，隨著風險規避理論重要性的凸顯，很多學者也對此進行了相關研究。比如，巴特林（Bartling，2006）研究了具有其他相關偏好的代理人的最優激勵契約問題，該文為缺乏實證研究的相對績效評價提供了一種行為解釋。通過研究費爾和施密特（Fehr & Schmidt，1999）的收益公平與風險規避的相互作用方式，巴特林（Bartling，2006）認為代理人的風險規避偏好，即只有當其收益低於對方時他才會遭受效用損失，會使得代理人的努力成本增加；由於代理人努力水平的供給不足或企業規模的削減，收益公平會導致團隊生產的無效。

張維迎（2004）通過簡化和擴展霍姆斯特姆和米爾格羅姆（Holmstrom & Milgrom，1987）的模型，並採用參數化方法研究了當代理人具有風險規避時，信息對稱和信息不對稱下的激勵機制。當代理人行為可觀察時，模型到達最優狀態，代理人不承擔任何風險，即委託人支付給代理人的最優工資報酬剛好等於努力成本加上保留工資；當代理人努力的邊際期望利潤等於努力邊際成本時，可以實現代理人的最優努力水平，因此最優風險分擔與激勵沒有矛盾。當代理人行為不可觀察時就要求代理人須承擔一定風險，且代理人的風險規避度越大，努力水平越低，代理人所應承擔的風險越小。因此，在信息不對稱的委託代理模型中就存在兩類代理成本，即風險成本（Risk Cost）和激勵成本（Incentive Cost）。其中風險成本為由帕累托最優風險分擔無法達到而出現，而激勵成本為由較低的努力水平導致的期望產出的淨損失減去努力成本的節約。

康敏和王蒙（2012）基於實際情況構造了一類委託—代理模型，研究了委託人和代理人的風險偏好類型對最優激勵合同的影響。代理人為風險中性且代理人行動可觀察而委託人為風險厭惡時，代理人可以得到全部產出份額的同時要承擔全部風險，而委託人只獲得固定收入但不需要承擔任何風險；當代理人為風險厭惡而委託人為風險中性時，委託人承擔全部風險而代理人不承擔任何風險，此時最優的激勵合同為固定工資合同。在信息不對稱條件下，若代理人為風險厭惡，雙方都要承擔風險，此時最優的激勵合同為固定工資加獎金。其研究表明：委託人和代理人的風險偏好類型和強度會影響激勵系數大小。委託人應結合自身及代理人的風險偏好類型來制定最優激勵合同，從而達到有效激勵的目的。

2.1.4 錦標競賽機制

錦標競賽在團隊激勵中起著很重要的作用。拉齊爾和羅斯（Lazear & Rosen，1981）設計了一組適合不同能力等級的激勵機制讓代理人根據其實際能力進行自我選擇。邁塞斯（Matthias，2008）把代理人公平偏好與錦標機制相結合，考慮了風險中性且偏好同質的代理人與偏好異質的代理人對激勵的影響，結果發現：如果工資結構固定，那麼委託人寧願組織不公平的競賽也不願意組織公平的競賽，因為委託人可以從代理人的公平偏好中獲得利潤。哈伯瑞和朗森（Harbring & Lunser，2008）分析了不同能力的代理人在錦標機制下的激勵，研究結果表明：低能力代理人付出的努力比均衡努力大，如果代理人之間的能力差異相當小，那麼激勵結構就會比較大，如果代理人之間的能力差異相當大，那麼激勵結構就會比較小。哈夢德（Hammond，2012）研究不同錦標競賽模式下代理人知道對手能力分佈情況下的激勵結構。莫德阿魯和賽拉（Moldovanu & Sela，2006）證明，當競賽者的努力成本函數為凸時且從最大化最高努力角度出發，分組競賽優於混同競賽，如果以總努力最大化為目標，分組競賽也優於混同競賽。莫德阿魯（Moldovanu，et al. 2007）在競賽者能力和努力程度均為連續量的情況下，分析了純地位獎勵對競賽者努力程度的影響，純地位獎勵是指競賽者之間的能力對比效用，這裡研究的是競賽者努力程度對純地位獎勵的影響。在大部分文獻中，競賽設計者已設定好了各種獎勵，所以競賽者只能被動地去接受，且獎勵的大小與競賽者自身各方面都相關聯，因此，卡拉（Kapla，et al. 2002）提出了努力關聯獎勵，即該獎勵不僅與競賽者的能力相關還與競賽者所付出的努力掛勾。扣恩（Cohen，et al. 2006）討論了競賽者的能力、努力程度在不同激勵制度下的問題，而克拉克和瑞斯（Clark & Riis，1992）分析了在完全信息條件下，競賽設計者在面對由不同能力結構組成的競賽者群體時，應該採取不同的競賽方法，如果競賽者之間的能力相差較大時，那麼分組競賽比混同競賽優；如果競賽者能力差距較小，混同競賽比分組競賽優。駱品亮（2000）研究了在道德風險與逆向選擇兩種代理問題並存的情況下，激勵相容的競賽機制在代理人自我選擇方面失效。萬迪（2009）研究了能力不同員工的混同競賽與分離競賽，研究表明，能力不同的員工在混同競賽下不能達到效率均衡水平，能力不同的員工在分離競賽下能達到效率均衡水平，這從理論上說明了委託人在招聘時應充分識別代理人能力高低以防止簽訂合同前可能出現的逆向選擇問題。魏光興（2006）對企業中關於企業按學歷和工作經驗等來判斷求職者能力的高低做了合理性的解釋。喬恒和邱菀華（2007）構建了 R&D 競賽模型，通過證明均衡努力的存在性，提出了對稱信息與非對稱信息下的納什均衡表達式，分析了競賽者的能力差距對競賽結果的影響。鄧偉等（2006）研究了能力分佈函數不同的競賽問題，當能力高的競賽者一階隨機占優於能力低的競賽者但兩者能力差距較小時，那麼能力低的競賽者的成績優於能力高的競賽者的成績。

在引入公平偏好心理的錦標機制設計方面，格阿德和斯里瓦卡（Grund & Sliwka，2005）分別研究了代理人在具有嫉妒心理和同情心理下，兩種心理偏好對錦標競賽制度激勵效率的影響。吳斯蒂芩（Wu，2006）通過實驗比較了具有公平偏好的代理人在錦標機制與固定績效合同契約下，錦標機制本身可以消除代理人的道德風險性行為。格卜瑞拉（Gabriella，2010）利用錦標機制研究得到具有嫉妒偏好心理的員工會產生更大的努力意願。由於代理人認為自己受到了不公平地對待，產生了兩種方式影響代理人的努力水平，即消極的參與效用和積極的激勵效用。其中，參與效用通過降低代理人的努力水平從而導致代理人不願意多加班，而積極的激勵效用來源於代理人為了避免在未來受到更不公平的待遇，從而代理人有動力去提高自身努力水平從而追求更公平的待遇。因此，委託人在設計機制時應權衡嫉妒偏好帶來的兩種效果。國內，魏光興和蒲勇健（2006）考慮了代理人的拆臺行為分析了具有嫉妒與同情偏好的代理人對錦標制度激勵效果的影響。李紹芳（2010）分析了具有嫉妒心和自豪心理的代理人對錦標激勵的影響，並對錦標賽制的最優工資結構設計和業績評價精度等問題做了相關探討，並得出結論認為代理人的努力水平在下降，委託人獲得的利潤低於在自利條件下獲得的利潤；在均衡狀態下，公平偏好下的最優工資結構大於自私偏好下的最優工資。與魏光興（2006）不同的是，李紹芳（2010）是以嫉妒和自豪偏好作為基礎進行研究，而魏光興（2006）是以嫉妒和同情偏好作為基礎進行研究，但從研究結果來看，無論是代理人具有嫉妒、同情或自豪偏好，即只要代理人具有公平偏好，那麼代理人的努力水平和委託人的期望利潤都會明顯降低。

2.1.5 總結及發展動態

很多國內外學者的研究都表明，當人們具有公平偏好時，團隊的生產效率要高於 Holmstrom 經典模型的團隊生產效率。公平偏好因素的引入，改變了經典委託代理模型的許多結論；尤其是通過引入公平偏好，確實有助於實現團隊生產的帕累托改進和最優。在委託—代理模型中，當代理人的物質收益與團隊總產出掛勾時，委託人就會選用具有公平偏好的代理人，並且設定一個讓代理人序貫選擇各自努力水平的激勵機制，以期提高團隊的生產效率，從而實現團隊生產的帕累托最優。

但是，這些研究通常都是基於代理人為風險中性的假設前提來研究公平偏好對團隊產出的影響。當前，隨著風險規避理論重要性的凸顯，越來越多的學者也對此進行了大量研究。他們的研究表明：委託人和代理人的風險偏好會影響激勵系數的大小。因此，委託人應結合自己及代理人的風險偏好來制定激勵合同，這樣才能實現有效激勵。但實際上，委託人只瞭解自身的風險厭惡程度，卻不能瞭解和確定代理人的風險規避程度。因此在制定激勵合同時，委託人應考慮代理人的風險規避行為，才能實現有效的激勵目的，從而改進團隊產出。另外，引入風險規避也更加貼合實際情況，使得理論研究更具一般性和準確性。

因此，委託人在選用代理人時，首先要辨別代理人的公平偏好類型，判斷代理人具有收益公平偏好還是動機公平偏好，然后才能根據代理人的具體公平偏好類型來採用相應的激勵契約。其次，要確定代理人的風險偏好，如此才能採用相應的激勵契約改進團隊產出。但如何辨別代理人的公平偏好及其風險偏好類型，如何精確地獲取代理人的公平偏好強度以及風險規避強度等仍是當前該領域中未解決的難題。

2.2 公平偏好理論模型

現有公平偏好理論模型分為三類：a. 遵從收益分配公平原則，強調收益分配公平。收益公平偏好主要包括 FS 模型（Fehr & Schmidt，1999）和 ERC 模型（Bolton & Ockenfels，2000）。由於 FS 模型的函數結構形式具體、簡潔，且能夠更為合理地解釋博弈實驗結果，所以被廣泛接受和應用。本研究關於代理人具有收益公平的研究也主要建立在 FS 模型基礎之上。b. 遵從行為動機公平，強調行為背后的動機善惡。拉賓（Rabin，1993）最早將動機公平引入博弈模型，本研究關於動機公平的模型也是基於拉賓（Rabin，1993）動機公平模型的。c. 綜合收益分配公平和行為動機公平。一些經濟學家嘗試建立能夠同時反應收益公平和動機公平的綜合模型，比如查爾斯和拉賓（Charness & Rabin，2002）通過擴展拉賓（Rabin，1993）的動機公平模型，定義了互惠公平均衡（Reciprocal Fairness Equilibrium），而福克和菲施巴赫爾（Falk & Fischbacher，2006）也在拉賓（Rabin，1993）的動機公平模型的基礎上定義了互惠均衡（Reciprocity Equilibrium），試圖通過比較公平偏好行為所產生的收益分配結果來確定參與人行為動機的善惡傾向以及善惡程度。雖然，綜合模型能夠基本解釋全部博弈的實驗結果，但這些模型都是以心理博弈論為基礎進行分析，一般存在多重均衡解，因此可操作性較差。

鑒於此，本研究主要建立在費爾和施密特（Fehr & Schmid，1999）的 FS 模型和拉賓（Rabin，1993）的動機公平模型的基礎上，在此也主要介紹這兩種模型。

2.2.1 基於收益公平的理論模型

基於收益公平的理論認為，只要自己收益和對方收益不等時就會產生公平負效用。具體來說，當自己收益低於對方時，會產生嫉妒負效用，而自己收益高於對方時，會產生同情負效用，且因同等程度的收益差異而產生的嫉妒負效用大於同情負效用。費爾和施密特（Fehr & Schmid，1999）由此建立了包含物質收益效用和公平偏好效用的模型，模型中假設參與人會將自己收益與他人收益一一進行比較，效用函數表示為：

$$u_i = x_i - \frac{\alpha_i}{n-1}\sum_{j\neq i}\max(x_j - x_i,\ 0) - \frac{\beta_i}{n-1}\sum_{j\neq i}\max(x_i - x_j,\ 0)$$

其中，x_i 是物質收益的直接效用，$\frac{\alpha_i}{n-1}\sum_{j\neq i}\max(x_j - x_i,\ 0)$ 是由於自己收益低於他人時引起的嫉妒負效用，$\frac{\beta_i}{n-1}\sum_{j\neq i}\max(x_i - x_j,\ 0)$ 是由於自己收益高於他人時所帶來的同情負效用。α_i 為代理人嫉妒心理強度（$\alpha_i \geqslant 0$），β_i 為同情心理強度（$\beta_i \geqslant 0$），且滿足 $\alpha_i > \beta_i$ 和 $0 \leqslant \beta_i < 1$。$\alpha_i > \beta_i$ 表示同等程度的收益差異產生的嫉妒負效用大於同情負效用，$\beta_i < 1$ 表示雖然當自己收益高於他人時會產生同情負效用，但是代理人仍然偏好自己得到相對更多的收益。每個人的嫉妒和同情強度是不同的，即 α 和 β 是不一樣的，如果嫉妒心理強，則 α 就比較大；但如果其富有同情心理，則 β 就比較大。而當 $\alpha = \beta = 0$ 則表示代理人沒有嫉妒偏好和同情偏好，即為純粹自利偏好的情形。

FS 模型是目前應用最為廣泛的公平偏好理論模型，雖然它沒有考慮行為人的動機或行為過程，但是該模型結構比較簡單且易於實施、可操作性較強，重要的是，這個模型一般只有唯一的均衡結果。此外，眾所周知，FS 模型能夠解釋諸多博弈實驗，如最后通牒博弈實驗、禮物交換博弈實驗、信任博弈實驗、獨裁博弈實驗等。

2.2.2 基於動機公平的理論模型

拉賓（Rabin, 1993）認為，行為人不僅看重自身的物質收益，還看重對方行為背后的動機，即行為人會在個人收益大小與對方行為動機之間權衡，行為人會不惜犧牲自身利益來報答對方的善意行為，並報復對方的敵意行為。拉賓（Rabin, 1993）最早通過將動機公平系數引入博弈模型從而定義了善意函數（Kindness Function）來表示行為人行動背后的動機是善意的還是惡意的，即以善意函數 $f_i(a_i, b_j)$ 來測度參與人 i 對於參與人 j 的善意程度。

參與人 i 對於參與人 j 的善意函數為：

$$f_i(a_i, b_j) = \frac{\varphi_j(b_j, a_i) - \varphi_j^e(b_j)}{\varphi_j^h(b_j) - \varphi_j^{\min}(b_j)}$$

如果 $\varphi_j^h(b_j) - \varphi_j^{\min}(b_j) = 0$，則 $f_i(a_i, b_j) = 0$。

其中，a_i 是參與人 i 所選擇的行動，b_j 為 i 推測 j 所選擇的行動，$\varphi_j(b_j, a_i)$ 為參與人 j 選擇行動 b_j 而 i 選擇 a_i 時 j 所獲得的收益。$\varphi_j^h(b_j)$ 為參與人 j 在 $\Pi(b_j)$ 中的最高收入，$\varphi_j^l(b_j)$ 是參與人 j 在 $\Pi(b_j)$ 中的帕累托邊界上的最低收入。$\varphi_j^e(b_j)$ 是「公平收益」，並且滿足 $\varphi_j^e(b_j) = [\varphi_j^h(b_j) + \varphi_j^l(b_j)]/2$，$\varphi_j^{\min}(b_j)$ 是參與人 j 在集合 $\Pi(b_j)$ 中最糟糕的可能收入。如果 $f_i(a_i, b_j)<0$，說明參與人 i 的行為動機是惡意的（犧牲自己的收益去減少他人的收益）；但如果 $f_i(a_i, b_j)>0$，說明參與人 i 的行為動機是善意的（犧牲自己的收益去增加他人的收益）；當 $f_i(a_i, b_j) = 0$，說明參與人 i 的行為動機是中性的。

另外，拉賓（Rabin, 1993）用函數 $\tilde{f}_j(b_j, c_i)$ 來表示參與人 i 關於參與人 j 對待他自己善惡推斷的信念。

$$\tilde{f}_j(b_j, c_i) = \frac{\varphi_i(c_i, b_j) - \varphi_i^e(c_i)}{\varphi_i^h(c_i) - \varphi_i^{\min}(c_i)}$$

如果 $\varphi_i^h(c_i) - \varphi_i^{\min}(c_i) = 0$，則 $\tilde{f}_j(b_j, c_i) = 0$。

c_i 為 i 推測 j 認為 i 所選擇的行動。因為善意函數是正歸化的，$f_i(\cdot)$ 和 $\tilde{f}_j(\cdot)$ 的值就必定位於區間 $[-1, \frac{1}{2}]$ 中。如果 $\tilde{f}_j(b_j, c_i)>0$，則意味著 i 認為 j 對他是友善的；反之，當 $\tilde{f}_j(b_j, c_i)<0$，i 認為 j 對他是惡意的；如果 $\tilde{f}_j(b_j, c_i) = 0$，$i$ 認為 j 對他的動機是中性的。

這樣的善意函數就能用於刻畫參與人的行為動機。每個參與人 i 選擇 a_i 最

大化自身期望效用 $U_i(a_i, b_j, c_i)$ [$U_i(a_i, b_j, c_i)$ 包括物質收益效用和動機公平效用]：

$$U_i(a_i, b_j, c_i) = \varphi_i(a_i, b_j) + \tilde{f}_j(b_j, c_i)[1+f_i(a_i, b_j)]$$

$\varphi_i(a_i, b_j)$ 為行為人的直接物質收益效用，$\tilde{f}_j(b_j, c_i)[1+f_i(a_i, b_j)]$ 表示由動機公平而產生的效用。另外，拉賓（Rabin，1993）還證明了，行為人 i 的確會根據這一效用函數來追求自己的總效用 $U_i(a_i, b_j, c_i)$ 最大化。

2.3 相關名詞說明

動機公平偏好：拉賓（Rabin，1993）建立了動機公平博弈模型，該模型中人們會報答他人的善意行為，並報復他人的敵意行為，即使實施任何程度的報答和報復會付出額外的成本，動機公平偏好又稱為互惠偏好（Reciprocity Preference）。其中，報答行為稱為積極互惠，報復行為稱為消極互惠。

結果公平偏好：遵從收益分配公平原則，強調收益分配公平，即從物質收益分配來評價公平，具體來說，當他人收益高於自己時，產生嫉妒負效用；而當他人收入低於自己時，產生同情負效用。

委託代理模型：為了解決各種信息不對稱而採用博弈論工具建立的經濟模型。其中，擁有信息優勢的一方為代理人，而處於信息劣勢的一方為委託人。這種信息不對稱又包括由於代理人隱藏行動而導致的道德風險問題和由代理人類型隱藏（比如偏好類型、能力等）而導致的逆向選擇問題（梅葉森 Myerson，1991）。

團隊生產：阿爾欽和德姆塞茨（Alchian & Demsetz，1972）指出，團隊生產指一組獨立決定努力水平的代理人，他們共同創造一個產出，每個人對產出的貢獻依賴於其他人，因此，每個人的努力水平不能被獨立觀察。

錦標競賽制度：先將代理人的產出業績從高到低進行排序，然后給予一定比例或數量的優勝者一筆晉升獎金。錦標競賽制度是一種廣泛應用的激勵制度，如常見的「評優」制度和「評先」制度。

帕累托效率：指在至少能增加一個人收益的情況下而不必損害其他人的收益，也稱為帕累托最優。當到達帕累托最優狀態時，不能再進行任何帕累托改進。在委託代理模型中，帕累托最優意味著委託人和代理人的收益或效用之和達到最大化。

3 基於公平互惠偏好的團隊激勵機制：風險中性

現代企業廣泛採用團隊生產這一生產方式，其效率問題自然成為人們所關注的焦點。阿爾欽和德姆塞茨（Alchian & Demsetz，1972）認為團隊生產會導致個人的偷懶行為，產生「搭便車」效應，為解決該問題，應該引入一個監督者。基於代理人的純粹自利偏好假設，Holmstrom（1982）證明在團隊生產中預算均衡與帕累托最優兩者不可兼得，只有打破預算均衡，才能解決團隊生產中的「搭便車」問題。但是近年來，一系列的博弈實驗（如最后通牒博弈實驗、禮物交換博弈實驗、信任博弈實驗、獨裁博弈實驗等）令人信服地證明，代理人並非是純粹自利偏好的，他們還具有其他相關偏好，比如公平偏好、風險規避等。公平偏好理論具有重要的經濟涵義，能夠解釋很多純粹自利偏好不能夠解釋的經濟現象。國內外研究表明公平偏好因素改變了傳統委託—代理模型的許多結論。如李訓和曹國華（2008）在假設代理人具有公平偏好的情況下分析了委託人雇傭公平偏好代理人時的最優報酬契約，並通過數理模型表明公平偏好改變了純粹自利偏好下委託代理模型的一些結論。李訓（2009）指出公平偏好既有可能提高也有可能降低團隊生產效率且在一定條件下也有可能實現團隊生產的帕累托最優。宋圭武（2013）從價值維、領域維、時間維、空間維來研究效率與公平的關係。陳克貴、黃敏和王興偉（2013）考慮成員企業的公平偏好行為建立了虛擬企業的委託代理模型，並發現企業的公平偏好行為會對合作企業的努力水平和收益分享產生顯著影響。魏光興和張茜（2013）建立了描述員工內部同事壓力和外部同事壓力的理論模型，研究了員工的內在心理偏好和外在團隊文化對團隊生產的影響。阿維、卡斯瑞和德克（Alwine & Kathrin & Dirk，2008）基於收益公平，為團隊中的「同事壓力」效應作出更符合實際情況的解釋。李建培（Li，2009）研究了公平偏好對團隊生產激勵機制的影響，並認為當代理人是足夠的收益公平時，通過一個預算均衡機制可實現團隊生產的帕累托最優。斯蒂芬妮（Stephanie，2013）研究了個人和企業之間的互惠行為，並分析了個人和企業的互惠行為是如何影響努力水平和企業產出的。巴特林和西蒙斯（Bartling & Siemens，2004）研究了收益公平對團隊生產激勵機制的影響。他們認為當代理人是足夠的收益公平時，通過一個簡單的預算均衡共享規則可實現代理人的有效努力選擇，收益公平促進了代理人努力水平的供給；且團隊規模越小，對代理人收益公平強度的制約越小，這與現實中小規模團隊的工作效率要高於大規模團隊的工作效率的觀察結果一致；其研究結果對確定企業的最優內部組織和規模有著重要的意義。巴特林和福德蘭德（Bartling & Ferdinand，2004）和巴特林（Bartling，2012）在多任務背景下利用一個標準的線性指數道德風險模型分析了收益公平代理人之間的工資比較對最優激勵強度的影響。他們認為當個人產出任務不同於團隊產出任務時，只有個人產出會造成工資的不平等；如果在代理人的努力成本函數中，任務是可替代的，那麼委託人就會平衡激勵機制以減少代理人總的不平等的曝露。此外，通過一個有兩個代理人的標準線性道德風險模型，巴特林（Bartling，2006，2011）研究了具有其他相關偏好的代理人的最優激勵契約問題，為缺乏實證研究的相對績效評價提供了一種行為解釋。巴特林（Bartling，2011）根據實驗數據來研究團隊生產中工資不平等對團隊成員參與及其努力選擇的影響。最終他們認為工資的不平等對團隊成員的參與及其努力選擇沒有很大的影響。

因此，下文將基於風險中性的假設前提，引用哈克和貝爾（Huck & Biel，2003）基於收益公平的相關結論，採用改進的 Rabin 動機公平效用函數模型，研究比較不同博弈時序下的團隊生產效率，分析動機公平在不同博弈時序下影響團隊生產效率的內在機理。然后將兩者進行比較分析，從而為團隊生產中委託人的存在意義提供新的理論解釋，也為團隊激勵提供新的思路。

3.1 Holmstrom 經典團隊模型

為了數學簡化而又不失一般性，假設團隊中包括一個委託人和兩個代理人，每個代理人 i（$i=1,2$）選擇委託人不可觀察的努力水平 $x_i \in [0, +\infty)$，團隊產出 y 是關於努力水平 x_i 的線性函數，即：

$$y=2(k_i x_i+k_j x_j) \tag{3.1}$$

其中，$k_i \geqslant 0$ 表示代理人 i 的能力系數，其值越大說明代理人能力越強。

假設委託人和代理人都為風險中性。由於委託人不能觀察到代理人的努力從而也不能判斷每個代理人對團隊產出的貢獻大小，根據文獻通行做法（魏光興，2008；*Li*，2009；*Bartling*，2010），兩個代理人應均分團隊產出。於是，

代理人 i 的物質收益為：

$$m_i\ (x_i \mid x_j)\ = \frac{1}{2}y = k_i x_i + k_j x_j \tag{3.2}$$

其中，$j=1$，2，且 $i \neq j$。

此外，設代理人的努力成本為：

$$c_i\ (x_i)\ = \frac{1}{2}x_i^2 \tag{3.3}$$

那麼，根據式（3.2）和式（3.3），風險中性代理人 i 的效用為：

$$u_i\ (x_i \mid x_j)\ = k_i x_i + k_j x_j - \frac{1}{2}x_i^2 \tag{3.4}$$

代理人 i 的決策目標是通過選擇恰當的努力水平 x_i，追求最大的效用 $u_i\ (x_i \mid x_j)$，即：

$$x_i^{individual} = \arg\max_{x_i} u_i\ (x_i \mid x_j)\ = \arg\max_{x_i}\ (k_i x_i + k_j x_j - \frac{1}{2}x_i^2) \tag{3.5}$$

其中，$x_i^{individual}$ 表示團隊生產中的代理人 i 在獨立決策時的最優努力水平。解之，得：

$$x_i^{individual} = k_i \tag{3.6}$$

同理，可得

$$x_j^{individual} = k_j \tag{3.7}$$

其中，$x_j^{individual}$ 表示團隊生產中的代理人 j 在獨立決策時的最優努力水平。

此時，團隊產出為：

$$y^{individual} = 2\ (k_i^2 + k_j^2) \tag{3.8}$$

其中，$y^{individual}$ 表示團隊生產中的代理人 i 和代理人 j 都進行獨立決策時的最優團隊產出。

另一方面，如果能夠團隊合作，那麼代理人 i 通過選擇恰當的努力水平 x_i 來追求最大的團隊總效用 $U = \sum_{i=1}^{2} u_i\ (x_i \mid x_j)$，即：

$$x_i^{cooperation} = \arg\max_{x_i} U = \arg\max_{x_i}\ [2\ (k_i x_i + k_j x_j)\ - \frac{1}{2}x_i^2 - \frac{1}{2}x_j^2] \tag{3.9}$$

其中，$x_i^{cooperation}$ 表示團隊合作時代理人 i 的最優努力水平。解之，得：

$$x_i^{cooperation} = 2k_i \tag{3.10}$$

根據式（3.4）、式（3.6）和式（3.10）計算可得，團隊生產中的代理人 i 和 j 在都獨立決策、都合作或一方獨立決策而另一方合作等四種情況下各自的效用，總結如表 3.1 所示。在這一博弈中，分析可知，獨立決策對代理人 i

和 j 都是占優策略（Dominant Strategy），因而雙方都不會選擇團隊合作。但是，團隊總效用在雙方都合作時最大。各個獨立決策的代理人所選擇的努力水平［由以上（3.6）式決定］小於實現團隊總效用最大的努力水平［由以上（3.10）式決定］。這就是團隊生產中存在的道德風險問題。

表 3.1　　代理人 i 和 j 的博弈矩陣

i \ j	獨立	合作
獨立	$\frac{1}{2}k_i^2+k_j^2$，$\frac{1}{2}k_j^2+k_i^2$	$\frac{1}{2}k_i^2+2k_j^2$，k_i^2
合作	k_j^2，$2k_i^2+\frac{1}{2}k_j^2$	$2k_j^2$，$2k_i^2$

3.2　基於收益公平的團隊模型

近年來，隨著行為經濟學（Behavioral Economics）和行為博弈論（Behavioral Game Theory）的興起，研究發現被傳統經濟學忽略了的公平、互惠等心理偏好能夠在一定程度上促進團隊合作。例如，基於收益結果分配公平的描述公平偏好（Inequity Aversion，也稱為規避不平等，指行為人犧牲自己收益來提高收益分配公平度的行為特徵）的 FS 模型，魏光興和覃燕紅（2008）研究發現較強的公平偏好能夠實現團隊合作；李訓（2009）指出公平偏好既有可能提高也有可能降低團隊生產效率且在一定條件下也有可能實現帕累托最優；李建培（Li，2009）研究得到如果代理人具有相同的公平偏好那麼隨機懲罰機制就能夠實現團隊合作；巴特林和西蒙斯（Barling & Siemens，2010）進一步研究指出團隊規模越小對實現團隊合作的公平偏好強度的要求越低；巴特林（Barling，2011）研究發現公平偏好會在收益低於他人時增加代理人的成本從而可能限制了實現團隊合作的條件；貝爾（Biel，2008）通過設計一種在非均衡路徑上將遭受較大嫉妒（Envy）或內疚（Guilt）負效用的激勵機制，發現公平偏好是促進團隊自發形成從而也是實現團隊合作的內在因素。這些研究分析了公平偏好對團隊生產效率的影響，但都是在靜態博弈的框架下進行的，沒有考慮代理人之間的博弈時序（Game Timing）。但是，哈克和貝爾（Huck & Biel，2003）基於 FS 模型研究比較了不同博弈時序下的團隊生產效率，發現公平偏好在靜態博弈（Simultaneous Game）下存在一致效應，在序貫博弈（Sequential Game）下存在承諾效應，兩者在一定條件下都能提高團隊生產效率，且在序貫博弈下改進程度更大，下文將引用其相關結論。

3.2.1 收益公平效用函數

基於收益公平的理論認為，只要自己受益和對方收益不等時就會產生公平負效用，具體來說，當自己收益低於對方時，會產生嫉妒負效用，而自己收益高於對方時，會產生同情負效用，且因同等程度的收益差異而產生的嫉妒負效用大於同情負效用。費爾和施密特（Fehr & Schmid，1999）由此建立了包含物質收益效用和公平偏好效用的模型，模型中假設參與人會將自己收益與他人收益進行一一比較，效用函數表示為：

$$u_i = x_i - \frac{\alpha_i}{n-1}\sum_{j\neq i}\max(x_j - x_i,\ 0) - \frac{\beta_i}{n-1}\sum_{j\neq i}\max(x_i - x_j,\ 0)$$

其中，x_i 是物質收益的直接效用，$\frac{\alpha_i}{n-1}\sum_{j\neq i}\max(x_j - x_i,\ 0)$ 是由於自己收益低於他人時引起的嫉妒負效用，$\frac{\beta_i}{n-1}\sum_{j\neq i}\max(x_i - x_j,\ 0)$ 是由於自己收益高於他人時所帶來的同情負效用。α_i 為代理人嫉妒心理強度 $\alpha_i \geqslant 0$，β_i 為同情心理強度 $\beta_i \geqslant 0$，且滿足 $\alpha_i > \beta_i$ 和 $0 \leqslant \beta_i < 1$。$\alpha_i > \beta_i$ 同等程度的收益差異而產生的嫉妒負效用大於同情負效用，$\beta_i < 1$ 表示雖然當自己收益高於他人時會產生同情負效用，但是代理人仍然偏好自己得到相對更多的收益。每個人的嫉妒和同情強度是不同的，即 α 和 β 是不一樣的，如果嫉妒心理強，則 α 就比較大；但如果富有同情心理，則 β 就比較大。而當 $\alpha = \beta = 0$ 則表示代理人沒有嫉妒偏好和同情偏好，即為純粹自利偏好的情形。

為了簡化計算，哈克和貝爾（Huck & Biel，2003）採用改進的 FS 模型研究比較不同博弈時序下的團隊生產效率，分析收益公平在不同博弈時序下影響團隊生產效率的內在機理。根據 Holmstrom 經典團隊模型的條件和 FS 模型，團隊生產中代理人 i 的效用函數為：

$$\begin{aligned} u_i(x_i \mid x_j) &= m_i(x_i \mid x_j) - c_i(x_i) - \frac{b_i}{2}(x_i - x_j)^2 \\ &= k_i x_i + k_j x_j - \frac{1}{2}x_i^2 - \frac{b_i}{2}(x_i - x_j)^2 \end{aligned} \tag{3.11}$$

其中，第一項 $m_i(x_i \mid x_j)$ 表示獲得的物質收益，第二項 $c_i(x_i)$ 表示付出的努力成本，第三項$\frac{b_i}{2}(x_i-x_j)^2$表示承擔的收益公平心理損益。

對收益公平心理損益$\frac{b_i}{2}(x_i-x_j)^2$各部分解釋如下：

首先，b_i（$b_i>0$）表示衡量代理人 i 收益公平強度的系數。在原 FS 模型中，用 α_i 和 β_i 來分別描述不同狀況下代理人的收益公平強度，但是為了簡化計算，哈克和貝爾（Huck & Biel，2003）用 b_i 來綜合描述代理人的收益公平強度。引入收益公平強度系數，一方面可以刻畫代理人對收益公平心理損益的重視程度，另一方面便於分析收益公平強度對團隊生產效率的影響。特別的，當 $b_i=0$ 時，表示代理人 i 的收益公平強度為0，以上式（3.11）刻畫的效用函數就退化到式（3.4）的自利偏好情形。

其次，$(x_i-x_j)^2$ 表示衡量代理人之間的不公平程度。原 FS 模型中，費爾和施密特（Fehr & Schmidt，1999）用 $\pi_i-\pi_j=(m_i-c_i)-(m_j-c_j)=\frac{1}{2}(x_j^2-x_i^2)$ 來衡量代理人之間物質收益的不公平程度。由於$(x_i-x_j)^2=(\frac{x_j^2-x_i^2}{x_j+x_i})^2$，因此哈克和貝爾（Huck & Biel，2003）用$(x_i-x_j)^2$來衡量代理人之間的不公平程度。

3.2.2 靜態博弈

（1）均衡努力

命題 3.1：高能力代理人的努力水平是自身收益公平強度的減函數，但卻是他人收益公平強度的增函數。低能力代理人的努力水平是自身收益公平強度的增函數，但卻是他人收益公平強度的減函數。

證明：

在靜態博弈中，代理人 i 和 j 同時選擇自己的努力水平，共同決定團隊產出。代理人 i 的決策目標是通過選擇最優的努力水平 x_i 獲取最大的效用 $u_i(x_i \mid x_j)$，在式（3.11）中，求關於 x_i 的一階條件得：

$$\frac{\partial u_i}{\partial x_i}=k_i-x_i-b_i(x_i-x_j)=0 \tag{3.12}$$

由此，得到代理人 i 的反應函數，即：

$$x_i^*(x_j)=\frac{k_i+b_ix_j}{1+b_i} \tag{3.13}$$

可見，對收益公平代理人而言，其努力選擇是戰略互補的。而當 $b_i=0$，即代理人 i 是純粹自利偏好時，上式退化為式（3.5），即代理人 i 的努力選擇是戰略獨立的。同理，可得代理人 j 的反應函數為：

$$x_j^*(x_i)=\frac{k_j+b_jx_i}{1+b_j} \tag{3.14}$$

根據式（3.13）和式（3.14），計算得到代理人 i 和 j 的均衡努力 x_i^{SIM} 和 x_j^{SIM} 分別為：

$$x_i^{SIM}=\frac{k_i(1+b_j)+k_jb_i}{1+b_i+b_j} \tag{3.15}$$

和

$$x_j^{SIM}=\frac{k_j(1+b_i)+k_ib_j}{1+b_i+b_j} \tag{3.16}$$

在式（3.15）中，對代理人 i 的均衡努力關於代理人 i 的收益公平強度和代理人 j 的收益公平強度求偏導數，得：

$$\frac{\partial x_i^{SIM}}{\partial b_i}=\frac{(1+b_j)(k_j-k_i)}{(1+b_i+b_j)^2} \tag{3.17}$$

和

$$\frac{\partial x_i^{SIM}}{\partial b_j}=\frac{b_i(k_i-k_j)}{(1+b_i+b_j)^2}=-\frac{b_i(k_j-k_i)}{(1+b_i+b_j)^2} \tag{3.18}$$

由式（3.17）和式（3.18），得：

$$\text{sign}\frac{\partial x_i^{SIM}}{\partial b_i}=-\text{sign}\frac{\partial x_i^{SIM}}{\partial b_j}=\text{sign}(k_j-k_i) \tag{3.19}$$

分類討論：第一，如果 $k_i>k_j$，即代理人 i 是高能力者，而代理人 j 則是低能力者。此時有：*a.* $\frac{\partial x_i^{SIM}}{\partial b_i}<0$，高能力代理人 i 的努力水平是自身收益公平強度的減函數，即高能力代理人的努力水平隨著自身收益公平強度的增大而降低；*b.* $\frac{\partial x_i^{SIM}}{\partial b_j}>0$，高能力代理人 i 的努力水平是他人收益公平強度的增函數，即高能力代理人的努力水平隨著他人收益公平強度的增大而增加。

第二，如果 $k_j>k_i$，即代理人 i 是低能力者，而代理人 j 則是高能力者。此時有：*a.* $\frac{\partial x_i^{SIM}}{\partial b_i}>0$，低能力代理人 i 的努力水平是自身收益公平強度的增函數，即低能力代理人的努力水平隨著自身收益公平強度的增大而增加；

b. $\frac{\partial x_i^{SIM}}{\partial b_j}$<0，低能力代理人 i 的努力水平是他人收益公平強度的減函數，即低能力代理人的努力水平隨著他人收益公平強度的增大而降低。

證畢。

由此可見：第一，高能力代理人的努力水平是自身收益公平強度的減函數，但卻是他人收益公平強度的增函數。第二，低能力代理人的努力水平是自身收益公平強度的增函數，但卻是他人收益公平強度的減函數。為了降低不公平，代理人會按照他人的努力水平來調整自身的努力水平。因此，高能力代理人會降低自身的努力水平，並且其收益公平強度越大，努力水平的降低幅度就會越大。另一方面，對能力低的代理人而言，為了降低不公平，他們會選擇提高自身的努力水平，同樣調整幅度取決於其自身收益公平強度的大小。在靜態博弈的背景下，哈克和貝爾（Huck & Biel，2003）將這種高能力代理人有動力降低自身努力水平而低能力代理人有動力提高自身努力水平的現象定義為代理人的協調一致效應。如此，在靜態博弈中，代理人的收益公平可能會對團隊產出產生不利影響。

（2）均衡產出

根據式（3.1）、式（3.15）和式（3.16），此時的團隊產出 y^{SIM} 為：

$$\begin{aligned} y^{SIM} &= 2\left(k_i x_i^{SIM} + k_j x_j^{SIM}\right) \\ &= 2\frac{k_i^2(1+b_j)+k_j^2(1+b_i)+k_i k_j(b_i+b_j)}{1+b_i+b_j} \\ &= 2\left(k_i^2+k_j^2\right)+\frac{2(k_j-k_i)(k_i b_i - k_j b_j)}{1+b_i+b_j} \end{aligned} \tag{3.20}$$

進一步，根據式（3.20）中關於代理人的收益公平強度求偏導數，得：

$$\frac{\partial y^{SIM}}{\partial b_i}=\frac{(k_j-k_i)(k_i+k_i b_j+k_j b_j)}{(1+b_i+b_j)^2} \tag{3.21}$$

和

$$\frac{\partial y^{SIM}}{\partial b_j}=-\frac{(k_j-k_i)(k_j+k_i b_i+k_j b_i)}{(1+b_i+b_j)^2} \tag{3.22}$$

由式（3.21）和式（3.22）得：

$$\operatorname{sign}\frac{\partial y^{SIM}}{\partial b_i}=-\operatorname{sign}\frac{\partial y^{SIM}}{\partial b_j}=\operatorname{sign}(k_j-k_i) \tag{3.23}$$

分類討論：第一，如果 $k_i>k_j$，即代理人 i 是高能力者，而代理人 j 則是低能力者。此時有：a. $\frac{\partial y^{SIM}}{\partial b_i}$<0，團隊產出是高能力代理人 i 收益公平強度的減

函數，即團隊產出隨著高能力代理人收益公平強度的增大而降低；$b.\ \frac{\partial\ y^{SIM}}{\partial\ b_j}>0$，團隊產出是低能力代理人 j 收益公平強度的增函數，即團隊產出隨著低能力代理人收益公平強度的增大而增加。

第二，如果 $k_j>k_i$，即代理人 i 是低能力者，而代理人 j 則是高能力者。此時有：$a.\ \frac{\partial\ y^{SIM}}{\partial\ b_i}>0$，團隊產出是低能力代理人 i 收益公平強度的增函數，即團隊產出隨著低能力代理人的收益公平強度增大而增加；$b.\ \frac{\partial\ y^{SIM}}{\partial\ b_j}<0$，團隊產出是高能力代理人 j 收益公平強度的減函數，即團隊產出會隨著高能力代理人收益公平強度的增大而降低。

因此，可以得到結論 3.1：靜態博弈下團隊產出是高能力代理人收益公平強度的減函數，是低能力代理人收益公平強度的增函數。

由此可見，靜態博弈下團隊產出會隨著高能力代理人收益公平強度的增大而降低。這是因為高能力代理努力水平隨著公平偏好強度遞減，在得到平均產出的情況下，高能力代理人會認為相對自己的能力水平而言，收益分配是不公平的，進而產生公平負效用，因此高能力代理人會降低努力水平，從而減少團隊產出。同時，團隊產出會隨著低能力代理人收益公平強度的增大而增加。這是因為低能力代理人努力水平隨著公平偏好強度遞增，在得到平均產出的情況下，低能力代理人會認為相對自己的能力水平而言，收益分配是非常公平的，產生公平正效用，因此低能力代理人會提高努力水平，從而增加團隊產出。注意到，如果代理人是同質的，即 $k_i=k_j$，且代理人的生產能力相同，那麼代理人的收益公平對均衡產出沒有任何影響。

3.2.3 討論：靜態博弈下收益公平與純粹自利的比較

為了比較收益公平下的團隊產出與純粹自利偏好下的團隊產出的差異，假定 $k_i>k_j$，即代理人 i 是高能力者，而代理人 j 則是低能力者。

(1) 均衡努力的比較

一方面，對在靜態博弈中的高能力代理人 i 而言，根據式 (3.6) 和式 (3.15)，得：

$$x_i^{SIM}-x_i^{individual}=\frac{b_i\ (k_j-k_i)}{1+b_i+b_j}<0 \tag{3.24}$$

可見，在靜態博弈中，高能力代理人 i 具有收益公平時選擇的努力水平要低於其具有純粹自利偏好時選擇的努力水平。為了降低收益分配的不公平，收益公平導致高能力代理人選擇低水平努力，並且低於純粹自利偏好狀況下的努力水平，這不利於團隊生產的帕累托改進。

另一方面，對在靜態博弈中的低能力代理人 j 而言，同理可得：

$$x_j^{SIM}-x_j^{individual}=\frac{b_j\ (k_i-k_j)}{1+b_i+b_j}>0 \tag{3.25}$$

可見，在靜態博弈中，低能力代理人 j 具有收益公平時選擇的努力水平要高於其具有純粹自利偏好時選擇的努力水平。為了降低收益分配的不公平，收益公平導致低能力代理人選擇高水平努力，並且高於純粹自利偏好狀況下的努力水平，這有利於團隊生產的帕累托改進。

（2）均衡產出的比較

根據式（3.8）和式（3.20），可得：

$$y^{SIM}-y^{individual}=\frac{(k_j-k_i)\ (k_ib_i-k_jb_j)}{1+b_i+b_j} \tag{3.26}$$

如果兩個代理人的收益公平強度相同，即 $b_i=b_j>0$，那麼收益公平下的團隊產出總是低於純粹自利偏好狀況下的團隊產出，此時代理人的收益公平不能促進團隊產出的帕累托改進。因為代理人的收益公平強度相同，所以其努力水平的調整幅度也相同，因此當低能力代理人提高一定幅度的努力水平時，高能力代理人也會降低同等幅度的努力水平，團隊產出因此就會降低。

因為 $k_i>k_j$，所以要想 $y^{SIM}>y^{individual}$，必須有 $k_ib_i-k_jb_j<0$，即$\frac{b_i}{b_j}<\frac{k_j}{k_i}$。

可見，在靜態博弈中，收益公平也能夠在一定程度上帕累托改進團隊生產，但是卻有非常嚴格的限制條件，即要求異質代理人能力大小比值大於其收益公平強度比值的倒數。

（3）綜合比較

綜合以上均衡努力和團隊產出兩方面，收益公平相對自利偏好能夠在一定程度上帕累托改進團隊生產，但是卻有非常嚴格的限制條件，即要求異質代理人能力大小比值大於其收益公平強度比值的倒數。因此，委託人在選擇具有收益公平的員工組建工作團隊時，應該深入瞭解各個員工的工作能力狀況及其各自的收益公平強度，否則不恰當的工作團隊組合會降低團隊產出。

因此，可以得到結論 3.2：當異質代理人能力大小比值大於收益公平強度比值的倒數時，收益公平能夠帕累托改進團隊生產。

(4) 數值例子

雖然以上理論分析已經得到了嚴謹的、明確的顯性解釋，但是為了更清晰、更直觀地展現理論分析結果，下面將以具體的數值運算進行分析。假定 $k_i>k_j$，即代理人 i 是高能力者，而代理人 j 則是低能力者；取能力系數 $k_i=2$，$k_j=1$。

將 $k_i=2$，$k_j=1$，代入式（3.24），得 $x_i^{SIM}-x_i^{individual}=\dfrac{-b_i}{1+b_i+b_j}<0$，因此對高能力代理人 i 而言，在靜態博弈中，其具有收益公平時選擇的努力水平要低於其具有純粹自利偏好時選擇的努力水平。原因在於，為了降低收益分配的不公平，收益公平導致高能力代理人選擇低水平努力，並且低於純粹自利偏好狀況下的努力水平，這不利於團隊生產的帕累托改進。因此，委託人應當盡量避免聘用具有收益公平的高能力代理人；但當高能力代理人具有收益公平時，應優先聘用收益公平強度小的高能力者，其收益公平強度越小，對團隊生產帕累托改進的抑制程度越小。

將 $k_i=2$，$k_j=1$，代入式（3.25），得 $x_j^{SIM}-x_j^{individual}=\dfrac{b_j}{1+b_i+b_j}>0$，因此對低能力代理人 j 而言，在靜態博弈中，其具有收益公平時選擇的努力水平要高於其具有純粹自利偏好時選擇的努力水平。原因在於，為了降低收益分配的不公平，收益公平導致低能力代理人選擇高水平努力，並且高於純粹自利偏好狀況下的努力水平，這有利於團隊生產的帕累托改進。因此，委託人應當聘用具有收益公平的低能力代理人，並且優先聘用收益公平強度大的低能力者，其收益公平強度越大，團隊生產帕累托改進的程度越大。

將 $k_i=2$，$k_j=1$，代入式（3.26），得 $y^{SIM}-y^{individual}=\dfrac{b_j-2b_i}{1+b_i+b_j}$，如果要滿足 $y^{SIM}>y^{individual}$，則必須有 $b_j>2b_i$，即低能力代理人的收益公平強度要遠大於高能力代理人的收益公平強度。換言之，收益公平帕累托改進團隊生產的必要條件為 $\dfrac{b_j}{b_i}>\dfrac{k_i}{k_j}=2$，即低能力者與高能力者的收益公平強度比值大於高能力者與低能力者的生產能力比值，此時收益公平能夠促進團隊生產的帕累托改進。

綜上，當委託人聘用具有收益公平的異質代理人組建工作團隊時，必須確保低能力者與高能力者的收益公平強度比值大於高能力者與低能力者的生產能力比值。換言之，相對於高能力者，低能力者更為關注收益公平。否則，高能力者的收益公平會抑制團隊生產的帕累托改進，導致團隊產出降低，甚至低於純粹自利偏好狀況下的團隊產出。此外，委託人在制定激勵契約時，應該將注意力放在高能力者身上，制定出有利於高能力者的激勵契約，比如可以實行差別工資，個人能力越高，得到的工資報酬越高，可以激勵高能力者付出高水平努力，進而促使低能力者提高自身的努力水平，最終獲得較高的團隊產出。

3.2.4 序貫博弈

(1) 均衡努力

在序貫博弈下，代理人先后選擇各自的努力水平，且后行動者知道先行動者選擇的努力水平。在以上條件下，不妨設代理人 i 為第一個行動者，代理人 j 為第二個行動者。

在序貫博弈時序中，根據博弈論中的逆向歸納法，后行動者代理人 j 看到了先行動者代理人 i 選擇的努力水平 x_i 之后，會選擇式（3.14）所規定的努力水平；先行動者代理人 i 會預料到，如果自己選擇努力水平 x_i，后行動者代理人 j 會依據式（3.14）選擇努力水平 $x_j(x_i)$。並且，先行動者代理人 i 據此最大化其效用 $u_i(x_i \mid x_j)$。那麼，把式（3.14）代入式（3.11），得：

$$u_i(x_i \mid x_j)=k_ix_i+k_j\frac{k_j(1+b_i)+k_ib_j}{1+b_i+b_j}-\frac{1}{2}x_i^2-\frac{b_i}{2}\left(x_i-\frac{k_j(1+b_i)+k_ib_j}{1+b_i+b_j}\right)^2 \tag{3.27}$$

在式（3.27）中，求關於 x_i 的一階條件，得先行動者代理人 i 的均衡努力 x_i^{SEQ} 為：

$$x_i^{SEQ}=\frac{k_i(1+b_j)^2+k_j(b_i+b_j+b_j^2)}{b_i+(1+b_j)^2} \tag{3.28}$$

將式（3.28）代入式（3.14），得后行動者代理人 j 的均衡努力 x_j^{SEQ} 為：

$$x_j^{SEQ}=\frac{(k_ib_j+k_j)(1+b_j)+k_j(b_i+b_j^2)}{b_i+(1+b_j)^2} \tag{3.29}$$

在式（3.28）和式（3.29）中，分別求代理人努力水平關於收益公平強度的偏導數，得：

$$\frac{\partial x_i^{SEQ}}{\partial b_i}=\frac{(1+b_j)[k_j-k_i(1+b_j)]}{[b_i+(1+b_j)^2]^2} \tag{3.30}$$

$$\frac{\partial x_i^{SEQ}}{\partial b_j}=\frac{2k_ib_i(1+b_j)+k_j(1+b_j)^2-k_jb_i}{[b_i+(1+b_j)^2]^2} \tag{3.31}$$

$$\frac{\partial x_j^{SEQ}}{\partial b_i}=\frac{b_j[k_j-k_i(1+b_j)]}{[b_i+(1+b_j)^2]^2} \tag{3.32}$$

和

$$\frac{\partial x_j^{SEQ}}{\partial b_j}=\frac{k_i(1+b_j)^2+k_j(b_j^2-1)+b_i(k_i-k_j+2k_ib_j)}{[b_i+(1+b_j)^2]^2} \tag{3.33}$$

由式（3.30）、式（3.31）、式（3.32）和式（3.33）式可知，雖然，收益公平能夠在一定程度上提高代理人的努力水平，但是卻有非常嚴格的限制條件。可見，在序貫博弈中，收益公平可能會對團隊產出產生不利影響。

（2）均衡產出

根據式（3.1）、式（3.28）和式（3.29）式，可得均衡產出 y^{SEQ} 為：

$$y^{SEQ}=2(k_ix_i^{SEQ}+k_jx_j^{SEQ})$$
$$=2\frac{k_i^2(1+b_j)^2+k_j^2[b_i-b_j+(1+b_j)^2]+k_ik_j[b_i+2b_j(1+b_j)]}{b_i+(1+b_j)^2} \tag{3.34}$$

求均衡產出 y^{SEQ} 關於代理人收益公平強度的偏導數，得：

$$\frac{\partial y^{SEQ}}{\partial b_i}=2\frac{[k_i(1+b_j)+k_jb_j][k_j-k_i(1+b_j)]}{[b_i+(1+b_j)^2]^2} \tag{3.35}$$

和

$$\frac{\partial y^{SEQ}}{\partial b_j}=2\frac{2k_i(1+b_j)[k_j(1+b_j)+k_ib_i]+k_j(b_j^2-1)+k_jb_i(2k_ib_j-k_j)}{[b_i+(1+b_j)^2]^2} \tag{3.36}$$

由式（3.35）和式（3.36）可知，在序貫博弈中，收益公平可能會對團隊產出產生不利影響。代理人的收益公平可能會降低團隊產出。在極其嚴格的限制條件下，收益公平才能促進團隊生產的帕累托改進。以高能力者為例，當收益公平強度較小，即 $b_j<\frac{k_j}{k_i}-1$，那麼團隊產出為收益公平強度的增函數，收益公平會提高團隊產出；而當收益公平強度較大，即 $b_j\geq\frac{k_j}{k_i}-1$，那麼團隊產出為收益公平強度的減函數，收益公平會降低團隊產出。

由式（3.8）和式（3.34），可得：

$$y^{SEQ}-y^{individual}=2\frac{k_ik_j[b_i+2b_j(1+b_j)]-k_i^2b_i-k_j^2b_j}{b_i+(1+b_j)^2} \tag{3.37}$$

分兩種情況討論。第一，假定 $k_i<k_j$，即先行動者 i 為低能力代理人，而后行動者 j 為高能力代理人。此時，若要滿足 $y^{SEQ}>y^{individual}$，必須有 $b_i>b_j\frac{k_j^2-2k_ik_j(1+b_j)}{k_i(k_j-k_i)}$，即低能力代理人的收益公平強度要足夠大，才能實現團隊生產的帕累托改進。特別地，因為 $b_i>0$ 且 $k_j-k_i>0$，所以如果 $k_j<2k_i(1+b_j)$，

則有 $b_i>b_j\dfrac{k_j^2-2k_ik_j(1+b_j)}{k_i(k_j-k_i)}$恒成立。因此當 $k_i<k_j<2k_i(1+b_j)$ 時，即兩個代理人的生產能力差異很小，通過讓低能力代理人先行動，收益公平就能夠促進團隊生產的帕累托改進。可見，在序貫博弈中，當兩代理人的生產能力差異很小時［$k_i<k_j<2k_i(1+b_j)$］，通過讓低能力代理人先行動，收益公平就能夠帕累托改進團隊生產。

第二，假定 $k_i>k_j$，即先行動者 i 為高能力代理人，而后行動者 j 為低能力代理人。此時，若要滿足 $y^{SEQ}>y^{individual}$，必須有 $b_i<b_j\dfrac{k_j^2-2k_ik_j(1+b_j)}{k_i(k_j-k_i)}$，即高能力代理人的收益公平強度要足夠小，才能實現團隊生產的帕累托改進。

綜合以上兩個方面，在序貫博弈中，如果讓低能力代理人先行動，只要滿足兩位代理人的生產能力差異很小［$k_i<k_j<2k_i(1+b_j)$］這一條件，收益公平就能實現團隊生產的帕累托改進；如果讓高能力代理人先行動，則必須滿足高能力代理人的收益公平強度足夠小［$b_i<b_j\dfrac{k_j^2-2k_ik_j(1+b_j)}{k_i(k_j-k_i)}$］這一條件，才能實現團隊生產的帕累托改進。

在序貫博弈中，由於代理人的努力選擇是戰略互補的，先行動者知道在提高自身努力水平的同時，也能夠促使后行動者提高努力水平。這就意味著先行動者的收益要高於靜態博弈境況下的收益，這種現象稱之為承諾效應（Commitment Effect），並且序貫博弈下承諾效應的正效用總是大於靜態博弈下一致效應（Conformity Effect）的負效用。

3.2.5 討論：靜態博弈與序貫博弈的比較

(1) 均衡努力的比較

一方面，對在序貫博弈中的先行動者代理人 i 而言，根據式（3.15）和式（3.28），得：

$$x_i^{SEQ}-x_i^{SIM}=\frac{b_j(1+b_j)[k_ib_i+k_j(1+b_j)]}{(1+b_i+b_j)[b_i+(1+b_j)^2]}>0 \tag{3.38}$$

可見，先行動代理人 i 在序貫博弈中選擇的努力水平要高於在靜態博弈中選擇的努力水平。序貫博弈能夠激勵先行動代理人選擇高努力水平，這說明序貫博弈較靜態博弈能夠更進一步促進團隊生產的帕累托改進。

另一方面，對在序貫博弈中的后行動者代理人 j 而言，同理可得：

$$x_j^{SEQ}-x_j^{SIM}=\frac{b_j^2[k_ib_i+k_j(1+b_j)]}{(1+b_i+b_j)[b_i+(1+b_j)^2]}>0 \tag{3.39}$$

因此，后行動代理人 j 在序貫博弈中選擇的努力水平也高於在靜態博弈中選擇的努力水平。換言之，序貫博弈能夠激勵后行動代理人選擇高努力水平，這說明序貫博弈較靜態博弈能夠更進一步促進團隊生產的帕累托改進。

綜合以上兩方面，可以得到結論 3.3：團隊生產中只要有一位代理人關注收益公平，那麼所有代理人在序貫博弈中的努力水平均高於在靜態博弈中的努力水平。

由式（3.38）和式（3.39）可知，在序貫博弈中，無論是博弈先行動者還是博弈后行動者，都會選擇比靜態博弈中更高的努力水平。如果能夠讓代理人按先后順序選擇努力水平，會促使代理人選擇更高的努力水平，而且代理人之間誰先誰后的行動順序並不重要，因為先行動者和后行動者都會選擇更高的努力水平。因此，序貫博弈較靜態博弈能夠更大程度的促進努力水平的增加，進而促進團隊生產的帕累托改進。

（2）均衡產出的比較

根據式（3.20）和式（3.34），可得

$$y^{SEQ}-y^{SIM}=2b_j\frac{(k_i^2b_i+k_j^2b_j)(1+b_j)+k_ik_j[b_ib_j+(1+b_j)^2]}{(1+b_i+b_j)[b_i+(1+b_j)^2]} \tag{3.40}$$

因為 $b_i>0$，$i=1$，2，所以有 $y^{SEQ}>y^{SIM}$，即序貫博弈時的團隊產出高於靜態博弈時的團隊產出。但是，如果 $\max\{b_i\}>0$，$i=1$，2，即代理人中至少有一人是嚴格的收益公平，那麼就有 $y^{SEQ}\geqslant y^{SIM}$；此時序貫博弈下的團隊產出總是不低於靜態博弈下的團隊產出。

（3）綜合比較

綜合均衡努力和團隊產出兩個方面，在團隊生產中，如果能夠讓代理人按照一定順序進行博弈，代理人會選擇更高的努力水平，進而會產生更高的團隊產出。同時，只要代理人中至少有一人是嚴格的收益公平，序貫博弈時的團隊產出總是不低於靜態博弈時的團隊產出。但是，從對式（3.37）的分析中可以看出，在序貫博弈中，如果讓低能力代理人先行動，只要滿足兩位代理人的生產能力差異很小 $[k_i<k_j<2k_i(1+b_j)]$ 這一條件，收益公平就能實現團隊生產的帕累托改進；如果讓高能力代理人先行動，則必須滿足高能力代理人的收益公平強度足夠小 $\left[b_i<b_j\frac{k_j^2-2k_ik_j(1+b_j)}{k_i(k_j-k_i)}\right]$ 這一條件，才能實現團隊生產的帕累托改進。可見，序貫博弈帕累托改進團隊生產的重要前提條件是讓低能力代理人先行動。

(4) 數值例子

雖然以上理論分析已經得到了嚴謹的、明確的顯性解釋，但是為了更清晰、更直觀地展現理論分析結果，下面將以具體的數值運算進行分析。假定 $k_i > k_j$，即代理人 i 是高能力者，而代理人 j 則是低能力者；取能力系數 $k_i=2$，$k_j=1$。同時假定在序貫博弈中代理人 i 為先行動者，代理人 j 為后行動者。

將 $k_i=2$，$k_j=1$，代入式（3.38），得 $x_i^{SEQ}-x_i^{SIM}=\dfrac{b_j(1+b_j)[2b_i+(1+b_j)]}{(1+b_i+b_j)[b_i+(1+b_j)^2]}>0$，可見具有收益公平的先行動者 i，在序貫博弈中選擇的努力水平要高於在靜態博弈中選擇的努力水平，這在一定程度上促進了團隊生產的帕累托改進。因此，委託人聘用具有收益公平的高能力代理人時，應當讓代理人按先后順序選擇努力水平，如此可以激勵高能力代理人選擇更高的努力水平。

將 $k_i=2$，$k_j=1$，代入式（3.39），得 $x_j^{SEQ}-x_j^{SIM}=\dfrac{b_j^2[2b_i+(1+b_j)]}{(1+b_i+b_j)[b_i+(1+b_j)^2]}>0$，可見具有收益公平的后行動者 j，在序貫博弈中選擇的努力水平要高於在靜態博弈中選擇的努力水平，進而高於純粹自利偏好狀況下的努力水平，進一步促進了團隊生產的帕累托改進。因此，委託人聘用具有收益公平的低能力代理人時，應當讓代理人按先后順序選擇努力水平，如此可以激勵后行動代理人選擇更高的努力水平。

將 $k_i=2$，$k_j=1$，代入式（3.40），得：

$$y^{SEQ}-y^{SIM}=2b_j\frac{(4b_i+b_j)(1+b_j)+2[b_ib_j+(1+b_j)^2]}{(1+b_i+b_j)[b_i+(1+b_j)^2]}$$

因為 $b_i>0$，$i=1$，2，所以 $y^{SEQ}>y^{SIM}$，即序貫博弈時的團隊產出總是高於靜態博弈時的團隊產出。可見，序貫博弈較靜態博弈能在更大程度上促進團隊產出的增加。但是，如果 $\max\{b_i\}>0$，$i=1$，2，即代理人中至少有一人是嚴格的收益公平，那麼就有 $y^{SEQ}\geqslant y^{SIM}$，此時序貫博弈時的團隊產出總是不低於靜態博弈時的團隊產出。因此，委託人聘用代理人時，一定要注意各個代理人的偏好類型。如果代理人的偏好是相同的，可能不會對團隊生產的帕累托改進發揮作用甚至會抑制其改進。

綜上，當委託人聘用具有收益公平的異質代理人組建工作團隊時，如果能夠讓代理人按先后順序選擇努力水平，會促使代理人選擇更高的努力水平，進而得到更高的團隊產出。而且，代理人之間誰先誰后的行動順序並不重要，因為先行動者和后行動者都會選擇更高的努力水平。此外，在序貫博弈中，如果讓低能力代理人先行動，只要滿足兩位代理人的生產能力差異很小這一條件，收益公平就能在更大程度上促進團隊生產的帕累托改進。因此，委託人在制定激勵契約時，一定要明確代理人之間的工作能力差異。

3.2.6 小結

上文研究了收益公平在不同博弈時序下影響團隊生產效率的內在機理，並與純粹自利偏好情形做了對比分析，得到以下結論：

a. 在靜態博弈下，引入收益公平會產生代理人的協調一致效應，即高能力代理人有動力降低自身努力水平而低能力代理人有動力提高自身努力水平。為了降低收益分配的不公平，代理人會按照他人的努力水平來調整自身的努力水平。因此，高能力的代理人會降低自身的努力水平，並且其收益公平強度越大，努力水平的降低幅度越大。另一方面，對低能力的代理人而言，為了降低不公平，他們會選擇提高自身的努力水平，調整幅度取決於其自身收益公平強度的大小。

b. 在序貫博弈下，引入收益公平會產生代理人的承諾效應，即先行動者會主動選擇高努力水平以此來提高自身的收益。在序貫博弈中，由於代理人的努力選擇是戰略互補的，先行動者知道在提高自身努力水平的同時，也能夠促使后行動者提高努力水平。這就意味著先行動者的收益要高於靜態博弈境況下的收益。因而先行動者會主動選擇高努力水平，因為后行動者的高努力水平會提高團隊產出從而提高先行動者的效用。

c. 與靜態博弈相比，在序貫博弈下收益公平帕累托改進團隊生產效率的程度更大。在序貫博弈中，無論是博弈先行動者還是博弈后行動者，都會選擇比靜態博弈中更高的努力水平。這說明，序貫博弈較靜態博弈在更大程度上促進了代理人努力水平的提高，並且序貫博弈下的團隊產出總是不低於靜態博弈下的團隊產出，因而序貫博弈較靜態博弈在更大程度上促進了團隊產出的增加。因此，序貫博弈較靜態博弈能在更大程度上促進團隊生產的帕累托改進。

d. 收益公平不一定能夠帕累托改進團隊生產效率。在靜態博弈下，代理人的收益公平可能會對團隊產出產生不利影響。這是由高能力代理人的協調一致效應的負效用所導致的。收益公平帕累托改進團隊生產效率的條件比較苛刻。在靜態博弈下要求異質代理人能力大小比值大於其收益公平強度比值的倒數；在序貫博弈下要求讓低能力的代理人先行動而高能力的代理人后行動並且代理人之間的能力差異不大。

3.3 基於動機公平的團隊模型

近年來，隨著行為經濟學和行為博弈論的興起，研究發現被傳統經濟學忽略了的公平、互惠等心理偏好能夠在一定程度上促進團隊合作。例如，基於強調行為動機公平的描述公平偏好（Reciprocity，也稱為互惠，指行為人犧牲自己收益以牙還牙、投桃報李的行為特徵）的 Rabin 模型，吴國東、汪翔和蒲勇健（2010）研究發現動機公平能夠帕累托改進團隊生產而且在恰當的動機公平系數和團隊規模條件下能夠實現帕累托最優；錢峻峰和蒲勇健（2011）研究指出動機公平在不同條件下對團隊生產效率的影響差別很大，既可能提高也可能降低團隊生產效率，其中代理人對團隊其他成員行為動機的推斷和信念是一個非常重要的因素。這些研究分析了動機公平對團隊生產效率的影響，但都是在靜態博弈的框架下進行的，沒有考慮代理人之間的博弈時序。特別的，哈克和貝爾（Huck & Biel，2003）基於 FS 模型分析比較了不同博弈時序下的團隊生產效率，發現收益公平在靜態博弈下存在協調一致效應，在序貫博弈下存在承諾效應，兩者在一定條件下都能提高團隊生產效率，且在序貫博弈下改進程度更大。

但是，目前尚未發現關於動機公平在不同博弈時序下影響團隊生產效率內在機理的研究。事實上，由於動機公平強調行為的動機而收益公平強調行為的結果，兩者都是決定行為選擇決策的重要因素，而且在序貫博弈中動機公平的作用可能更明顯，因為很多博弈實驗和實際觀察都表明在序貫博弈中先行動者的行為動機直接影響后行動者的行為選擇。因此，下文將基於 Rabin 模型研究比較不同博弈時序下的團隊生產效率，分析動機公平在不同博弈時序下影響團隊生產效率的內在機理，並與收益公平的影響進行比較。

3.3.1 動機公平效用函數

代理人具有動機公平，會「以惡報惡、以善報善」，即報復對方的惡意行為和報答對方的善意行為，也即使犧牲自己的部分物質收益來報復或報答也在所不惜。根據 Holmstrom 經典團隊模型的條件和 Rabin 模型，引入動機公平后，團隊生產中代理人 i 的效用函數為：

$$u_i(x_i \mid x_j) = m_i(x_i \mid x_j) - c_i(x_i) + \gamma_i \tilde{f}_i(1+f_i) \tag{3.41}$$

其中，第一項 $m_i(x_i \mid x_j)$ 表示獲得的物質收益，第二項 $c_i(x_i)$ 表示付出的努力成本，第三項 $\gamma_i\tilde{f}$ （$1+f_i$） 表示承擔的動機公平心理損益。

對動機公平心理損益 $\gamma_i\tilde{f}$ （$1+f_i$） 各部分解釋如下：

首先，γ_i（$\gamma_i>0$） 表示衡量代理人 i 動機公平強度的系數。原 *Rabin* 模型中並沒有該系數，而吳國東、汪翔和蒲勇健（2010） 引入了該系數。引入動機公平強度系數，一方面可以刻畫代理人對動機公平心理損益的重視程度，另一方面便於分析動機公平強度對團隊生產效率的影響。特別的，當 $\gamma_i=0$ 時，表示代理人 i 的動機公平強度為 0，以上式（3.41） 刻畫的效用函數就退化到式（3.4） 的純粹自利偏好情形。

其次，f_i 表示代理人 i（對代理人 j 的） 行為的善惡程度。如果 $f_i>0$，說明代理人 i 的行為動機是善意的；如果 $f_i<0$，說明代理人 i 的行為動機是惡意的；如果代理人 $f_i=0$，說明代理人 i 的行為動機是中性的。並且，f_i 的絕對值越大，說明行為動機的善惡程度越大。*Rabin* 把 f_i 定義為 $f_i=\frac{m_j^s-m_j^e}{m_j^h-m_j^l}$。其中，$m_j^s$ 表示代理人 j 實際得到的物質收益；m_j^h 表示代理人 j 在給定條件下可以得到的最高物質收益；m_j^l 表示代理人 j 在給定條件下可以得到的最低物質收益；m_j^e 表示代理人 j 應該得到的公平物質收益，等於 m_j^h 和 m_j^l 的平均值，即 $m_j^e=\frac{1}{2}$（$m_j^h+m_j^l$）。分析可知，在上文條件下，有 $m_j^s=k_ix_i+k_jx_j$、$m_j^h=2$（$k_i^2+k_j^2$）、$m_j^l=0$ 和 $m_j^e=k_i^2+k_j^2$。於是，

$$f_i=\frac{m_j^s-m_j^e}{m_j^h-m_j^l}=\frac{(k_ix_i+k_jx_j)-(k_i^2+k_j^2)}{2(k_i^2+k_j^2)-0}=\frac{k_ix_i+k_jx_j}{2(k_i^2+k_j^2)}-\frac{1}{2} \quad (3.42)$$

最后，$\tilde{f}$ 表示代理人 i（對代理人 i 的） 行為的善惡程度的推斷信念。如果 $\tilde{f}>0$，說明代理人 i 認為代理人 j 對代理人 i 的行為動機是善意的；如果 $\tilde{f}<0$，說明代理人 i 認為代理人 j 對代理人 i 的行為動機是惡意的；如果代理人 $\tilde{f}=0$，說明代理人 i 認為代理人 j 對代理人 i 的行為動機是中性的。並且，$\tilde{f}$ 的絕對值越大，說明代理人 i 認為代理人 j 對代理人 i 的行為動機善惡程度越大。根據拉賓（*Rabin*，1993），$\tilde{f}=\frac{m_i^s-m_i^e}{m_i^h-m_i^l}$。在上文條件下，有 $m_i^s=k_ix_i+k_jx_j$、$m_i^h=2$（$k_i^2+k_j^2$）、$m_i^l=0$ 和 $m_i^e=k_i^2+k_j^2$，則：

$$\tilde{f}=\frac{m_i^s-m_i^e}{m_i^h-m_i^l}=\frac{k_ix_i+k_jx_j}{2(k_i^2+k_j^2)}-\frac{1}{2} \quad (3.43)$$

把式（3.2）、式（3.3）、式（3.42）和式（3.43）代入式（3.41），得到代理人 i 的效用：

$$u_i(x_i \mid x_j) = k_i x_i + k_j x_j - \frac{1}{2} x_i^2 + \gamma_i \left[\frac{k_i x_i + k_j x_j}{2(k_i^2 + k_j^2)} - \frac{1}{2}\right]\left[\frac{k_i x_i + k_j x_j}{2(k_i^2 + k_j^2)} + \frac{1}{2}\right] \tag{3.44}$$

3.3.2 靜態博弈

(1) 均衡努力

在靜態博弈中，代理人 i 和 j 同時選擇自己的努力水平，共同決定團隊產出。代理人 i 的決策目標是通過選擇最優的努力水平 x_i 獲取最大的效用 $u_i(x_i \mid x_j)$，在式（3.44）中，求關於 x_i 的一階條件得：

$$\frac{\partial u_i(x_i \mid x_j)}{\partial x_i} = k_i - x_i + \gamma_i \frac{k_i(k_i x_i + k_j x_j)}{2(k_i^2 + k_j^2)^2} = 0 \tag{3.45}$$

由此，得到代理人 i 的反應函數，即：

$$x_i^*(x_j) = \frac{2k_i(k_i^2 + k_j^2)^2 + k_i k_j \gamma_i x_j}{2(k_i^2 + k_j^2)^2 - k_i^2 \gamma_i} \tag{3.46}$$

可見，對動機公平代理人而言，其努力選擇是戰略互補的。而當 $\gamma_i = 0$，即代理人 i 是純粹自利偏好時，上式退化為式（3.5），代理人 i 的努力選擇是戰略獨立的。同理，可得代理人 j 的反應函數為：

$$x_j^*(x_i) = \frac{2k_j(k_i^2 + k_j^2)^2 + k_i k_j \gamma_j x_i}{2(k_i^2 + k_j^2)^2 - k_j^2 \gamma_j} \tag{3.47}$$

在式（3.46）和式（3.47）中，由於 $x_i > 0$，應該有 $2(k_i^2 + k_j^2)^2 - k_i^2 \gamma_i > 0$ 和 $2(k_i^2 + k_j^2)^2 - k_j^2 \gamma_j > 0$。

根據式（3.46）和式（3.47），計算得到代理人 i 和 j 的均衡努力 x_i^{SIM} 和 x_j^{SIM} 分別為：

$$x_i^{SIM} = \frac{k_i\left[2(k_i^2 + k_j^2)^2 + k_j^2(\gamma_i - \gamma_j)\right]}{2(k_i^2 + k_j^2)^2 - (k_i^2 \gamma_i + k_j^2 \gamma_j)} \tag{3.48}$$

和

$$x_j^{SIM} = \frac{k_j\left[2(k_i^2 + k_j^2)^2 + k_i^2(\gamma_j - \gamma_i)\right]}{2(k_i^2 + k_j^2)^2 - (k_i^2 \gamma_i + k_j^2 \gamma_j)} \tag{3.49}$$

在式（3.48）和式（3.49）中，由於 $x_i > 0$，並且 $2(k_i^2 + k_j^2)^2 - k_i^2 \gamma_i > 0$ 和 $2(k_i^2 + k_j^2)^2 - k_j^2 \gamma_j > 0$，應該有 $2(k_i^2 + k_j^2)^2 - (k_i^2 \gamma_i + k_j^2 \gamma_j) > 0$。

在式（3.48）中，對代理人 i 的均衡努力關於代理人 i 的動機公平強度和

代理人 j 的動機公平強度求偏導數，得：

$$\frac{\partial x_i}{\partial \gamma_i}=\frac{k_i(k_i^2+k_j^2)[2(k_i^2+k_j^2)^2-k_j^2\gamma_j]}{[2(k_i^2+k_j^2)^2-(k_i^2\gamma_i+k_j^2\gamma_j)]^2}>0 \tag{3.50}$$

和

$$\frac{\partial x_i}{\partial \gamma_j}=\frac{k_ik_j^2(k_i^2+k_j^2)^2\gamma_i}{[2(k_i^2+k_j^2)^2-(k_i^2\gamma_i+k_j^2\gamma_j)]^2}>0 \tag{3.51}$$

同理，在式（3.49）中，可以求得$\frac{\partial x_j}{\partial \gamma_i}>0$和$\frac{\partial x_j}{\partial \gamma_j}>0$。

而根據式（3.6），如果代理人 i 是純粹自利偏好的，其努力水平為：

$$x_i^{individual}=k_i$$

因為$\frac{2(k_i^2+k_j^2)^2+k_j^2(\gamma_i-\gamma_j)}{2(k_i^2+k_j^2)^2-(k_i^2\gamma_i+k_j^2\gamma_j)}>1$，所以必有 $x_i^{SIM}>x_i^{individual}$。

同理可得，$x_j^{SIM}>x_j^{individual}$。

綜上，可以得到結論 3.4：靜態博弈中，代理人的努力水平是關於自身和他人動機公平強度的增函數，動機公平能夠促進團隊合作從而帕累托改進團隊生產。

由於代理人的努力水平是自身動機公平強度的增函數，即代理人的努力水平隨著自身動機公平強度的增大而增加。動機公平代理人的努力水平一定高於純粹自利代理人的努力水平，而且動機公平強度越大努力水平越高，動機公平實現了團隊生產的帕累托改進。其次，代理人的努力水平也是他人動機公平強度的增函數，即代理人的努力水平隨著他人動機公平強度的增大而增加。他人的動機公平會促使自己選擇更高的努力水平，自己的動機公平也會促使他人選擇更高的努力水平。動機公平會促使代理人按照對方的努力水平調整自己的努力水平，以期與對方的努力水平相匹配，調整幅度取決於自身動機公平強度。同時，面對具有動機公平的他人，選擇更高的努力水平，可以獲得他人的高努力水平的回報。這是一個循環上升的過程。綜合以上兩方面，動機公平確實促進了團隊合作。

(2) 均衡產出

根據式（3.1）、式（3.48）和式（3.49），此時的團隊產出 y^{SIM} 為：

$$y^{SIM}=2(k_ix_i^{SIM}+k_jx_j^{SIM})=\frac{4(k_i^2+k_j^2)^3}{2(k_i^2+k_j^2)^2-(k_i^2\gamma_i+k_j^2\gamma_j)} \tag{3.52}$$

根據式（3.8）和式（3.52），得：

$$y^{SIM}-y^{individual}=\frac{k_i^2\gamma_i+k_j^2\gamma_j}{2\left(k_i^2+k_j^2\right)^2-\left(k_i^2\gamma_i+k_j^2\gamma_j\right)} \tag{3.53}$$

由 $2\left(k_i^2+k_j^2\right)^2-\left(k_i^2\gamma_i+k_j^2\gamma_j\right)>0$ 得 $y^{SIM}>y^{individual}$。因此，動機公平促進了團隊產出的增加。

進一步，在式（3.52）中關於代理人的動機公平強度求偏導數，得：

$$\frac{\partial y^{SIM}}{\partial \gamma_i}=\frac{4k_i^2\left(k_i^2+k_j^2\right)^3}{\left[2\left(k_i^2+k_j^2\right)^2-\left(k_i^2\gamma_i+k_j^2\gamma_j\right)\right]^2}>0 \tag{3.54}$$

和

$$\frac{\partial y^{SIM}}{\partial \gamma_j}=\frac{4k_j^2\left(k_i^2+k_j^2\right)^3}{\left[2\left(k_i^2+k_j^2\right)^2-\left(k_i^2\gamma_i+k_j^2\gamma_j\right)\right]^2}>0 \tag{3.55}$$

可見，團隊產出是代理人動機公平強度的增函數，即團隊產出隨代理人動機公平強度的增大而增加。包含動機公平代理人的團隊，其均衡產出高於只有純粹自利代理人團隊的產出。只要團隊中存在動機公平代理人，團隊生產就能實現帕累托改進，並且動機公平強度越大，帕累托改進程度越大。

綜合以上均衡努力和團隊產出兩方面，動機公平相對自利偏好帕累托改進了團隊生產。因此，委託人應該識別代理人的偏好類型，選擇具有動機公平的員工組建工作團隊，因為動機公平代理人會付出更高水平的努力而且會促使他人也選擇更高的努力水平。

3.3.3 序貫博弈

（1）均衡努力

在序貫博弈下，代理人先后選擇各自的努力水平，且后行動者知道先行動者選擇的努力水平。在以上條件下，不妨設代理人 i 為第一個行動者，代理人 j 為第二個行動者。

在序貫博弈時序中，根據博弈論中的逆向歸納法，后行動者代理人 j 看到了先行動者代理人 i 選擇的努力水平 x_i 之后，會選擇式（3.47）所規定的努力水平；先行動者代理人 i 會預料到，如果自己選擇努力水平 x_i，后行動者代理人 j 會依據式（3.47）選擇努力水平 $x_j(x_i)$。進而，先行動者代理人 i 據此會最大化其效用 $u_i(x_i \mid x_j)$。那麼，把式（3.47）代入式（3.44），得：

$$u_i\left(x_i \mid x_j\right)=k_ix_i-\frac{1}{2}x_i^2-\frac{1}{4}\gamma_i+k_j\frac{2k_j\left(k_i^2+k_j^2\right)^2+k_ik_j\gamma_jx_i}{2\left(k_i^2+k_j^2\right)^2-k_j^2\gamma_j}+\gamma_i\frac{\left[k_ix_i+k_j\frac{2k_j\left(k_i^2+k_j^2\right)^2+k_ik_j\gamma_jx_i}{2\left(k_i^2+k_j^2\right)^2-k_j^2\gamma_j}\right]^2}{4\left(k_i^2+k_j^2\right)^2} \tag{3.56}$$

在式（3.56）中，求關於 x_i 的一階條件，得先行動者代理人 i 的均衡努力 x_i^{SEQ} 為：

$$x_i^{SEQ}=\frac{2k_i\left(k_i^2+k_j^2\right)^2\left[2\left(k_i^2+k_j^2\right)^2+k_j^2\left(\gamma_i-\gamma_j\right)\right]}{\left[2\left(k_i^2+k_j^2\right)^2-k_j^2\gamma_j\right]^2-2\gamma_i k_i^2\left(k_i^2+k_j^2\right)^2} \tag{3.57}$$

將式（3.57）代入式（3.47），得后行動者代理人 j 的均衡努力 x_j^{SEQ} 為：

$$x_j^{SEQ}=\frac{2k_j\left(k_i^2+k_j^2\right)^2\left[2\left(k_i^2+k_j^2\right)^2+k_i^2\left(\gamma_j-\gamma_i\right)-k_j^2\gamma_j\right]}{\left[2\left(k_i^2+k_j^2\right)^2-k_j^2\gamma_j\right]^2-2\gamma_i k_i^2\left(k_i^2+k_j^2\right)^2} \tag{3.58}$$

在式（3.57）和式（3.58）中，分別求代理人努力水平關於動機公平強度的偏導數，得：

$$\frac{\partial x_i^{SEQ}}{\partial \gamma_i}=\frac{2k_i\left(k_i^2+k_j^2\right)^2\left[2\left(k_i^2+k_j^2\right)^2-\gamma_j k_j^2\right]\left[2\left(k_i^2+k_j^2\right)^3-\gamma_j k_j^4\right]}{\left\{\left[2\left(k_i^2+k_j^2\right)^2-\gamma_j k_j^2\right]-2\gamma_i k_i^2\left(k_i^2+k_j^2\right)^2\right\}^2} \tag{3.59}$$

$$\frac{\partial x_i^{SEQ}}{\partial \gamma_j}=\frac{2k_i k_j^2\left(k_i^2+k_j^2\right)^2\left\{\left[2\left(k_i^2+k_j^2\right)^2-\gamma_j k_j^2\right]\left[2\left(k_i^2+k_j^2\right)^2-\gamma_j k_j^2+2\gamma_i k_i^2\right]+2\gamma_i k_i^2\left(k_i^2+k_j^2\right)^2\right\}}{\left\{\left[2\left(k_i^2+k_j^2\right)^2-\gamma_j k_j^2\right]-2\gamma_i k_i^2\left(k_i^2+k_j^2\right)^2\right\}^2} \tag{3.60}$$

$$\frac{\partial x_j^{SEQ}}{\partial \gamma_i}=\frac{2\gamma_j k_j k_i^2\left(k_i^2+k_j^2\right)^2\left[2\left(k_i^2+k_j^2\right)^3-\gamma_j k_j^4\right]}{\left\{\left[2\left(k_i^2+k_j^2\right)^2-\gamma_j k_j^2\right]-2\gamma_i k_i^2\left(k_i^2+k_j^2\right)^2\right\}^2} \tag{3.61}$$

和

$$\begin{aligned}\frac{\partial x_j^{SEQ}}{\partial \gamma_j}=&\left\{\left[2\left(k_i^2+k_j^2\right)^3-\gamma_j k_j^4\right]\left[2\left(k_i^2+k_j^2\right)^2-\gamma_i k_i^2-\gamma_j k_j^2\right]\right.\\&\left.+\gamma_j k_i^2 k_j^2\left[2\left(k_i^2+k_j^2\right)^2-\gamma_j k_j^2\right]+\gamma_i\gamma_j k_i^2 k_j^2\right\}\\&\times\frac{2k_j\left(k_i^2+k_j^2\right)^2}{\left\{\left[2\left(k_i^2+k_j^2\right)^2-\gamma_j k_j^2\right]-2\gamma_i k_i^2\left(k_i^2+k_j^2\right)^2\right\}^2}\end{aligned} \tag{3.62}$$

由於 $2\left(k_i^2+k_j^2\right)^2-k_i^2\gamma_i>0$ 和 $2\left(k_i^2+k_j^2\right)^2-k_j^2\gamma_j>0$，且由此可得 $2\left(k_i^2+k_j^2\right)^3-\gamma_j k_j^4=2k_i^2\left(k_i^2+k_j^2\right)^2+k_j^2\left[2\left(k_i^2+k_j^2\right)^2-\gamma_j k_j^2\right]>0$ 和 $2\left(k_i^2+k_j^2\right)^2-\left(k_i^2\gamma_i+k_j^2\gamma_j\right)>0$，於是在式（3.59）到式（3.62）中分析可知，必有 $\frac{\partial x_i^{SEQ}}{\partial \gamma_i}>0$、$\frac{\partial x_i^{SEQ}}{\partial \gamma_j}>0$、$\frac{\partial x_j^{SEQ}}{\partial \gamma_j}>0$ 和 $\frac{\partial x_j^{SEQ}}{\partial \gamma_i}>0$。由此可見，在序貫博弈中，動機公平促進了代理人努力水平的增加，而且不僅會提高動機公平代理人自身的努力水平，還會提高其他代理人的努力水平。

（2）均衡產出

根據式（3.1）、式（3.57）和式（3.58），可得均衡團隊產出 y^{SEQ} 為：

$$y^{SEQ}=2\left(k_ix_i^{SEQ}+k_jx_j^{SEQ}\right)=\frac{4\left(k_i^2+k_j^2\right)^2\left[2\left(k_i^2+k_j^2\right)^3-k_j^4\gamma_j\right]}{\left[2\left(k_i^2+k_j^2\right)^2-k_j^2\gamma_j\right]^2-2\gamma_ik_i^2\left(k_i^2+k_j^2\right)^2} \tag{3.63}$$

求團隊產出 y^{SEQ} 關於代理人動機公平強度的偏導數，得：

$$\frac{\partial y^{SEQ}}{\partial \gamma_i}=\frac{8k_i^2\left(k_i^2+k_j^2\right)^4\left[2\left(k_i^2+k_j^2\right)^3-\gamma_jk_j^4\right]}{\left\{\left[2\left(k_i^2+k_j^2\right)^2-\gamma_jk_j^2\right]-2\gamma_ik_i^2\left(k_i^2+k_j^2\right)^2\right\}^2} \tag{3.64}$$

和

$$\begin{aligned}\frac{\partial y^{SEQ}}{\partial \gamma_j}=&\left\{\left[2\left(k_i^2+k_j^2\right)^2-\gamma_jk_j^2\right]\left[2\left(k_i^2+k_j^2\right)^3-\gamma_jk_j^4\right]\right.\\&\left.+2k_i^2\left(k_i^2+k_j^2\right)^2\left[2\left(k_i^2+k_j^2\right)^2+k_j^2\left(\gamma_i-\gamma_j\right)\right]\right\}\\&\times\frac{4k_j^2\left(k_i^2+k_j^2\right)^2}{\left\{\left[2\left(k_i^2+k_j^2\right)^2-\gamma_jk_j^2\right]-2\gamma_ik_i^2\left(k_i^2+k_j^2\right)^2\right\}^2}\end{aligned} \tag{3.65}$$

由式（3.64）和式（3.65）可得結論 3.5：在序貫博弈中，團隊產出是代理人動機公平強度的增函數，動機公平能帕累托改進團隊生產。

注意到 $2\left(k_i^2+k_j^2\right)^2-k_j^2\gamma_j>0$ 和 $2\left(k_i^2+k_j^2\right)^3-\gamma_jk_j^4>0$，從式（3.64）和式（3.65）中分析可得 $\frac{\partial y^{SEQ}}{\partial \gamma_i}>0$ 和 $\frac{\partial y^{SEQ}}{\partial \gamma_j}>0$。可見，在序貫博弈中，團隊產出是代理人動機公平強度的增函數，即團隊產出隨代理人動機公平強度的增大而增加。代理人的動機公平強度越大，團隊產出就越高，由此動機公平帕累托改進了團隊生產。

3.3.4 討論：靜態博弈與序貫博弈的比較

（1）均衡努力的比較

一方面，對在序貫博弈中的先行動者代理人 i，根據式（3.48）和式（3.57），得：

$$x_i^{SEQ}-x_i^{SIM}=\frac{\gamma_jk_ik_j{}^2\left[2\left(k_i^2+k_j^2\right)^2-\gamma_jk_j^2\right]\left[2\left(k_i^2+k_j^2\right)^2+k_j^2\left(\gamma_i-\gamma_j\right)\right]}{\left\{\left[2\left(k_i^2+k_j^2\right)^2-\gamma_jk_j^2\right]^2-2\gamma_ik_i^2\left(k_i^2+k_j^2\right)^2\right\}\left[2\left(k_i^2+k_j^2\right)^2-\gamma_ik_i^2-\gamma_jk_j^2\right]} \tag{3.66}$$

其中，由 $2\left(k_i^2+k_j^2\right)^2-\left(k_i^2\gamma_i+k_j^2\gamma_j\right)>0$ 可得 $2\left(k_i^2+k_j^2\right)^2-\gamma_jk_j^2>0$ 和 $2\left(k_i^2+k_j^2\right)^2+k_j^2\left(\gamma_i-\gamma_j\right)>0$，又由式（3.57）和 $x_i>0$ 可得 $\left[2\left(k_i^2+k_j^2\right)^2-k_j^2\gamma_j\right]^2-2\gamma_ik_i^2\left(k_i^2+k_j^2\right)^2>0$。因此，$x_i^{SEQ}-x_i^{SIM}>0$。即，

$$x_i^{SEQ}>x_i^{SIM} \tag{3.67}$$

可見，先行動者代理人 i 在序貫博弈中選擇的努力水平要高於在靜態博弈中選擇的努力水平。

另一方面，對在序貫博弈中的后行動者代理人 j，根據式（3.49）和式（3.58），得：

$$x_j^{SEQ}-x_j^{SIM}=\frac{\gamma_j^2k_i^2k_j^3\left[2\left(k_i^2+k_j^2\right)^2+k_j^2\left(\gamma_i-\gamma_j\right)\right]}{\left\{\left[2\left(k_i^2+k_j^2\right)^2-\gamma_jk_j^2\right]^2-2\gamma_ik_i^2\left(k_i^2+k_j^2\right)^2\right\}\left[2\left(k_i^2+k_j^2\right)^2-\gamma_ik_i^2-\gamma_jk_j^2\right]} \tag{3.68}$$

其中，因為 $2\left(k_i^2+k_j^2\right)^2+k_j^2\left(\gamma_i-\gamma_j\right)>0$、$2\left(k_i^2+k_j^2\right)^2-\left(k_i^2\gamma_i+k_j^2\gamma_j\right)>0$ 和 $\left[2\left(k_i^2+k_j^2\right)^2-k_j^2\gamma_j\right]^2-2\gamma_ik_i^2\left(k_i^2+k_j^2\right)^2>0$，因此有 $x_j^{SEQ}-x_j^{SIM}>0$。那麼，

$$x_j^{SEQ}>x_j^{SIM} \tag{3.69}$$

因此，后行動者代理人 j 在序貫博弈中選擇的努力水平也高於在靜態博弈中選擇的努力水平。

綜合以上兩方面，在序貫博弈中，無論是博弈先行動者還是博弈后行動者，都會選擇比靜態博弈中更高的努力水平。如果能夠讓代理人按順序先后選擇努力水平，會促使代理人選擇更高的努力水平。而且，代理人之間誰先誰后的行動順序並不重要，因為先行動者和后行動者都會選擇更高的努力水平。這也說明，序貫博弈較靜態博弈能夠更大程度促進努力水平的增加，進而促進團隊生產的帕累托改進。

（2）均衡產出的比較

根據式（3.52）和式（3.63），可得：

$$y^{SEQ}-y^{SIM}=\frac{4\gamma_jk_i^2k_j^2\left(k_i^2+k_j^2\right)^2\left[2\left(k_i^2+k_j^2\right)^2+k_j^2\left(\gamma_i-\gamma_j\right)\right]}{\left[2\left(k_i^2+k_j^2\right)^2-\gamma_ik_i^2-\gamma_jk_j^2\right]\left\{\left[2\left(k_i^2+k_j^2\right)^2-\gamma_jk_j^2\right]^2-2\gamma_ik_i^2\left(k_i^2+k_j^2\right)^2\right\}} \tag{3.70}$$

分析可知 $y^{SEQ}-y^{SIM}>0$。於是，

$$y^{SEQ}>y^{SIM} \tag{3.71}$$

可見，序貫博弈時的團隊產出高於靜態博弈時的團隊產出。序貫博弈較靜態博弈能夠更大程度的促進團隊產出的增加，進而促進團隊生產的帕累托改進。

（3）綜合比較

綜合均衡努力和團隊產出兩個方面，在團隊生產中，如果能夠讓代理人按照一定順序進行博弈，代理人會選擇更高的努力水平，進而會產生更高的團隊產出。但是，從式（3.66）、式（3.68）和式（3.70）可以看出，在序貫博弈中，后行動者代理人 j 是純粹自利偏好而且滿足 $\gamma_j=0$ 時，代理人都不會選擇更高的努力水平，也不會得到更高的團隊產出。可見，序貫博弈帕累托改進團隊生產的重要前提條件是后行動者必須具有動機公平。具有動機公平的后行動者，看到先行動者的高努力水平，會回報以高努力水平，而且先行動者（無論具有動機公

平還是純粹自利偏好的）也知道，如果自己選擇高努力水平，那麼具有動機公平的后行動者一定會選擇高努力水平作為回報，因而先行動者會主動選擇高努力水平，因為后行動者的高努力水平會提高團隊產出從而提高先行動者的物質收益。於是，由於后行動者具有動機公平，代理人都會選擇高努力水平，從而也得到更高的團隊產出。因此，只要后行動者具有動機公平，序貫博弈就能夠帕累托改進團隊生產，其他代理人之間誰先誰后的行動順序並不重要。

這也是團隊生產中委託人存在的意義。很多時候，委託人並不參與生產（這是由委託人的身分和專業化分工等決定的），也不能監督代理人（這是由監督成本太高和專業化分工等決定的），但是能夠確定代理人行動的時序。以上分析表明，委託人只要隨機指定代理人行動的先后順序（因為以上研究說明只要確保后行動者具有動機公平，誰先誰后的順序並不重要），就能夠激勵代理人選擇更高的努力水平，也能夠獲得更高的團隊產出，從而帕累托改進團隊生產。通常認為，團隊生產中，委託人的意義在於激勵或監督代理人。事實上，激勵是通過相應的制度安排來發揮作用的，與委託人是否存在無關，也不一定由委託人設計實施，文獻中提供的促進團隊合作的激勵機制說明了這一點。委託人往往也不能監督代理人，因為委託人不能一直看著代理人工作，而且即使一直看著代理人也會由於專業分工不同而不能判斷代理人是否在努力工作。上文研究說明，委託人存在的意義在於安排代理人的行動順序，確保代理人序貫行動，而且保證最后行動者具有動機公平。這樣能夠極大提高團隊生產效率，而且相比激勵或監督來說，這也容易操作和實現。

（4）數值例子

雖然以上理論分析已經得到了嚴謹的、明確的顯性解釋，但是為了更清晰、更直觀地展現理論分析結果，下面將以具體的數值運算進行分析。假定 $k_i > k_j$，即代理人 i 是高能力者，而代理人 j 則是低能力者；取能力系數 $k_i=2$，$k_j=1$。同時假定在序貫博弈中動機公平代理人 i 為先行動者，動機公平代理人 j 為后行動者。

將 $k_i=2$，$k_j=1$，代入式（3.66），得：

$x_i^{SEQ}-x_i^{SIM}=\dfrac{2\gamma_j\ (50-\gamma_j)\ (50+\gamma_i-\gamma_j)}{[(50-\gamma_j)^2-200\gamma_i]\ (50-4\gamma_i-\gamma_j)}$。由式（3.47），得 $x_j^*\ (x_i)=\dfrac{50+2\gamma_j x_i}{50-\gamma_j}$，因為 $x_i>0$（$i=1, 2$），所以有 $50-\gamma_j>0$，因此 $50+\gamma_i-\gamma_j>0$；由式（3.48），得 $x_i^{SIM}=\dfrac{k_i\ (50+\gamma_i-\gamma_j)}{50-4\gamma_i-\gamma_j}$，因此 $50-4\gamma_i-\gamma_j>0$；又由式（3.57），得 x_i^{SEQ}

$=\dfrac{100\ (50+\gamma_i-\gamma_j)}{(50-\gamma_j)^2-200\gamma_i}$，因此$(50-\gamma_j)^2-200\gamma_i>0$；由此可得 $x_i^{SEQ}>x_i^{SIM}$。可見具有動機公平的先行動者 i，在序貫博弈中選擇的努力水平高於在靜態博弈中選擇的努力水平，進而高於純粹自利偏好狀況下的努力水平，促進了團隊生產的帕累托改進。但是，如果 $\gamma_j=0$，即后行動者 j 是純粹自利的，那麼就有 $x_i^{SEQ}=x_i^{SIM}$；此時先行動者 i 在序貫博弈下的努力水平與靜態博弈下的努力水平相同。換言之，如果后行動者 j 是純粹自利偏好時，序貫博弈並不能促使具有動機公平的先行動者 i 選擇高於靜態博弈狀況下的努力水平，並不能進一步帕累托改進團隊生產。因此，委託人聘用代理人時，應當讓具有動機公平的代理人后行動，如此才能促使先行動者選擇比靜態博弈狀況下更高的努力水平，更大程度帕累托改進團隊生產。

將 $k_i=2$，$k_j=1$，代入式（3.68），得 $x_j^{SEQ}-x_j^{SIM}=\dfrac{4\gamma_j^2\ (50+\gamma_i-\gamma_j)}{[(50-\gamma_j)^2-200\gamma_i]\ (50-4\gamma_i-\gamma_j)}$，因為 $50+\gamma_i-\gamma_j>0$，$50-4\gamma_i-\gamma_j>0$ 和$(50-\gamma_j)^2-200\gamma_i>0$，所以 $x_j^{SEQ}>x_j^{SIM}$。可見具有動機公平的后行動者 j，在序貫博弈中選擇的努力水平要高於在靜態博弈中選擇的努力水平，進而高於純粹自利偏好狀況下的努力水平，進一步促進了團隊生產的帕累托改進。因此，委託人聘用具有動機公平的低能力代理人時，應當讓代理人按先后順序選擇努力水平，如此可以激勵后行動代理人選擇更高的努力水平。

將 $k_i=2$，$k_j=1$，代入式（3.70），得 $y^{SEQ}-y^{SIM}=\dfrac{400\gamma_j\ (50+\gamma_i-\gamma_j)}{[(50-\gamma_j)^2-200\gamma_i]\ (50-4\gamma_i-\gamma_j)}$，因為 $50+\gamma_i-\gamma_j>0$，$50-4\gamma_i-\gamma_j>0$ 和$(50-\gamma_j)^2-200\gamma_i>0$，所以 $y^{SEQ}>y^{SIM}$。可見，當代理人具有動機公平時，序貫博弈時的團隊產出總是高於靜態博弈時的團隊產出，進而高於純粹自利偏好狀況下的團隊產出，進一步促進了團隊生產的帕累托改進，因此序貫博弈較靜態博弈在更大程度上促進了團隊生產的帕累托改進。但是，如果 $\gamma_j=0$，即后行動者 j 是純粹自利偏好，那麼就有 $y^{SEQ}=y^{SIM}$，此時序貫博弈與靜態博弈帕累托改進團隊生產的程度相同。因此，在序貫博弈下，要想更大程度帕累托改進團隊生產，必須確保后行動者具有動機公平。

綜上，當委託人聘用具有動機公平的異質代理人組建工作團隊時，如果能夠讓代理人按先后順序選擇努力水平，會促使代理人選擇更高的努力水平，進而得到更高的團隊產出，而且代理人之間誰先誰后的行動順序並不重要，因為先行動者和后行動者都會選擇更高的努力水平。但是，如果 $\gamma_j=0$，即后行動

者 j 是純粹自利偏好，兩個代理人都不會選擇更高的努力水平，也不會得到更高的團隊產出。可見，序貫博弈帕累托改進團隊生產的重要前提條件是后行動者必須具有動機公平，此時序貫博弈帕累托改進團隊生產的程度要大於靜態博弈帕累托改進團隊生產的程度。因此，委託人制定激勵契約時，除了讓代理人序貫博弈之外，還要確保后行動者具有動機公平。

3.3.5 小結

上文研究了動機公平在不同博弈時序下影響團隊生產效率的內在機理，並分別與自利偏好和收益公平兩種情形做了對比分析，得到以下結論：

a. 在靜態博弈下，動機公平相對自利偏好帕累托改進了團隊生產。動機公平能夠提高代理人自身的努力水平，也能夠提高他人的努力水平，即使他人不具有動機公平而是純粹自利偏好的，進而會提高團隊產出。只要團隊中存在動機公平代理人，團隊生產就能實現帕累托改進，並且代理人的動機公平強度越大，帕累托改進程度越大。

b. 在序貫博弈下，動機公平相對自利偏好帕累托改進了團隊生產。在團隊生產中，如果能夠讓代理人按照一定順序進行博弈，代理人會選擇更高的努力水平，進而會產生更高的團隊產出，並且序貫博弈帕累托改進團隊生產的程度要大於靜態博弈帕累托改進團隊生產的程度。因此在序貫博弈下，動機公平相對純粹自利偏好帕累托改進了團隊生產。

c. 與靜態博弈相比，在序貫博弈下動機公平帕累托改進團隊生產效率的程度更大。在序貫博弈中，無論是博弈先行動者還是博弈后行動者，都會選擇比靜態博弈中更高的努力水平。這說明，序貫博弈較靜態博弈在更大程度上促進了代理人努力水平的增加。並且序貫博弈下的團隊產出總是不低於靜態博弈下的團隊產出，因而序貫博弈較靜態博弈在更大程度上促進了團隊產出的增加。因此，序貫博弈較靜態博弈能在更大程度上促進團隊生產的帕累托改進。

d. 動機公平能夠帕累托改進團隊生產，其改進團隊生產的條件比較寬松。在靜態博弈下只要求團隊中至少存在一位具有動機公平的代理人，在序貫博弈下只要求后行動者具有動機公平，這樣就能夠帕累托改進團隊生產。

3.4 收益公平與動機公平的比較

哈克和貝爾（Huck & Biel，2003）基於 FS 模型研究了強調收益分配公平的公平偏好對團隊生產中代理人努力水平和團隊產出的影響。而以上分析基於Rabin 模型研究的是強調行為動機公平的公平偏好對團隊生產中代理人努力水平和團隊產出的影響。接下來，本節將比較收益公平和動機公平影響的差異。

3.4.1 靜態博弈下的差異

哈克和貝爾（Huck & Biel，2003）發現，收益公平會形成協調一致效應。在代理人努力水平方面，能力較高的代理人會降低努力水平，而能力較低的代理人會提高努力水平。並且，代理人降低或提高努力水平的幅度，是自身收益公平強度的減函數，卻是他人收益公平強度的增函數。在團隊產出方面，收益公平可能會降低團隊產出，只有當異質代理人能力大小比值大於其收益公平強度比值的倒數時，收益公平才能提高團隊產出，促進團隊生產的帕累托改進。

而基於 Rabin 模型的研究表明，動機公平的影響更明顯也更具有單調性。在代理人努力水平方面，無論高能力代理人還是低能力代理人，動機公平都會促使代理人提高努力水平。此外，動機公平不但會提高自身的努力水平，而且會提高其他代理人的努力水平，即使其他代理人是純粹自利的，並且努力水平提高的幅度既是自身動機公平強度的增函數，而且也是其他代理人動機公平強度的增函數。在團隊產出方面，無論各代理人能力大小與動機公平強度之間是什麼關係，只要團隊中存在具有動機公平的代理人，團隊產出都會提高。

3.4.2 序貫博弈下的差異

哈克和貝爾（Huck & Biel，2003）發現，收益公平會形成承諾效應。對具有收益公平的代理人而言，序貫博弈在嚴格限制條件下能夠帕累托改進團隊生產。但是，代理人行動的先后順序有重要影響。只有讓低能力的代理人先行動而高能力的代理人后行動並且代理人間的能力差異不大時，序貫博弈才能帕累托改進團隊生產。

而基於 Rabin 模型的研究表明，動機公平能夠在更寬松的條件下更大幅度地改進團隊生產效率。與靜態博弈相比，序貫博弈下各代理人都會提高努力水平，從而也會得到更高的團隊產出。序貫博弈相對於靜態博弈帕累托改進團隊生產的前提條件只有一個，即后行動者具有動機公平。只要后行動者具有動機公平，其他代理人誰先誰后的博弈時序並不重要，特別是與代理人能力高低無關。以上研究分析的是動機公平因素，得到保證序貫博弈帕累托改進團隊生產的條件是后行動者必須具有動機公平而與代理人能力高低無關。相比之下，動機公平的影響更具一致性。

3.5　數值分析

雖然以上理論分析已經得到了嚴謹的、明確的顯性解釋，但是為了更清晰、更直觀地展現理論分析結果，尤其是展現代理人努力水平和均衡產出隨公平偏好強度的變化趨勢，以及公平偏好相對自利偏好對團隊生產的影響，下面將進行數值分析。假定 $k_i>k_j$，即代理人 i 是高能力者，而代理人 j 則是低能力者；取能力系數 $k_i=2$，$k_j=1$。

3.5.1　靜態博弈下的分析

在靜態博弈中，代理人 i 是高能力者，代理人 j 是低能力者，代理人 i 和 j 同時選擇自己的努力水平，共同決定團隊產出。

（1）高能力者的分析

①努力水平的分析。

把 $b_i=2$，$b_j=1$ 和 $\gamma_i=2$，$\gamma_j=1$ 分別代入式（3.15）和式（3.48），應用 MATLAB 作圖得出的高能力代理人 i 的努力水平隨公平偏好變化的趨勢如圖 3.1 和圖 3.2 所示。

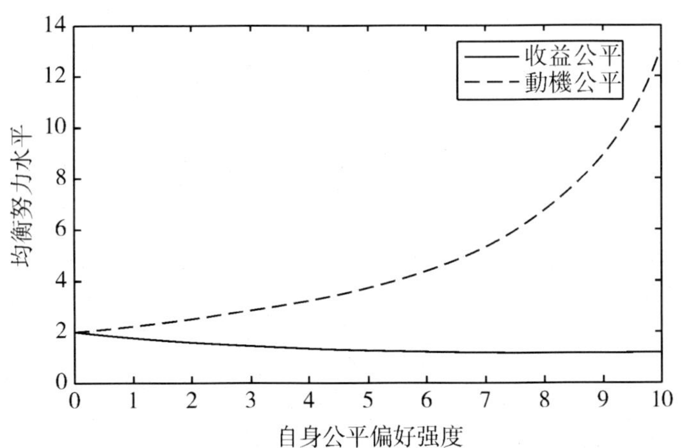

圖 3.1　高能力者的努力水平隨自身公平偏好的變化

從圖 3.1 及圖 3.2 中可以看出，在靜態博弈中，第一，高能力代理人 i 的努力水平是自身收益公平強度的減函數，卻是自身動機公平強度的增函數。可見，高能力代理人自身的收益公平會抑制其選擇高努力水平，換言之高能力代

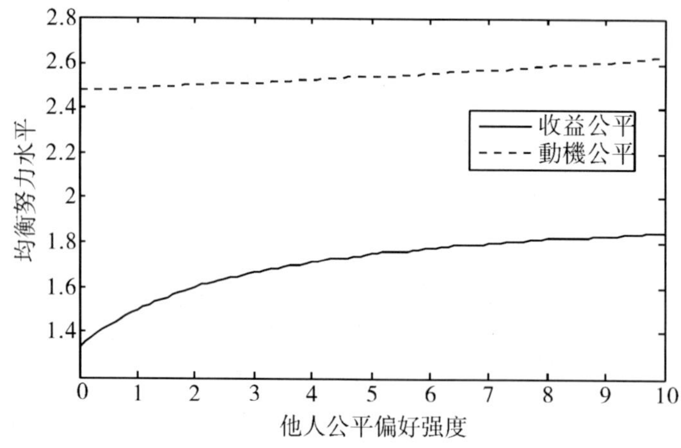

圖 3.2　高能力者的努力水平隨他人公平偏好的變化

理人的收益公平強度越大，其選擇的努力水平就越低。第二，高能力代理人 i 的努力水平是他人收益公平強度的增函數，也是他人動機公平強度的增函數。第三，在公平偏好強度相同的條件下，動機公平代理人的努力水平高於收益公平代理人的努力水平。第四，動機公平對高能力代理人努力水平的影響更具一致性，相對收益公平，動機公平能夠更大程度地促使高能力代理人選擇更高的努力水平。

②努力水平差距的分析。

把 $b_i=2$，$b_j=1$ 和 $\gamma_i=2$，$\gamma_j=1$ 分別代入式（3.6）、式（3.24）和式（3.48），應用 MATLAB 作圖，得到的在靜態博弈下高能力代理人 i 具有公平偏好時與具有純粹自利偏好時的努力水平差距隨公平偏好變化的趨勢如圖 3.3 和圖 3.4 所示。

從圖 3.3 及圖 3.4 中可以看出，在靜態博弈中，第一，高能力代理人 i 具有收益公平時選擇的努力水平要低於其具有純粹自利偏好時選擇的努力水平，並且隨著自身收益公平強度的增大，努力水平的差距越來越大，高能力代理人選擇的努力水平越來越低；但隨著他人收益公平強度的增大，努力水平的差距越來越小，高能力代理人選擇的努力水平越來越高，但不會高於純粹自利偏好狀況下的努力水平，這是因為他人收益公平的正效用低於高能力代理人自身收益公平的負效用。第二，在靜態博弈中，高能力代理人 i 具有動機公平時選擇的努力水平要高於其具有純粹自利偏好時選擇的努力水平，並且隨著自身和他人動機公平強度的增大，努力水平的差距越來越大，即高能力代理人選擇的努力水平越來越高；此外，高能力代理人自身動機公平強度的影響要大於他人動

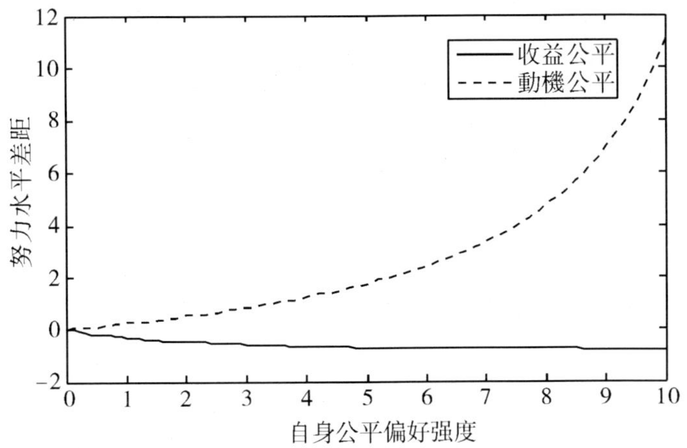

圖 3.3　**高能力者的努力水平差距隨自身公平偏好的變化**

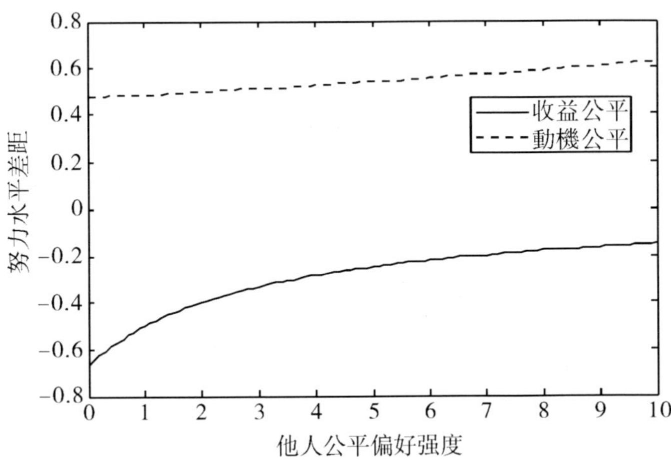

圖 3.4　**高能力者的努力水平差距隨他人公平偏好的變化**

機公平強度的影響。

綜上，在靜態博弈中，收益公平會抑制高能力代理人選擇高水平努力；而動機公平能夠促使高能力代理人選擇高水平努力，其對高能力代理人努力水平的影響更具一致性。相對收益公平，動機公平能夠更大程度地促使高能力代理人選擇更高的努力水平。因此，招聘員工時，委託人應該優先聘用具有動機公平的高能力代理人。但當代理人具有收益公平時，委託人應該注意異質代理人的收益公平強度的大小，應當盡量避免聘用收益公平強度大的高能力代理人。收益公平強度小的高能力代理人和收益公平強度大的低能力代理人所構建的工作團隊，有利於激勵高能力代理人選擇高水平努力，進而促進團隊生產的帕累托改進。

(2) 低能力者的分析

①努力水平的分析。

把 $b_i=2$，$b_j=1$ 和 $\gamma_i=2$，$\gamma_j=1$ 分別代入式（3.16）和式（3.49），應用 MATLAB 作圖得出的低能力代理人 j 的努力水平隨公平偏好變化的趨勢如圖 3.5 和圖 3.6 所示。

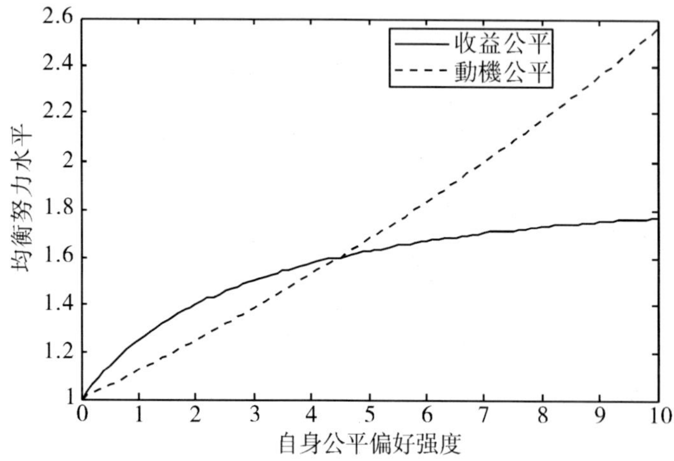

圖 3.5　低能力者的努力水平隨自身公平偏好的變化

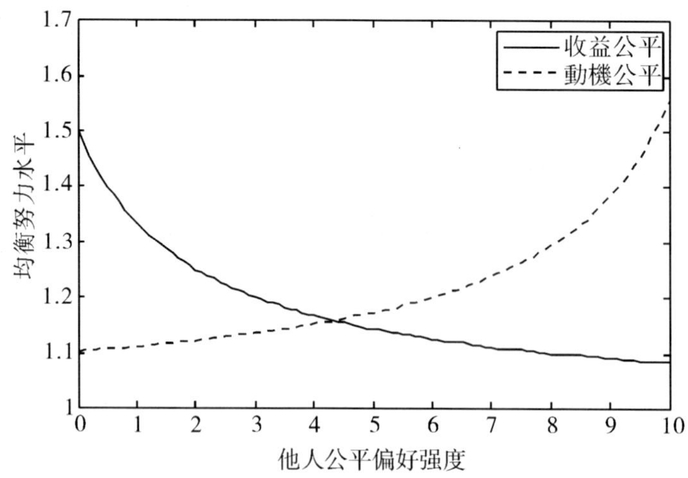

圖 3.6　低能力者的努力水平隨他人公平偏好的變化

從圖 3.5 及圖 3.6 中可以看出，在靜態博弈中，第一，低能力代理人 j 的努力水平是自身收益公平強度的增函數，也是自身動機公平強度的增函數。第二，低能力代理人 j 的努力水平是他人收益公平強度的減函數，卻是他人動機公平強度的增函數。可見，他人的收益公平會抑制低能力代理人選擇高水平努力，換言之合作夥伴的收益公平強度越大，低能力代理人選擇的努力水平越低。第三，動機公平對低能力代理人努力水平的影響更具一致性，相對收益公平，動機公平能夠在更大程度上促使低能力代理人選擇更高的努力水平。

②努力水平差距的分析。

把 $b_i = 2$，$b_j = 1$ 和 $\gamma_i = 2$，$\gamma_j = 1$ 分別代入式（3.7）、式（3.25）和式（3.49），應用 MATLAB 作圖，得出的在靜態博弈下，低能力代理人 j 具有公平偏好時與具有純粹自利偏好時的努力水平差距隨公平偏好變化的趨勢如圖 3.7 和圖 3.8 所示。

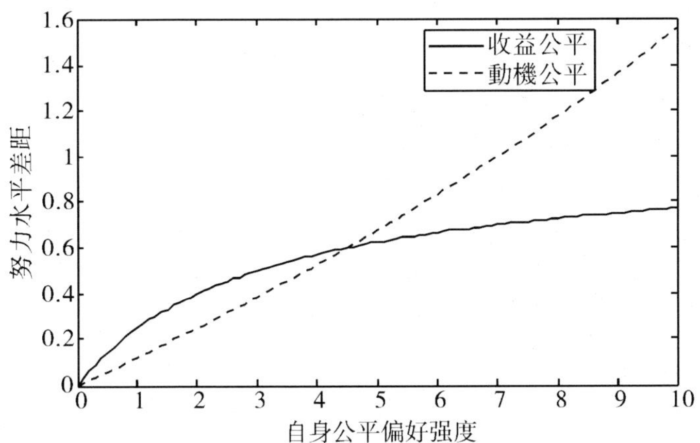

圖 3.7　低能力者的努力水平差距隨自身公平偏好的變化

從圖 3.7 及圖 3.8 中可以看出，在靜態博弈中，第一，低能力代理人 j 具有收益公平時選擇的努力水平要高於其具有純粹自利偏好時選擇的努力水平，並且隨著自身收益公平強度的增大，努力水平的差距越來越大，低能力代理人選擇的努力水平越來越高；但隨著他人收益公平強度的增大，努力水平的差距越來越小，低能力代理人選擇的努力水平越來越低，但不會低於純粹自利偏好狀況下的努力水平，這是因為他人收益公平的負效用低於低能力代理人自身收益公平的正效用。第二，在靜態博弈中，低能力代理人 j 具有動機公平時選擇的努力水平要高於其具有純粹自利偏好時選擇的努力水平，並且隨著自身和他人動機公平強度的增大，努力水平的差距越來越大，即高能力代理人選擇的努

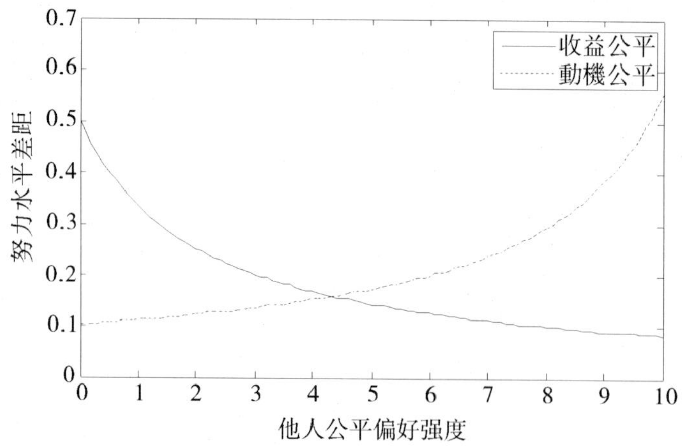

圖 3.8　低能力者的努力水平差距隨他人公平偏好的變化

力水平越來越高；此外，高能力代理人自身動機公平的影響要大於他人動機公平的影響。

綜上，在靜態博弈中，收益公平會抑制低能力代理人選擇高水平努力；而動機公平能夠促使低能力代理人選擇高水平努力，其對低能力代理人努力水平的影響更具一致性。相對收益公平，動機公平能夠更大程度地促使低能力代理人選擇更高的努力水平。因此，招聘員工時，委託人應該優先聘用具有動機公平的低能力代理人。但當代理人具有收益公平時，委託人應該注意異質代理人的收益公平強度的大小，應當盡量避免聘用收益公平強度小的低能力代理人。收益公平強度大的低能力代理人和收益公平強度小的高能力代理人所構建的工作團隊，有利於激勵低能力代理人選擇高努力水平，進而促進團隊生產的帕累托改進。

（3）團隊產出的分析

①團隊產出的分析。

把 $b_i=2$，$b_j=1$ 和 $\gamma_i=2$，$\gamma_j=1$ 分別代入式（3.20）和式（3.52），應用 MATLAB 作圖得出的團隊產出隨公平偏好變化的趨勢如圖 3.9 和圖 3.10 所示。

從圖 3.9 及圖 3.10 中可以看出，在靜態博弈中，第一，團隊產出是高能力代理人收益公平強度的減函數，卻是高能力代理人動機公平強度的增函數。第二，團隊產出是低能力代理人收益公平強度的增函數，也是低能力代理人動機公平強度的增函數。可見高能力代理人的收益公平抑制了團隊產出的增加，不利於團隊生產的帕累托改進。第三，動機公平對團隊產出的影響更具一致性，相對收益公平，動機公平能夠在更大程度上促進團隊產出的增加。

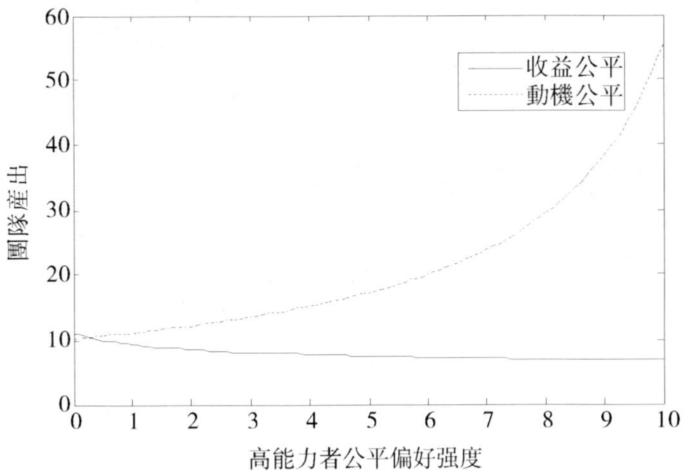

圖 3.9　**團隊產出隨高能力代理人公平偏好的變化**

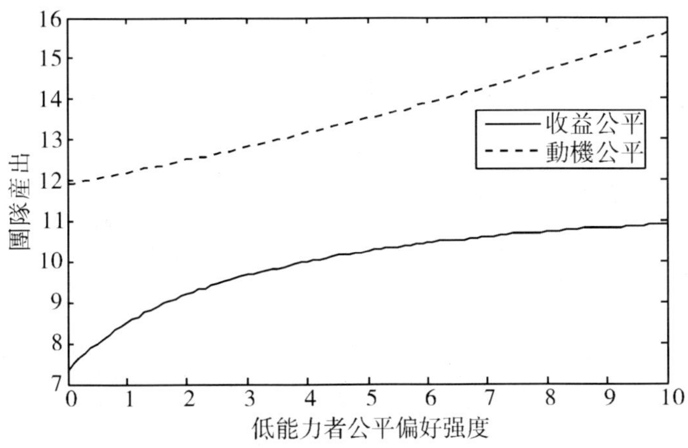

圖 3.10　**團隊產出隨低能力代理人公平偏好的變化**

②團隊產出差距的分析。

把 $b_i=2$，$b_j=1$ 和 $\gamma_i=2$，$\gamma_j=1$ 分別代入式（3.26）和式（3.53），應用 MATLAB 作圖得到的在靜態博弈下公平偏好與自利偏好的團隊產出差距隨代理人公平偏好變化的趨勢如圖 3.11 和圖 3.12 所示。

從圖 3.11 及圖 3.12 中可以看出，在靜態博弈中，第一，隨著高能力代理人收益公平強度的增大，收益公平下的團隊產出越來越低，逐漸低於純粹自利偏好狀況下的團隊產出；而隨著低能力代理人收益公平強度的增大，收益公平下的團隊產出越來越高，逐漸高於純粹自利偏好狀況下的團隊產出；最終只有

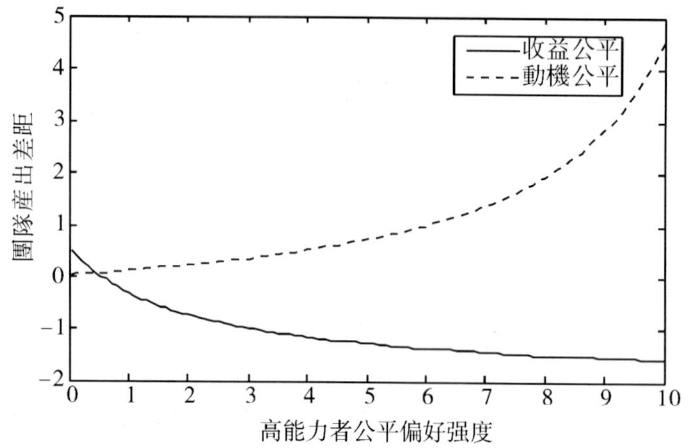

圖 3.11　團隊產出差距隨高能力代理人公平偏好的變化

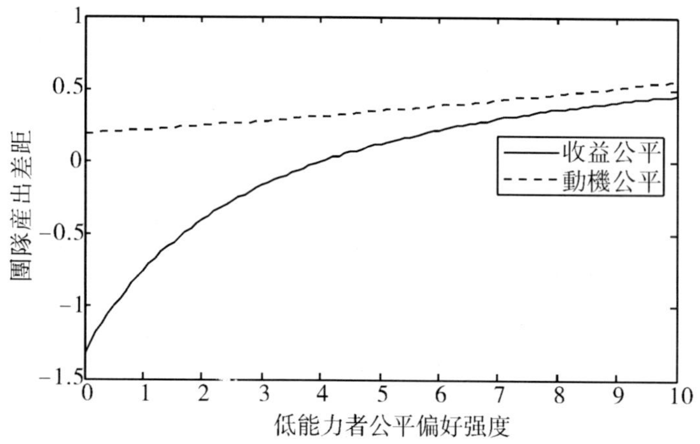

圖 3.12　團隊產出差距隨低能力代理人公平偏好的變化

滿足特定的條件，收益公平下的團隊產出才能高於純粹自利偏好狀況下的團隊產出。第二，動機公平下的團隊產出總是高於純粹自利偏好狀況下的團隊產出；團隊產出差距是動機公平強度的增函數，即隨著代理人動機公平強度的增大，團隊產出的差距越來越大。換言之，動機公平促進了團隊產出的增加，有利於團隊生產的帕累托改進。第三，動機公平對團隊產出的影響更具一致性，相對收益公平，動機公平能夠在更大程度上促進團隊產出的增加。

綜上，在靜態博弈中，收益公平會抑制團隊產出的增加；而動機公平能夠促進團隊產出的增加，其對團隊產出的影響更具一致性。相對收益公平，動機公平能夠在更大程度上促進團隊產出的增加。因此，招聘員工時，委託人應該優先聘用具有動機公平的代理人。但當代理人具有收益公平時，委託人應該注意異質代理人的收益公平強度的大小，應當盡量避免聘用收益公平強度大的高能力代理人和收益公平強度小的低能力代理人。而收益公平強度小的高能力代理人和收益公平強度大的低能力代理人所構建的工作團隊，有利於激勵代理人選擇高水平努力，進而促進團隊生產的帕累托改進。

3.5.2 序貫博弈下的分析

在序貫博弈中，代理人先后選擇各自的努力水平，且后行動者知道先行動者選擇的努力水平。在以上條件下，不妨設代理人 i 為第一個行動者，代理人 j 為第二個行動者。

（1）先行動者的分析

①努力水平的分析。

把 $b_i=2$，$b_j=1$ 和 $\gamma_i=2$，$\gamma_j=1$ 分別代入式（3.28）和式（3.57），應用 MATLAB 作圖得出的先行動代理人 i 的努力水平隨公平偏好變化的趨勢如圖 3.13 和圖 3.14 所示。

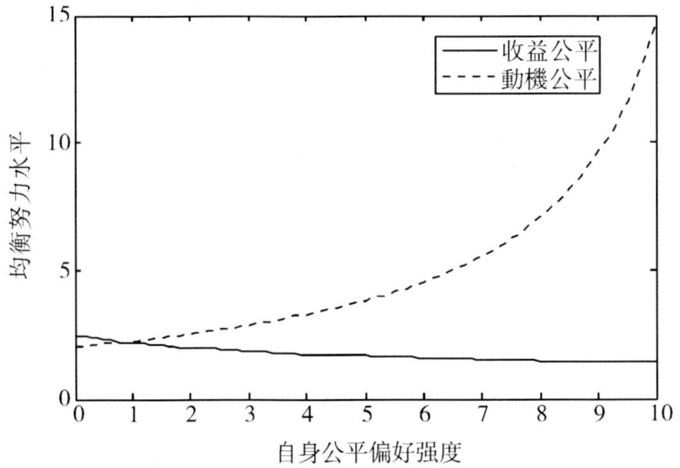

圖 3.13 先行動者的努力水平隨自身公平偏好的變化

從圖 3.13 及圖 3.14 中可以看出，在序貫博弈中，第一，先行動代理人 i 的努力水平是自身收益公平強度的減函數，卻是自身動機公平強度的增函數。可見，先行動代理人自身的收益公平會抑制其選擇高努力水平，換言之先行動代理人自身的收益公平強度越大，其選擇的努力水平就越低。第二，先行動代理人 i 的努力水平是他人收益公平強度的增函數，也是他人動機公平強度的增

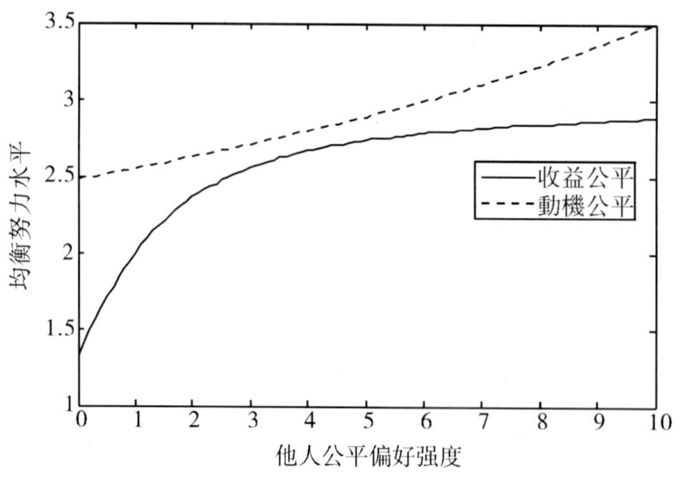

圖 3.14　先行動者的努力水平隨他人公平偏好的變化

函數。可見，其他代理人的公平偏好會促使先行動代理人選擇高水平努力，換言之合作夥伴的公平偏好強度越大，先行動代理人選擇的努力水平就越高。第三，動機公平對先行動代理人努力水平的影響更具一致性，相對收益公平，動機公平能夠更大程度地促使先行動代理人選擇更高的努力水平。

②努力水平差距的分析。

把 $b_i=2$，$b_j=1$ 和 $\gamma_i=2$，$\gamma_j=1$ 分別代入式（3.38）和式（3.66），應用 MATLAB 作圖得出的先行動代理人 i 在序貫博弈下與靜態博弈下的努力水平差距隨公平偏好變化的趨勢如圖 3.15 和圖 3.16 所示。

從圖 3.15 及圖 3.16 中可以看出，在序貫博弈中，第一，具有公平偏好的先行動代理人在序貫博弈中選擇的努力水平要高於在靜態博弈中選擇的努力水平。可見，序貫博弈較靜態博弈能夠在更大程度上促使代理人選擇高努力水平。第二，當先行動者的收益公平強度很小時，其努力水平差距隨自身收益公平強度的增大而增加；但當先行動者的收益公平強度逐漸增大，超過某一定值時，其努力水平差距隨自身收益公平強度的增大而減少。換言之，先行動者的收益公平強度越大，其在序貫博弈下選擇的努力水平與在靜態博弈下選擇的努力水平之間的差異就會越小，序貫博弈較靜態博弈激勵代理人選擇高努力水平的改進程度越小。第三，先行動者的努力水平差距隨自身動機公平強度的增大而增加。如果先行動者動機公平強度越大，其在序貫博弈下選擇的努力水平與在靜態博弈下選擇的努力水平之間的差異就會越大，序貫博弈較靜態博弈激勵代理人選擇高努力水平的改進程度越大。第四，先行動者的努力水平差距隨他

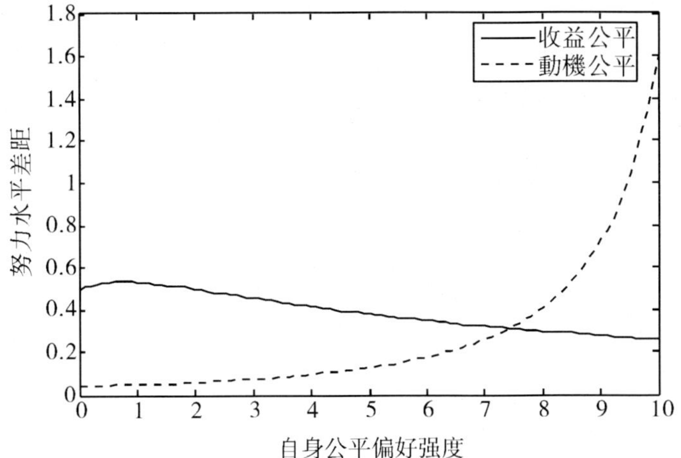

圖 3.15　**先行動者的努力水平差距隨自身公平偏好的變化**

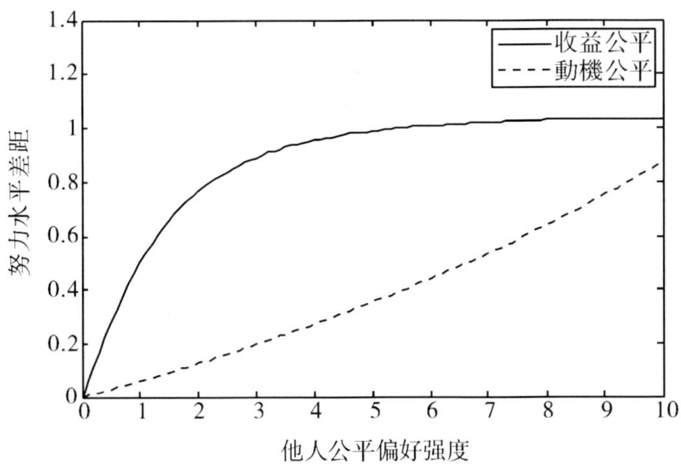

圖 3.16　**先行動者的努力水平差距隨他人公平偏好的變化**

人公平偏好強度的增大而增加。換言之，相比靜態博弈，在序貫博弈下，其他代理人的公平偏好可以激勵先行動代理人選擇更高的努力水平。

綜上，在序貫博弈中，收益公平會抑制先行動代理人選擇高水平努力；而動機公平能夠促使先行動代理人選擇高水平努力，其對先行動代理人努力水平的影響更具一致性，相對收益公平，動機公平能夠更大程度地促使先行動代理人選擇更高的努力水平。同時，具有公平偏好的先行動代理人在序貫博弈中選擇的努力水平要高於在靜態博弈中選擇的努力水平，可見序貫博弈較靜態博弈能在更大程度上促使先行動代理人選擇高水平努力。因此，招聘員工時，委託人應該優先聘用具有動機公平的先行動代理人。但當代理人具有收益公平時，委託人應該注意異質代理人的收益公平強度的大小，應當盡量避免聘用收益公平強度大的先行動代理人。在制定激勵契約時，委託人應當讓代理人序貫行動，如此可以促使先行動代理人選擇高努力水平。收益公平強度小的先行動代理人和收益公平強度大的后行動代理人所構建的工作團隊，有利於激勵先行動代理人選擇高努力水平，進而促進團隊生產的帕累托改進。

（2）后行動者的分析

①努力水平的分析。

把 $b_i=2$，$b_j=1$ 和 $\gamma_i=2$，$\gamma_j=1$ 分別代入式（3.29）和式（3.58），應用 MATLAB 作圖得出的后行動代理人 j 的努力水平隨公平偏好變化的趨勢如圖 3.17 和圖 3.18 所示。

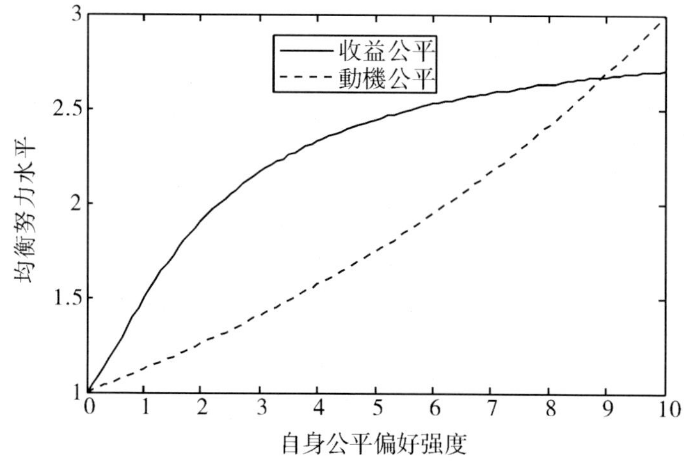

圖 3.17 **后行動者的努力水平隨自身公平偏好的變化**

從圖 3.17 及圖 3.18 中可以看出，在序貫博弈中，第一，后行動代理人 j 的努力水平是自身收益公平強度的增函數，也是自身動機公平強度的增函數。可見，后行動代理人自身的公平偏好會促使其選擇高努力水平，換言之后行動代理人自身的公平偏好強度越大，其選擇的努力水平就越高。第二，后行動代理人 j 的努力水平是他人收益公平強度的減函數，卻是他人動機公平強度的增函數。可見，他人的收益公平會抑制后行動代理人選擇高努力水平，換言之合作夥伴的收益公平強度越大，后行動代理人選擇的努力水平越低。第三，動機公平對后行動代理人努力水平的影響更具一致性，相對收益公平，動機公平能

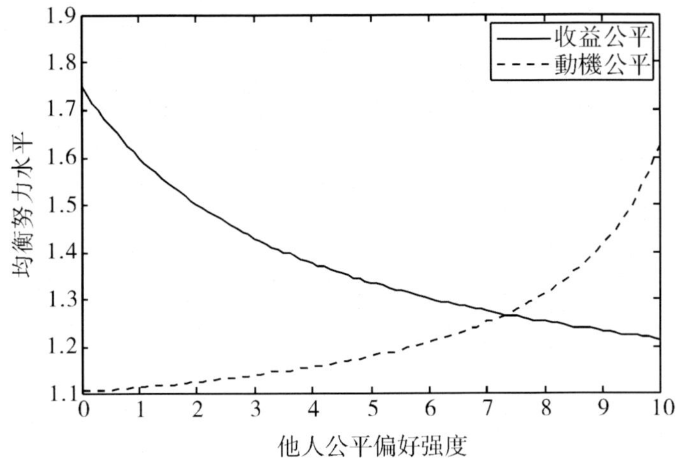

圖 3.18　后行動者的努力水平隨他人公平偏好的變化

夠在更大程度上促使后行動代理人選擇更高的努力水平。

②努力水平差距的分析。

把 $b_i=2$，$b_j=1$ 和 $\gamma_i=2$，$\gamma_j=1$ 分別代入式（3.39）和式（3.68），應用 MATLAB 作圖得出的后行動代理人 j 在序貫博弈下與靜態博弈下的努力水平差距隨公平偏好變化的趨勢如圖 3.19 和圖 3.20 所示。

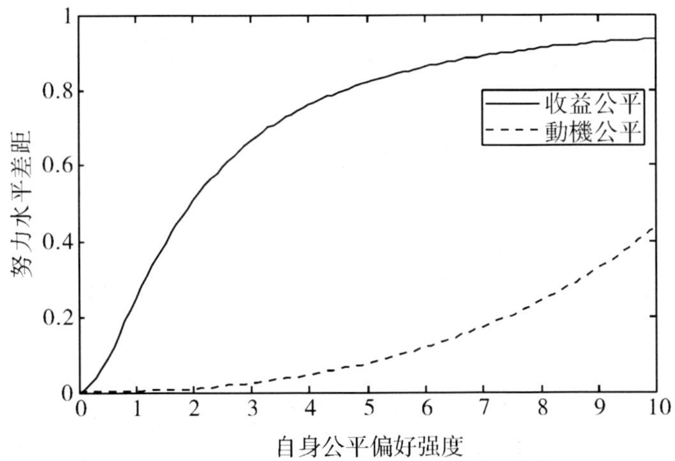

圖 3.19　后行動者的努力水平差距隨自身公平偏好的變化

從圖 3.15 及圖 3.16 中可以看出，在序貫博弈中，第一，具有公平偏好的后行動代理人 j 在序貫博弈中選擇的努力水平要高於在靜態博弈中選擇的努力

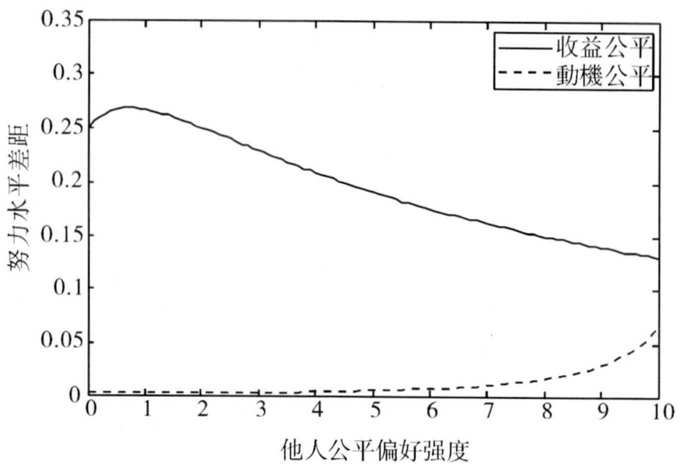

圖 3.20　后行動者的努力水平差距隨他人公平偏好的變化

水平。可見，序貫博弈較靜態博弈能夠在更大程度上促使后行動代理人選擇高努力水平。第二，后行動代理人 j 的努力水平差距隨自身公平偏好強度的增大而增加。換言之，后行動代理人自身的公平偏好強度越大，其在序貫博弈中選擇的努力水平與在靜態博弈中選擇的努力水平之間的差異會越來越大，序貫博弈較靜態博弈改進后行動代理人努力水平的程度越大。第三，當他人收益公平強度很小時，后行動代理人的努力水平差距隨他人收益公平強度的增大而增加，但是當他人收益公平強度大於某個定值時，后行動代理人的努力水平差距隨他人收益公平強度的增大而減少。可見，在序貫博弈中，收益公平可能會抑制后行動代理人選擇高水平努力。第四，后行動代理人的努力水平差距隨他人動機公平強度的增大而增加。即先行動代理人的動機公平強度越大，后行動代理人在序貫博弈下選擇的努力水平與在靜態博弈下選擇的努力水平之間的差異就會越大，序貫博弈較靜態博弈激勵后行動代理人選擇高努力水平的改進程度越大，動機公平對后行動代理人努力水平的影響更具一致性。

綜上，在序貫博弈中，收益公平會抑制后行動代理人選擇高水平努力；而動機公平能夠促使后行動代理人選擇高水平努力，其對后行動代理人努力水平的影響更具一致性，相對收益公平，動機公平能夠更大程度地促使后行動代理人選擇更高水平的努力。同時，具有公平偏好的后行動代理人在序貫博弈中選擇的努力水平要高於在靜態博弈中選擇的努力水平，可見序貫博弈較靜態博弈能在更大程度上促使后行動代理人選擇高努力水平。因此，招聘員工時，委託人應該優先聘用具有動機公平的后行動代理人。但當代理人具有收益公平時，委託人應該注意異質代理人的收益公平強度的大小。在制定激勵契約時，委託人應當讓代理人序貫行動，如此可以促使后行動代理人選擇高水平努力。收益公平強度大的后行動代理人和收益公平強度小的先行動代理人所構建的工作團隊，有利於激勵后行動代理人選擇高努力水平，進而促進團隊生產的帕累托改進。

（3）團隊產出的分析

①團隊產出的分析。

把 $b_i=2$，$b_j=1$ 和 $\gamma_i=2$，$\gamma_j=1$ 分別代入式（3.34）和式（3.63），應用 MATLAB 作圖得出的團隊產出隨公平偏好變化的趨勢如圖 3.21 和圖 3.22 所示。

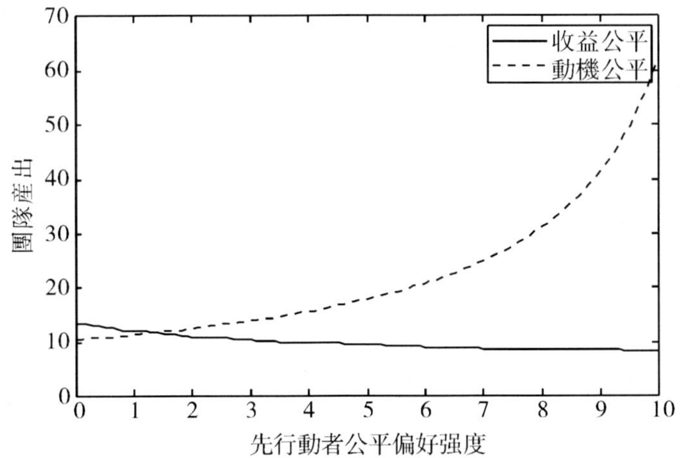

圖 3.21　團隊產出隨先行動代理人公平偏好的變化

從圖 3.21 及圖 3.22 中可以看出，在序貫博弈中，第一，團隊產出是先行動代理人收益公平強度的減函數，卻是先行動代理人動機公平強度的增函數。可見先行動代理人的收益公平抑制了團隊產出的增加，不利於團隊生產的帕累托改進。第二，團隊產出是后行動代理人收益公平強度的增函數，也是后行動代理人動機公平強度的增函數。第三，動機公平對團隊產出的影響更具一致性，相對收益公平，動機公平能夠在更大程度上促進團隊產出的增加。

②團隊產出差距的分析。

把 $b_i=2$，$b_j=1$ 和 $\gamma_i=2$，$\gamma_j=1$ 分別代入式（3.40）和式（3.70），應用 MATLAB 作圖得出的在序貫博弈下與靜態博弈下的團隊產出差距隨公平偏好變化的趨勢如圖 3.23 和圖 3.24 所示。

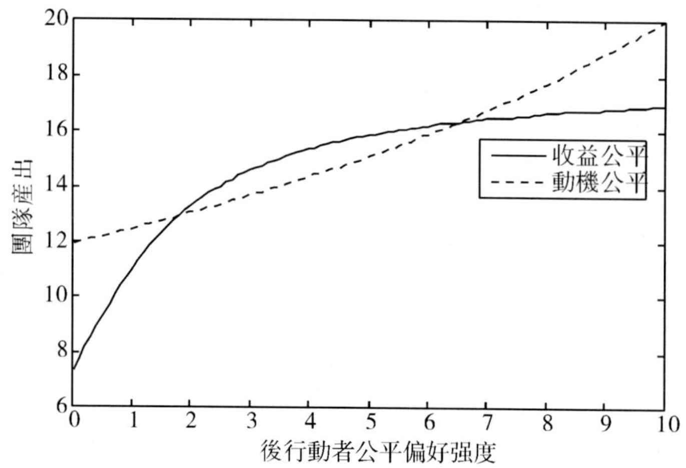

圖 3.22　團隊產出隨后行動代理人公平偏好的變化

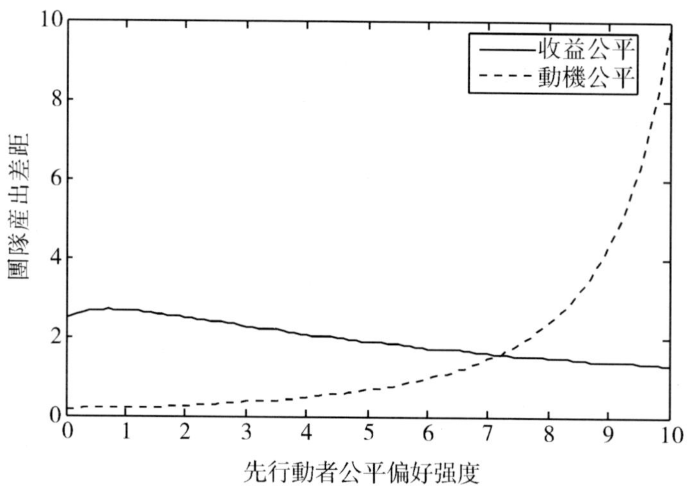

圖 3.23　團隊產出差距隨先行動代理人公平偏好的變化

從圖 3.23 及圖 3.24 中可以看出，第一，序貫博弈下的團隊產出高於靜態博弈下的團隊產出。第二，隨著先行動代理人收益公平強度的增大，序貫博弈下的團隊產出與靜態博弈下的團隊產出之間的差距先增大后減小，而隨著后行動代理人收益公平強度的增大，序貫博弈下的團隊產出與靜態博弈下的團隊產出之間的差距越來越大。可見，在序貫博弈中，先行動代理人的收益公平會抑制團隊生產的增加。第三，序貫博弈與靜態博弈的團隊產出差距是動機公平強度的增函數，即隨著代理人動機公平強度的增大，團隊產出的差距越來越大。

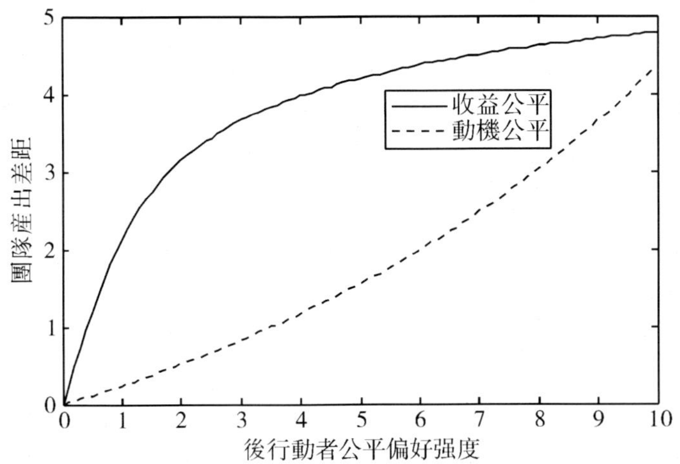

圖 3.24　團隊產出差距隨后行動代理人公平偏好的變化

換言之，動機公平促進了團隊產出的增加，有利於團隊生產的帕累托改進。第四，動機公平對團隊產出的影響更具一致性，相對收益公平，動機公平能夠在更大程度上促進團隊產出的增加。

綜上，在序貫博弈中，收益公平會抑制團隊產出的增加；而動機公平能夠促進團隊產出的增加，其對團隊產出的影響更具一致性，相對收益公平，動機公平能夠在更大程度上促進團隊產出的增加。因此，招聘員工時，委託人應該優先聘用具有動機公平的代理人。但當代理人具有收益公平時，委託人應該注意異質代理人的收益公平強度的大小。在制定激勵契約時，委託人應當讓代理人序貫行動，如此可以促使代理人選擇高水平努力。收益公平強度小的先行動代理人和收益公平強度大的后行動代理人所構建的工作團隊，有利於激勵代理人選擇高努力水平，進而促進團隊生產的帕累托改進。

3.6　本章小結

在風險中性的假設前提下，本章研究了收益公平和動機公平在不同博弈時序下影響團隊生產效率的內在機理，並與純粹自利偏好情形做了對比分析。理論分析表明，選擇具有動機公平的代理人組建工作團隊，並且讓代理人按先后順序行動，更有利於實現團隊生產的帕累托改進，進而實現帕累托最優。

為了使理論分析更清晰、直觀，本章還採用了數值分析，得到以下結論：

a. 基於收益公平的假設前提，在靜態博弈下，引入收益公平會產生代理人的協調一致效應，即高能力代理人有動力降低自身努力水平而低能力代理人有動力提高自身努力水平。在序貫博弈下，引入收益公平會產生代理人的承諾效應，即先行動者會主動選擇高水平努力以此來提高自身的物質收益。

b. 動機公平相對純粹自利偏好帕累托改進了團隊生產。在團隊生產中，如果能夠讓代理人按照一定順序進行博弈，代理人會選擇更高的努力水平，進而會產生更高的團隊產出，並且序貫博弈帕累托改進團隊生產的程度要大於靜態博弈帕累托改進團隊生產的程度。因此，在序貫博弈下，動機公平相對自利偏好帕累托改進了團隊生產。

c. 與靜態博弈相比，序貫博弈下收益公平和動機公平帕累托改進團隊生產效率的程度更大。在序貫博弈中，無論是博弈先行動者還是博弈后行動者，都會選擇比靜態博弈中更高的努力水平。這說明序貫博弈較靜態博弈在更大程度上促進了代理人努力水平的增加，並且序貫博弈下的團隊產出總是高於靜態博弈下的團隊產出，因而序貫博弈較靜態博弈在更大程度上促進了團隊產出的增加。因此，序貫博弈較靜態博弈能在更大程度上促進團隊生產的帕累托改進。

d. 收益公平不一定能夠帕累托改進團隊生產效率。在靜態博弈下，代理人的收益公平可能會對團隊產出產生不利影響。這是由高能力代理人的協調一致效應的負效用所導致的。收益公平帕累托改進團隊生產效率的條件比較苛刻。在靜態博弈下要求異質代理人能力大小比值大於其收益公平強度比值的倒數；在序貫博弈下要求讓低能力的代理人先行動而高能力的代理人后行動並且代理人間的能力差異不大。

e. 相對收益公平，動機公平能夠在更寬松的條件下更大幅度地改進團隊生產效率。在靜態博弈下只要求團隊中至少存在一位具有動機公平的代理人，在序貫博弈下只要求后行動者具有動機公平，這樣就能夠帕累托改進團隊生產效率。

上述理論結果給我們的啟示是，委託人在招聘員工時，應該深入瞭解各個員工的工作能力狀況，識別其偏好類型，確定各自的公平偏好強度等等，優先選用具有動機公平的員工，並且設計合理的激勵契約讓員工序貫行動，並且確保后行動者具有動機公平，如此更易於實現團隊生產的帕累托改進，進而實現團隊生產的帕累托最優。

4 基於公平互惠偏好的團隊激勵機制：風險規避

委託—代理關係中，委託人希望代理人按照自己的要求工作，但由於信息不對稱，委託人不能觀察到代理人的工作情況，因而不能確定代理人在工作中是否努力。因此，設計對委託人和代理人都有利的激勵契約，促使代理人自覺地按照委託人的利益行動是委託—代理關係中一個重要的問題。雖然許多經濟學家認為風險規避理論有其重要性，但為了簡化計算，在很多理論和實證研究中，通常都假定參與者為風險中性，尤其是在委託—代理模型中。

但近期一些研究表明影響委託—代理激勵機制的一個重要因素是委託人和代理人的風險偏好，如夏普和威廉斯（Shupp & Williams，2008）研究表明，團體的風險偏好方差普遍小於個人的風險偏好方差，在高風險的情況下平均團體比平均個人更厭惡風險；但在低風險的情況下個人往往比團體更厭惡風險。巴特林（Bartling，2006）研究了具有風險偏好的代理人的最優激勵契約問題，該文為缺乏實證研究的相對績效評價提供了一種行為解釋。張維迎（2004）通過簡化和擴展霍姆斯特姆和米爾格羅姆（Holmstrom & Milgrom，1987）的模型，並採用參數化方法研究了當代理人具有風險規避時，信息對稱和信息不對稱下的激勵機制。當代理人行為可觀察時，模型到達最優狀態則代理人不承擔任何風險，即委託人支付給代理人的最優工資報酬剛好等於努力成本加上保留工資；當代理人努力的邊際期望利潤等於努力邊際成本時，可以實現代理人的最優努力水平，因此最優風險分擔與激勵沒有矛盾。當代理人行為不可觀察時就要求代理人須承擔一定風險，且代理人的風險規避度越大，努力水平越低，代理人所應承擔的風險越小。因此，在信息不對稱的委託代理模型中就存在兩類代理成本，即風險成本（Risk Cost）和激勵成本（Incentive Cost）。其中風險成本因帕累托最優風險分擔無法達到而出現，而激勵成本為由較低的努力水平導致的期望產出的淨損失減去努力成本的節約。師偉和蒲勇健（2013）引入代理人的互惠偏好研究了序貫決策下代理人互惠偏好對激勵效率的影響，並研究得出在完全信息下，代理人的互惠偏好足夠大時會迫使委託人放棄強制契約。另外，他們還研究出當委託人也具有互惠偏好時，代理人的互惠偏好不會降低努力水平，從而有可能改善委託人的物質收益。康敏和王蒙（2012）基於實際情況構造了一類委託—代理模型，研究委託人和代理人的風險偏好對激勵合同的影響，且他們的研究表明激勵系數的大小受委託人和代理人的風險偏好影響。所以委託人在制定激勵機制時，應結合自身及代理人的風險偏好，同時體現雙方的風險分擔要求，才能達到有效激勵的目的。

因此，本章將基於風險規避的假設前提，採用改進的 FS 模型和改進的 Rabin 動機公平效用函數模型，研究比較不同博弈時序下的團隊生產效率，分析公平偏好在不同博弈時序下影響團隊生產效率的內在機理。然后將兩者進行比較分析，從而為團隊生產中委託人的存在意義提供新的理論解釋，也為團隊激勵提供新的思路。

4.1 引入風險規避的 Holmstrom 團隊模型

採用參數化的委託—代理模型，此模型是 Holmstrom 和 Milgrom 團隊模型的簡化和擴張。假設團隊中包括一個委託人和兩個代理人，每個代理人 i（$i=1, 2$）選擇委託人不可觀察的努力水平 $x_i \in [0, +\infty)$，團隊產出 y 是關於努力水平 x_i 的線性函數，即：

$$y=k_i x_i+k_j x_j+\theta,\ j=1,\ 2 \text{ 且 } i\neq j \tag{4.1}$$

其中，$k_i \geqslant 0$ 表示代理人 i 的能力系數，其值越大說明代理人能力越強；θ 代表外生的不確定性因素，滿足 $\theta \sim N(0, \sigma^2)$。

因此，$E(y)=E(k_i x_i+k_j x_j+\theta)=k_i x_i+k_j x_j$，$Var(y)=\sigma^2$，即代理人的努力水平影響產出的均值，但不影響產出的方差。

假定委託人為風險中性，代理人是風險規避的。由於委託人不能觀察到代理人的努力水平從而也不能判斷每個代理人對團隊產出的貢獻大小，考慮線性契約：$m(y)=\alpha+\beta y$。於是，代理人 i 的物質收益為：

$$m_i(x_i \mid x_j)=\alpha+\beta y=\alpha+\beta(k_i x_i+k_j x_j+\theta) \tag{4.2}$$

其中，α 是代理人的固定收入，β 是代理人分享的產出份額，即制定激勵契約時的激勵系數，$0 \leqslant \beta \leqslant 1$，表示產出每增加一個單位，代理人的報酬增加 β 單位。$\beta=0$ 意味著代理人不承擔任何風險，$\beta=1$ 意味著代理人承擔全部風險。

此外，設代理人 i 的努力成本為：

$$c_i\ (x_i)\ =\frac{1}{2}x_i^2 \tag{4.3}$$

假設代理人的效用函數具有不變絕對風險規避特徵，即 $u=-e^{-\rho\omega}$，其中 ρ 表示絕對風險規避度量，ω 表示實際貨幣收入，即 $\omega=m\ (y)\ -c\ (x)$。那麼，根據式（4.2）和式（4.3），代理人 i 的實際貨幣收入為：

$$\omega_i=\alpha+\beta\ (k_ix_i+k_jx_j+\theta)\ -\frac{1}{2}x_i^2 \tag{4.4}$$

根據阿羅（Arrow，1965）的研究成果，可知代理人 i 的風險成本為：

$$\frac{\rho_i\text{Var}\ [m_i\ (y)\ ]}{2}=\frac{\rho\beta^2\sigma^2}{2}$$

那麼，代理人 i 的確定性等價（Certainty Equivalence）收入為：

$$E\ (\omega_i)\ -\frac{\rho_i\text{Var}\ [m_i\ (y)\ ]}{2}=\alpha+\beta\ (k_ix_i+k_jx_j)\ -\frac{1}{2}x_i^2-\frac{\rho\beta^2\sigma^2}{2} \tag{4.5}$$

其中，$E\ (\omega_i)$ 表示代理人 i 的期望收入。

代理人的決策目標是通過選擇恰當的努力水平，追求最大的期望效用 $E\ (u)=-E\ (e^{-\rho\omega})$ 等價於最大化上述確定性等價收入。因此，

$$x_i^{individual}=\arg\max_{x_i}\ \{E\ (\omega_i)\ -\frac{\rho_i\text{Var}\ [m_i\ (y)\ ]}{2}\}\ =\arg\max_{x_i}\ [\alpha+\beta\ (k_ix_i+k_jx_j)\ -\frac{1}{2}x_i^2-\frac{\rho\beta^2\sigma^2}{2}] \tag{4.6}$$

其中，$x_i^{individual}$ 表示團隊生產中的代理人 i 在獨立決策時的最優努力水平。解之，得：

$$x_i^{individual}=k_i\beta \tag{4.7}$$

同理，可得：

$$x_j^{individual}=k_j\beta \tag{4.8}$$

其中，$x_j^{individual}$ 表示團隊生產中的代理人 j 在獨立決策時的最優努力水平。

此時，團隊產出為：

$$y^{individual}=\ (k_i^2+k_j^2)\ \beta+\theta \tag{4.9}$$

另一方面，如果能夠團隊合作，那麼代理人會通過選擇恰當的努力水平來追求最大的團隊總效用 $E\ (U)\ =E\ (\sum_{i=1}^{2}u_i)$，等價於：

$$x_i^{cooperation}=\arg\max_{x_i}\ \{E\ (\omega_i)\ -\frac{\rho_i\text{Var}\ [m_i\ (y)\ ]}{2}+E\ (\omega_j)\ -\frac{\rho_j\text{Var}\ [m_j\ (y)\ ]}{2}\}\ =\arg\max_{x_i}\ [2\alpha+2\beta\ (k_ix_i+k_jx_j)\ -\frac{1}{2}x_i^2-\frac{1}{2}x_j^2-\rho\beta^2\sigma^2] \tag{4.10}$$

其中，$x_i^{cooperation}$ 表示團隊合作時代理人 i 的最優努力水平。解之，得：

$$x_i^{cooperation}=2k_i\beta \tag{4.11}$$

根據式（4.5）、式（4.7）和式（4.11），計算可得，團隊生產中的代理人 i 和 j 在都獨立決策、都合作或一方獨立決策而另一方合作等四種情況下各自的確定性等價收入，總結如表 4.1 所示。在這一博弈中，分析可知，獨立決策對代理人 i 和 j 都是占優策略，因而雙方都不會選擇團隊合作。但是，團隊總效用在雙方都合作時最大。各個獨立決策的代理人所選擇的努力水平［由以上式（4.7）決定］小於實現團隊總效用最大的努力水平［由以上式（4.11）決定］。這就是團隊生產中存在的道德風險問題。

表 4.1　　代理人 i 和 j 的博弈矩陣

		j 獨立	j 合作
i	獨立	$\alpha+\beta^2\left(\frac{k_i^2}{2}+k_j^2-\frac{\rho\sigma^2}{2}\right)$， $\alpha+\beta^2\left(k_i^2+\frac{k_i^2}{2}-\frac{\rho\sigma^2}{2}\right)$	$\alpha+\beta^2\left(\frac{k_i^2}{2}+2k_j^2-\frac{\rho\sigma^2}{2}\right)$， $\alpha+\beta^2\left(k_i^2-\frac{\rho\sigma^2}{2}\right)$
	合作	$\alpha+\beta^2\left(k_i^2-\frac{\rho\sigma^2}{2}\right)$， $\alpha+\beta^2\left(2k_i^2+\frac{1}{2}k_j^2-\frac{\rho\sigma^2}{2}\right)$	$\alpha+\beta^2\left(2k_i^2-\frac{\rho\sigma^2}{2}\right)$， $\alpha+\beta^2\left(2k_i^2-\frac{\rho\sigma^2}{2}\right)$

4.2　基於收益公平的團隊模型

4.2.1　收益公平效用函數

為了簡化，哈克和貝爾（Huck & Biel，2003）採用改進的 FS 模型研究比較不同博弈時序下的團隊生產效率，分析收益公平在不同博弈時序下影響團隊生產效率的內在機理。在此基礎上，引入風險規避系數，即假定代理人是風險規避的，根據 Holmstrom 經典團隊模型的條件和 FS 模型，團隊生產中風險規避代理人 i 的實際收入為：

$$\omega_i=m_i\ (x_i\mid x_j)\ -c_i\ (x_i)\ -\frac{b_i}{2}(x_i-x_j)^2$$

$$=\alpha+\beta\ (k_i x_i+k_j x_j+\theta)\ -\frac{1}{2}x_i^2-\frac{b_i}{2}(x_i-x_j)^2 \tag{4.12}$$

其中，第一項 $m_i\ (x_i \mid x_j)$ 表示代理人獲得的物質收益，第二項 $c_i\ (x_i)$ 表示付出的努力成本，第三項 $\frac{b_i}{2}(x_j-x_i)^2$ 表示代理人承擔的收益公平心理損益。

對收益公平心理損益 $\frac{b_i}{2}(x_j-x_i)^2$ 各部分解釋如下：

首先，b_i（$b_i>0$）表示衡量代理人 i 收益公平強度的系數，即代理人的收益公平系數。在原 *FS* 模型中，用 α_i 和 β_i 來分別描述不同狀況下代理人 i 的收益公平強度，但是為了簡化計算，哈克和貝爾（Huck & Biel，2003）用 b_i 來綜合描述代理人 i 的收益公平強度。引入收益公平系數，一方面可以刻畫代理人對收益公平心理損益的重視程度，另一方面便於分析收益公平強度對團隊生產效率的影響。特別的，當 $b_i=0$ 時，表示代理人 i 收益公平強度為 0，以上式（4.12）刻畫的實際收入就退化到式（4.4）的自利偏好情形。

其次，$(x_i-x_j)^2$ 表示衡量代理人之間的不公平程度。原 *FS* 模型中，費爾和施密特（Fehr & Schmidt，1999）用 $\pi_i-\pi_j=\ (m_i-c_i)\ -\ (m_j-c_j)\ =\frac{1}{2}\ (x_j^2-x_i^2)$ 來衡量代理人物質收益的不公平程度。由於 $(x_i-x_j)^2=(\frac{x_j^2-x_i^2}{x_j+x_i})^2$，因此，這裡用 $(x_i-x_j)^2$ 來衡量代理人之間物質收益的不公平程度。

代理人 i 的風險成本為：

$$\frac{\rho_i \mathrm{Var}\ [m_i\ (y)\ ]}{2}=\frac{\rho\beta^2\sigma^2}{2}$$

那麼，根據式（4.5），代理人 i 的確定性等價收入為：

$$E\ (\omega_i)\ -\frac{\rho_i \mathrm{Var}\ [m_i\ (y)\ ]}{2}=\alpha+\beta\ (k_i x_i+k_j x_j)\ -\frac{1}{2}x_i^2-\frac{b_i}{2}(x_i-x_j)^2-\frac{\rho\beta^2\sigma^2}{2} \tag{4.13}$$

代理人最大化期望效用 $E\ (u)\ =-E\ (e^{-\rho\omega})$ 等價於最大化上述確定性等價收入。

4.2.2 靜態博弈

（1）均衡努力

在靜態博弈中，代理人 i 和 j 同時選擇自己的努力水平，共同決定團隊產出。代理人 i 的決策目標是通過選擇最優的努力水平 x_i 獲取最大的效用 $u_i(x_i \mid x_j)$，即獲取最大的確定性等價收入。在式（4.13）中，求關於 x_i 的一階條件得：

$$\frac{\partial \left\{E(\omega_i) - \frac{\rho_i \mathrm{Var}[m_i(y)]}{2}\right\}}{\partial x_i} = k_i\beta - x_i - b_i(x_i - x_j) = 0 \tag{4.14}$$

由此，得到代理人 i 的反應函數，即：

$$x_i^*(x_j) = \frac{k_i\beta + b_i x_j}{1 + b_i} \tag{4.15}$$

可見，對收益公平代理人而言，其努力選擇是戰略互補的。而當 $b_i = 0$，即代理人 i 是純粹自利偏好時，上式退化為式（4.6），代理人 i 的努力選擇是戰略獨立的。同理，可得代理人 j 的反應函數為：

$$x_j^*(x_i) = \frac{k_j\beta + b_j x_i}{1 + b_j} \tag{4.16}$$

根據式（4.15）和式（4.16），計算得到代理人 i 和 j 的均衡努力 x_i^{SIM} 和 x_j^{SIM} 分別為：

$$x_i^{SIM} = \frac{\beta[k_i(1+b_j) + k_j b_i]}{1 + b_i + b_j} \tag{4.17}$$

和

$$x_j^{SIM} = \frac{\beta[k_i b_j + k_j(1+b_i)]}{1 + b_i + b_j} \tag{4.18}$$

在式（4.17）中，對代理人 i 的均衡努力關於代理人 i 的收益公平強度和代理人 j 的收益公平強度求偏導數，得：

$$\frac{\partial x_i^{SIM}}{\partial b_i} = \frac{\beta(1+b_j)(k_j - k_i)}{(1 + b_i + b_j)^2} \tag{4.19}$$

和

$$\frac{\partial x_i^{SIM}}{\partial b_j} = \frac{\beta b_i(k_i - k_j)}{(1 + b_i + b_j)^2} = -\frac{\beta b_i(k_j - k_i)}{(1 + b_i + b_j)^2} \tag{4.20}$$

由式（4.19）和式（4.20）得，

$$\mathrm{sign}\,\frac{\partial x_i^{SIM}}{\partial b_i} = -\mathrm{sign}\,\frac{\partial x_i^{SIM}}{\partial b_j} = \mathrm{sign}(k_j - k_i) \tag{4.21}$$

命題 4.1：靜態博弈中，高能力代理人的努力水平是自身收益公平強度的減函數，是低能力代理人收益公平強度的增函數；低能力代理人的努力水平是自身收益公平強度的增函數、是高能力代理人收益公平強度的減函數。

證明：當 $k_i>k_j$，即代理人 i 是高能力者，而代理人 j 則是低能力者。此時有：a. $\frac{\partial x_i^{SIM}}{\partial b_i}<0$，高能力代理人 i 的努力水平是自身收益公平強度的減函數，即高能力代理人的努力水平隨著自身收益公平強度的增大而降低；b. $\frac{\partial x_i^{SIM}}{\partial b_j}>0$，高能力代理人 i 的努力水平是他人收益公平強度的增函數，即高能力代理人的努力水平隨著他人收益公平強度的增大而增加。

當 $k_j>k_i$，即代理人 i 是低能力者，而代理人 j 則是高能力者。此時有：a. $\frac{\partial x_i^{SIM}}{\partial b_i}>0$，低能力代理人 i 的努力水平是自身收益公平強度的增函數，即低能力代理人的努力水平隨著自身收益公平強度的增大而增加；b. $\frac{\partial x_i^{SIM}}{\partial b_j}<0$，低能力代理人 i 的努力水平是他人收益公平強度的減函數，即低能力代理人的努力水平隨著他人收益公平強度的增大而降低。

證畢。

對委託人而言，其目標是通過設計滿足代理人參與約束（IR）和激勵約束（IC）的激勵契約：$m(y)=\alpha+\beta y$，以激勵代理人努力工作，從而使委託人自己的效用最大化。風險中性委託人的實際收入為：

$$y-m(y)=-\alpha+(1-\beta)(k_ix_i+k_jx_j+\theta) \tag{4.23}$$

令ϖ為代理人的保留收入水平。如果確定性等價收入小於ϖ，那麼代理人將不接受合同。因此，代理人的參與約束（IR）可以表述如下：

$$\alpha+\beta(k_ix_i+k_jx_j)-\frac{1}{2}x_i^2-\frac{b_i}{2}(x_i-x_j)^2-\frac{\rho\beta^2\sigma^2}{2}\geqslant\varpi \tag{4.24}$$

由於委託人不能觀察到代理人的努力水平，因此給定（α，β），代理人的激勵相容約束（IC）意味著：$x_i^{SIM}=\frac{\beta[k_i(1+b_j)+k_jb_i]}{1+b_i+b_j}$ 和 $x_j^{SIM}=\frac{\beta[k_j(1+b_i)+k_ib_j]}{1+b_i+b_j}$。

因此，委託人的實際問題就是選擇（α，β），解下列最優化問題：

$$\max_{\alpha,\beta}E[y-m(y)]=\max_{\alpha,\beta}[-\alpha+(1-\beta)(k_ix_i+k_jx_j)] \tag{4.25}$$

$$\text{s. t. }(IR)\ \alpha+\beta(k_ix_i+k_jx_j)-\frac{1}{2}x_i^2-\frac{b_i}{2}(x_i-x_j)^2-\frac{\rho\beta^2\sigma^2}{2}\geqslant\varpi$$

$$(IC)\begin{cases}x_i^{SIM}=\dfrac{\beta\left[k_i(1+b_j)+k_jb_i\right]}{1+b_i+b_j}\\ x_j^{SIM}=\dfrac{\beta\left[k_j(1+b_i)+k_ib_j\right]}{1+b_i+b_j}\end{cases}$$

因為在最優情況下，參與約束的等式成立（委託人沒有必要支付代理人更多），將參與約束通過固定項 α 和激勵約束代入目標函數，上述最優化問題可以重新表述如下：

$$\max_{\alpha,\beta}\left[(k_ix_i+k_jx_j)-\frac{1}{2}x_i^2-\frac{b_i}{2}(x_i-x_j)^2-\frac{\rho\beta^2\sigma^2}{2}-\varpi\right]$$
$$=\max_{\alpha,\beta}\left\{\frac{\beta\left[k_i^2(1+b_j)+k_j^2(1+b_i)+k_ik_j(b_i+b_j)\right]}{1+b_i+b_j}\right.$$
$$\left.-\frac{\beta^2\left[k_i(1+b_j)+k_jb_i\right]^2+\beta^2b_i(k_i-k_j)^2}{2(1+b_i+b_j)^2}-\frac{\rho\beta^2\sigma^2}{2}-\varpi\right\} \tag{4.26}$$

在式（4.26）中，求關於 β 的一階條件，得：

$$\beta^{SIM}=2\,\frac{\left[k_i^2(1+b_j)+k_j^2(1+b_i)+k_ik_j(b_i+b_j)\right](1+b_i+b_j)}{\left[k_i(1+b_j)+k_jb_i\right]^2+b_i(k_i-k_j)^2+\rho\sigma^2(1+b_i+b_j)^2} \tag{4.27}$$

β^{SIM} 表示在靜態博弈下，委託人最大化其效用時，所制定激勵契約的激勵系數。根據式（4.27），在式（4.17）中，對代理人 i 的均衡努力關於絕對風險規避系數 ρ 求偏導數，得：

$$\frac{\partial x_i^{SIM}}{\partial\rho}=\frac{-\sigma^2(1+b_i+b_j)^2\left[k_i(1+b_j)+k_jb_i\right]\left[k_i^2(1+b_j)+k_j^2(1+b_i)+k_ik_j(b_i+b_j)\right]}{\left\{\left[k_i(1+b_j)+k_jb_i\right]^2+b_i(k_i-k_j)^2+\rho\sigma^2(1+b_i+b_j)^2\right\}^2}<0 \tag{4.28}$$

同理，可得 $\dfrac{\partial x_j^{SIM}}{\partial\rho}<0$。

由此可見，代理人的努力水平是絕對風險規避系數 ρ 的減函數，即代理人的努力水平隨著絕對風險規避系數 ρ 的增大而降低，代理人越是風險規避，其選擇的努力水平就會越低。代理人的風險規避抑制了努力水平的提高，會對團隊生產產生不利影響。

因此，可以得到結論 4.1：代理人的努力水平是絕對風險規避系數 ρ 的減函數。

結論 4.1 表明代理人的努力水平隨著絕對風險規避系數的增大而降低，代理人越是風險規避，其選擇的努力水平就會越低。為了降低不公平，代理人會按照他人的努力水平來調整自身的努力水平；而為了降低風險，代理人會選擇降低自身努力水平。因此，高能力的代理人會降低自身的努力水平，並且其收益公平強度越大，努力水平的降低幅度就越大；同時代理人越是風險規避，其選擇的努力水平就會越低。最終，在靜態博弈中高能力代理人選擇的努力水平低於純粹自利偏好狀況下的努力水平，對團隊生產產生消極作用。

另一方面，對能力低的代理人而言，為了降低不公平，他們會選擇提高自身的努力水平，調整幅度取決於其自身收益公平強度的大小；但是同時，代理人的風險規避會促使他選擇降低自身的努力水平；只有當收益公平引起的努力水平的增加大於風險規避引起的努力水平的減少時，低能力代理人的努力水平才會高於純粹自利偏好狀況下的努力水平。因此，在靜態博弈中，代理人的收益公平可能會對團隊生產產生不利影響，同時代理人的風險規避抑制了團隊生產的帕累托改進。

（2）均衡產出

根據式（4.1）、式（4.17）和式（4.18），此時的團隊產出 y^{SIM} 為：

$$y^{SIM}=k_i x_i^{SIM}+k_j x_j^{SIM}+\theta=\frac{\beta\left[k_i^2(1+b_j)+k_j^2(1+b_i)+k_i k_j(b_i+b_j)\right]}{1+b_i+b_j}+\theta \quad (4.29)$$

進一步，在式（4.29）中關於代理人的收益公平強度求偏導數，得：

$$\frac{\partial y^{SIM}}{\partial b_i}=\frac{\beta(k_j-k_i)\left[k_i(1+b_j)+k_j b_j\right]}{(1+b_i+b_j)^2} \quad (4.30)$$

和

$$\frac{\partial y^{SIM}}{\partial b_j}=-\frac{\beta(k_j-k_i)\left[k_i b_i+k_j(1+b_i)\right]}{(1+b_i+b_j)^2} \quad (4.31)$$

由式（4.30）和式（4.31），得：

$$\text{sign}\,\frac{\partial y^{SIM}}{\partial b_i}=-\text{sign}\,\frac{\partial y^{SIM}}{\partial b_j}=\text{sign}\,(k_j-k_i) \quad (4.32)$$

命題 4.2：靜態博弈下，團隊產出是高能力代理人收益公平強度的減函數，是低能力代理人收益公平強度的增函數。

證明：當 $k_i>k_j$，即代理人 i 是高能力者，而代理人 j 則是低能力者。此時有：$a.$ $\frac{\partial y^{SIM}}{\partial b_i}<0$，團隊產出是高能力代理人 i 收益公平強度的減函數，即團隊產出會隨著高能力代理人收益公平強度的增大而降低；$b.$ $\frac{\partial y^{SIM}}{\partial b_j}>0$，團隊產出是低能力代理人 j 收益公平強度的增函數，即團隊產出會隨著低能力代理人收益公平強度的增大而增加。

當 $k_j>k_i$，即代理人 i 是低能力者，而代理人 j 則是高能力者。此時有：$a.$ $\dfrac{\partial y^{SIM}}{\partial b_i}>0$，團隊產出是低能力代理人 i 收益公平強度的增函數，即團隊產出會隨著低能力代理人收益公平強度的增大而增加；$b.$ $\dfrac{\partial y^{SIM}}{\partial b_j}<0$，團隊產出是高能力代理人 j 收益公平強度的減函數，即團隊產出會隨著高能力代理人收益公平強度的增大而降低。

證畢。

根據式（4.27），在式（4.29）中關於代理人的絕對風險規避係數 ρ 求偏導數，得：

$$\frac{\partial y^{SIM}}{\partial \rho}=\frac{-\sigma^2(1+b_i+b_j)^2\{[k_i^2(1+b_j)+k_j^2(1+b_i)+k_ik_j(b_i+b_j)]\}^2}{\{[k_i(1+b_j)+k_jb_i]^2+b_i(k_i-k_j)^2+\rho\sigma^2(1+b_i+b_j)^2\}^2}<0 \tag{4.33}$$

由式（4.33）可得，團隊產出是絕對風險規避係數 ρ 的減函數，即團隊產出隨著絕對風險規避係數 ρ 的增大而降低，代理人越是風險規避，團隊產出就會越低。代理人的風險規避抑制了團隊產出的增加，對團隊生產產生了不利影響。

因此，團隊產出是絕對風險規避係數 ρ 的減函數，即團隊產出會隨著絕對風險規避係數 ρ 的增大而降低，代理人越是風險規避，團隊產出就會越低。

4.2.3 討論：靜態博弈下收益公平與純粹自利的比較

為了比較收益公平下的團隊產出與純粹自利偏好下的團隊產出的差異，假定 $k_i>k_j$，即代理人 i 是高能力者，而代理人 j 則是低能力者。

（1）均衡努力的比較

一方面，對在靜態博弈中的高能力代理人 i，根據式（4.7）和式（4.17），得：

$$x_i^{SIM}-x_i^{individual}=\frac{\beta b_i(k_j-k_i)}{1+b_i+b_j}<0 \tag{4.34}$$

可見，在靜態博弈中，風險規避的高能力代理人 i 在具有收益公平時選擇的努力水平要低於其具有純粹自利偏好時選擇的努力水平，這不利於團隊生產的帕累托改進。原因在於，為了降低不公平，收益公平導致高能力代理人選擇降低自身努力水平，調整幅度取決於其自身收益公平強度的大小；同時為了降低風險，代理人會選擇降低自身的努力水平，代理人越是風險規避，其選擇的努力水平就會越低。最終，在收益公平和風險規避降低努力水平的雙重負效用下，靜態博弈中高能力代理人選擇的努力水平低於純粹自利偏好狀況下的努力水平，則會對團隊生產產生不利影響。

另一方面，對在靜態博弈中的低能力代理人 j，同理可得：

$$x_j^{SIM}-x_j^{individual}=\frac{\beta b_j\ (k_i-k_j)}{1+b_i+b_j}>0 \tag{4.35}$$

可見，在靜態博弈中，風險規避的低能力代理人 j 在具有收益公平時選擇的努力水平要高於其具有純粹自利偏好時選擇的努力水平，這有利於團隊生產的帕累托改進。對能力低的代理人而言，為了降低不公平，他們會選擇提高自身努力水平，調整幅度取決於其自身收益公平強度的大小；但是同時代理人的風險規避會促使他選擇降低自身的努力水平；只有當收益公平引起的努力水平的增加大於風險規避引起的努力水平的減少時，低能力代理人的努力水平才會高於純粹自利偏好狀況下的努力水平。由式（4.35）可得，在靜態博弈中，對低能力代理人而言，收益公平引起的努力水平的增加要大於風險規避引起的努力水平的減少，即收益公平的正效用大於風險規避的負效用，這就促進了團隊生產的帕累托改進。

（2）均衡產出的比較

根據式（4.9）和式（4.29），可得：

$$y^{SIM}-y^{individual}=\frac{\beta\ (k_j-k_i)\ (k_ib_i-k_jb_j)}{1+b_i+b_j} \tag{4.36}$$

如果兩個代理人的收益公平強度相同，即 $b_i=b_j>0$，那麼靜態博弈下的團隊產出總是低於純粹自利偏好狀況下的團隊產出，此時代理人的收益公平不能促進團隊產出的帕累托改進。因為代理人的收益公平強度相同，所以其努力水平的調整幅度也相同，因此當低能力代理人提高一定幅度的努力水平時，高能力代理人也會降低同等幅度的努力水平，團隊產出因此就會降低，又因為團隊產出是絕對風險規避系數 ρ 的減函數，代理人的風險規避會進一步降低團隊產出。

因為 $k_i>k_j$，所以要想 $y^{SIM}>y^{individual}$，必須有 $k_ib_i-k_jb_j<0$，即 $\frac{b_i}{b_j}<\frac{k_j}{k_i}$。

可見，在靜態博弈中，收益公平也能夠在一定程度上帕累托改進團隊生產，但是卻有非常嚴格的限制條件，即要求代理人能力大小比值大於其收益公平強度比值的倒數。當代理人能力大小比值大於其收益公平強度比值的倒數時，收益公平就能夠帕累托改進團隊生產效率，此時風險規避降低團隊產出的負效用低於收益公平增加團隊產出的正效用。這裡需注意，如果代理人是同質的，即 $k_i = k_j$，代理人的生產能力相同，那麼代理人的收益公平對均衡產出沒有任何影響，但與此同時代理人的風險規避會使團隊產出降低，換言之，當兩個同質代理人同時具有收益公平和風險規避時，其共同決定的團隊產出就會低於純粹自利偏好狀況下的團隊產出，這樣就無法實現團隊產出的帕累托改進。因此，委託人招聘員工時一定要考慮員工的能力差異以及偏好類型。

因此可以得到結論 4.2：在靜態博弈中，風險規避的低能力代理人在具有收益公平時選擇的努力水平高於純粹自利下選擇的努力水平，而高能力者在具有收益公平時選擇的努力水平低於純粹自利下選擇的努力水平，且僅當異質代理人能力大小比值大於收益公平強度比值的倒數時，收益公平才能帕累托改進團隊生產。

（3）綜合比較

綜合以上均衡努力和團隊產出兩方面，收益公平相對純粹自利偏好能夠在一定程度上帕累托改進團隊生產效率，但是卻有非常嚴格的限制條件。第一，要求代理人能力大小比值大於其收益公平強度比值的倒數；第二，兩個代理人必須是異質的（$k_i \neq k_j$），即代理人的生產能力有高低之分。雖然，風險規避對團隊產出產生了不利影響，但在上述條件下，其降低產出的負效用低於收益公平增加產出的正效用。因此，委託人在組建工作團隊時，應該深入瞭解各個員工的工作能力狀況及其各自的社會偏好，應該盡量避免聘用具有風險規避或者風險規避強度大的代理人，優先選用具有收益公平的員工，否則不恰當的工作團隊組合會降低團隊產出，不利於團隊生產的帕累托改進。

（4）數值例子

雖然以上理論分析已經得到了嚴謹的、明確的顯性解釋，但是為了更清晰、更直觀地展現理論分析結果，下面將以具體的數值運算進行分析。假定 $k_i > k_j$，即代理人 i 是高能力者，而代理人 j 是低能力者；取能力系數 $k_i = 2$，$k_j = 1$。

將 $k_i = 2$，$k_j = 1$，代入式（4.34），得 $x_i^{SIM} - x_i^{individual} = \dfrac{-\beta b_i}{1 + b_i + b_j} < 0$，因此對風險規避的高能力代理人 i 而言，在靜態博弈中，其具有收益公平時選擇的努力水平要低於其具有純粹自利偏好時選擇的努力水平。原因在於，為了降低不公平，收益公平導致高能力代理人選擇低努力水平；同時為了降低風險，代理人會選擇降低自身的努力水平，代理人越是風險規避，其選擇的努力水平就會越低，最終低於純粹自利偏好狀況下的努力水平，這不利於團隊生產的帕累托改

進。因此，委託人應當盡量避免聘用具有收益公平和風險規避的高能力代理人。當高能力代理人具有收益公平時，優先聘用收益公平強度小的高能力者，其收益公平強度越小，對團隊生產帕累托改進的抑制程度越小。當高能力代理人具有風險規避時，優先聘用風險規避強度小的高能力者，強度越小，對團隊生產帕累托改進的抑制程度越小。

將 $k_i=2$，$k_j=1$，代入式（4.35），得 $x_j^{SIM}-x_j^{individual}=\dfrac{\beta b_j}{1+b_i+b_j}>0$，因此對低能力代理人 j 而言，在靜態博弈中，其具有收益公平時選擇的努力水平要高於其具有純粹自利偏好時選擇的努力水平。原因在於，為了降低不公平，收益公平導致低能力代理人選擇高努力水平。雖然代理人的風險規避會促使他選擇降低自身的努力水平，但是收益公平引起的努力水平的增加要大於風險規避引起的努力水平的減少，這有利於團隊生產的帕累托改進。因此，委託人應當聘用具有收益公平的低能力代理人，並且優先聘用收益公平強度大的低能力者，其收益公平強度越大，團隊生產帕累托改進的程度越大。委託人應當盡量避免聘用具有風險規避的低能力代理人，但是當代理人都具有風險規避時，應當優先聘用風險規避強度小的低能力者，其風險規避強度越小，對團隊生產帕累托改進的抑制程度越小。

將 $k_i=2$，$k_j=1$，代入式（4.36），得 $y^{SIM}-y^{individual}=\dfrac{\beta\ (b_j-2b_i)}{1+b_i+b_j}$，如果要滿足 $y^{SIM}>y^{individual}$，則必須有 $b_j>2b_i$，即低能力代理人的收益公平強度要遠大於高能力代理人的收益公平強度。換言之，收益公平帕累托改進團隊生產的必要條件為$\dfrac{b_j}{b_i}>\dfrac{k_i}{k_j}=2$，即低能力者與高能力者的收益公平強度比值大於高能力者與低能力者的生產能力比值，此時雖然風險規避對團隊產出產生了不利影響，但其降低產出的負效用低於收益公平增加產出的正效用。

綜上，委託人應當避免聘用具有風險規避的代理人，但當代理人都具有風險規避時，應當優先聘用風險規避強度小的代理人，其風險規避強度越小，對團隊生產帕累托改進的抑制程度越小。當委託人聘用具有收益公平的異質代理人組建工作團隊時，必須確保低能力者與高能力者的收益公平強度比值大於高能力者與低能力者的生產能力比值。換言之，相對於高能力者，低能力者更為關注收益公平。否則，高能力者的收益公平會抑制團隊生產的帕累托改進，導致團隊產出降低，甚至低於純粹自利偏好狀況下的團隊產出。此外，委託人在制定激勵契約時，應該將注意力放在高能力者身上，制定出有利於高能力者的激勵契約，可以激勵高能力者選擇高努力水平，進而促使低能力者提高自身的努力水平，最終獲得較高的團隊產出，促進團隊生產的帕累托改進。

4.2.4 序貫博弈

(1) 均衡努力

在序貫博弈下，代理人先后選擇各自的努力水平，且后行動者知道先行動者選擇的努力水平。在以上條件下，不妨設代理人 i 為第一個行動者，代理人 j 為第二個行動者。

在序貫博弈時序中，根據博弈論中的逆向歸納法，后行動者代理人 j 看到了先行動者代理人 i 選擇的努力水平 x_i 之后，會選擇式（4.16）所規定的努力水平；先行動者代理人 i 會預料到，如果自己選擇努力水平 x_i，后行動者代理人 j 會依據式（4.16）選擇努力水平 $x_j(x_i)$。並且，先行動者代理人 i 據此獲取最大的效用 $u_i(x_i \mid x_j)$，即最大化其確定性等價收入。那麼，把式（4.16）代入式（4.13），得：

$$E(\omega_i)-\frac{\rho_i \mathrm{Var}[m_i(y)]}{2}=\alpha+\beta\left(k_i x_i+k_j\frac{k_j\beta+b_j x_i}{1+b_j}\right)-\frac{1}{2}x_i^2$$
$$-\frac{b_i}{2}\left(x_i-\frac{k_j\beta+b_j x_i}{1+b_j}\right)^2-\frac{\rho\beta^2\sigma^2}{2} \tag{4.37}$$

在式（4.37）中，求關於 x_i 的一階條件，得出的先行動者代理人 i 的均衡努力 x_i^{SEQ} 為：

$$x_i^{SEQ}=\frac{\beta[k_i(1+b_j)^2+k_j(b_i+b_j+b_j^2)]}{b_i+(1+b_j)^2} \tag{4.38}$$

將式（4.38）代入式（4.16），得出的后行動者代理人 j 的均衡努力 x_j^{SEQ} 為：

$$x_j^{SEQ}=\frac{\beta[k_i b_j(1+b_j)+k_j(b_i+1+b_j+b_j^2)]}{b_i+(1+b_j)^2} \tag{4.39}$$

在式（4.38）和式（4.39）中，分別求代理人努力水平關於收益公平強度的偏導數，得：

$$\frac{\partial x_i^{SEQ}}{\partial b_i}=\frac{\beta(1+b_j)[k_j-k_i(1+b_j)]}{[b_i+(1+b_j)^2]^2} \tag{4.40}$$

$$\frac{\partial x_i^{SEQ}}{\partial b_j}=\frac{\beta\{2k_i b_i(1+b_j)+k_j[(1+b_j)^2-b_i]\}}{[b_i+(1+b_j)^2]^2} \tag{4.41}$$

$$\frac{\partial\ x_j^{SEQ}}{\partial\ b_i}=\frac{\beta b_j\ [k_j-k_i\ (1+b_j)\ ]}{[b_i+(1+b_j)^2]^2} \tag{4.42}$$

和

$$\frac{\partial\ x_j^{SEQ}}{\partial\ b_j}=\frac{\beta\ \{k_i\ [b_i+2b_ib_j+(1+b_j)^2]\ +k_j\ (b_j^2-b_i-1)\ \}}{[(1+b_j)^2+b_i]^2} \tag{4.43}$$

由式（4.40）、式（4.41）、式（4.42）和式（4.43）可知，雖然，收益公平能夠在一定程度上提高代理人的努力水平，但是卻有非常嚴格的限制條件。可見，在序貫博弈中，收益公平可能會對團隊生產產生不利影響。

對委託人而言，其目標是通過設計滿足代理人參與約束（*IR*）和激勵約束（*IC*）的激勵契約：$m\ (y)\ =\alpha+\beta y$，以激勵代理人努力工作，從而使委託人自己的效用最大化。風險中性委託人的實際收入為：

$$y-m\ (y)\ =-\alpha+\ (1-\beta)\ (k_ix_i+k_jx_j+\theta) \tag{4.44}$$

令ϖ為代理人的保留收入水平。如果確定性等價收入小於ϖ，那麼代理人將不接受合同。因此，代理人的參與約束（*IR*）可以表述如下：

$$\alpha+\beta\ (k_ix_i+k_jx_j)\ -\frac{1}{2}x_i^2-\frac{b_i}{2}(x_i-x_j)^2-\frac{\rho\beta^2\sigma^2}{2}\geqslant\varpi \tag{4.45}$$

由於委託人不能觀察到代理人的努力水平，因此給定（α，β），代理人的激勵相容約束（*IC*）意味著：$x_i^{SEQ}=\frac{\beta\ [k_i\ (1+b_j)^2+k_j\ (b_i+b_j+b_j^2)\ ]}{b_i+(1+b_j)^2}$

和$x_j^{SEQ}=\frac{\beta\ [k_ib_j\ (1+b_j)\ +k_j\ (b_i+1+b_j+b_j^2)\ ]}{b_i+(1+b_j)^2}$。

因此，委託人的實際問題就是選擇（α，β），解下列最優化問題：

$$\max_{\alpha,\beta}E\ [y-m\ (y)\ ]\ =\max_{\alpha,\beta}\ [-\alpha+\ (1-\beta)\ (k_ix_i+k_jx_j)\ ] \tag{4.46}$$

$$\text{s. t. } (IR)\ \alpha+\beta\ (k_ix_i+k_jx_j)\ -\frac{1}{2}x_i^2-\frac{b_i}{2}(x_i-x_j)^2-\frac{\rho\beta^2\sigma^2}{2}\geqslant\varpi$$

$$(IC)\begin{cases}x_i^{SEQ}=\dfrac{\beta\ [k_i\ (1+b_j)^2+k_j\ (b_i+b_j+b_j^2)\ ]}{b_i+(1+b_j)^2}\\[2ex]x_j^{SEQ}=\dfrac{\beta\ [k_ib_j\ (1+b_j)\ +k_j\ (b_i+1+b_j+b_j^2)\ ]}{b_i+(1+b_j)^2}\end{cases}$$

因為在最優情況下，參與約束的等式成立（委託人沒有必要支付代理人更多），將參與約束通過固定項α和激勵約束代入目標函數，上述最優化問題可以重新表述如下：

$$\max_{\alpha,\beta}\left[(k_ix_i+k_jx_j)-\frac{1}{2}x_i^2-\frac{b_i}{2}(x_i-x_j)^2-\frac{\rho\beta^2\sigma^2}{2}-\varpi\right] \tag{4.47}$$

$$=\max_{\alpha,\beta}\left\{\beta\frac{k_i^2(1+b_j)^2+k_j^2[b_i-b_j+(1+b_j)^2]+k_ik_j[b_i+2b_j(1+b_j)]}{b_i+(1+b_j)^2}-\right.$$

$$\left.\frac{\beta^2\{[k_i(1+b_j)^2+k_j(b_i+b_j+b_j^2)]^2+b_i[k_i(1+b_j)-k_j]^2\}}{2[b_i+(1+b_j)^2]^2}-\frac{\rho\beta^2\sigma^2}{2}-\varpi\right\}$$

在式（4.47）中，求關於β的一階條件，得：

$$\beta^{SEQ}=\frac{[b_i+(1+b_j)^2]\{k_i^2(1+b_j)^2+k_j^2[b_i-b_j+(1+b_j)^2]+k_ik_j[b_i+2b_j(1+b_j)]\}}{[k_i(1+b_j)^2+k_j(b_i+b_j+b_j^2)]^2+b_i[k_i(1+b_j)-k_j]^2+\rho\sigma^2[b_i+(1+b_j)^2]^2} \tag{4.48}$$

β^{SEQ}表示在序貫博弈下，委託人最大化其效用時，所制定激勵契約的激勵系數。在式（4.38）和式（4.39）中，分別求代理人努力水平關於絕對風險規避系數的偏導數，得：

$$\frac{\partial x_i^{SEQ}}{\partial\rho}=-\sigma^2[b_i+(1+b_j)^2]^3[k_i(1+b_j)^2+k_j(b_i+b_j+b_j^2)]$$

$$\times\frac{k_i^2(1+b_j)^2+k_j^2[b_i-b_j+(1+b_j)^2]+k_ik_j[b_i+2b_j(1+b_j)]}{\{[k_i(1+b_j)^2+k_j(b_i+b_j+b_j^2)]^2+b_i[k_i(1+b_j)-k_j]^2+\rho\sigma^2[b_i+(1+b_j)^2]^2\}^2}<0 \tag{4.49}$$

和

$$\frac{\partial x_j^{SEQ}}{\partial\rho}=-\sigma^2[b_i+(1+b_j)^2]^3[(k_ib_j+k_j)(1+b_j)+k_j(b_i+b_j^2)]$$

$$\times\frac{k_i^2(1+b_j)^2+k_j^2[b_i-b_j+(1+b_j)^2]+k_ik_j[b_i+2b_j(1+b_j)]}{\{[k_i(1+b_j)^2+k_j(b_i+b_j+b_j^2)]^2+b_i[k_i(1+b_j)-k_j]^2+\rho\sigma^2[b_i+(1+b_j)^2]^2\}^2}<0 \tag{4.50}$$

由式（4.49）和式（4.50）可得，代理人的努力水平是絕對風險規避系數ρ的減函數，即代理人的努力水平隨著絕對風險規避系數ρ的增大而降低，代理人越是風險規避，其選擇的努力水平就會越低。代理人的風險規避抑制了努力水平的提高，這會對團隊生產產生不利影響。

（2）均衡產出

根據式（4.1）、式（4.38）和式（4.39），可得均衡團隊產出y^{SEQ}為：

$$y^{SEQ}=k_ix_i^{SEQ}+k_jx_j^{SEQ}+\theta$$

$$=\frac{\beta\{k_i^2(1+b_j)^2+k_j^2[b_i-b_j+(1+b_j)^2]+k_ik_j[b_i+2b_j(1+b_j)]\}}{b_i+(1+b_j)^2}+\theta \tag{4.51}$$

求團隊產出 y^{SEQ} 關於代理人收益公平強度以及絕對風險規避系數的偏導數，得：

$$\frac{\partial y^{SEQ}}{\partial b_i}=\frac{-k_i^2(1+b_j)^2+k_j^2b_j+k_ik_j(1-b_j^2)}{[b_i+(1+b_j)^2]^2} \tag{4.52}$$

$$\frac{\partial y^{SEQ}}{\partial b_j}=\frac{2k_i^2b_i(1+b_j)+k_j^2(b_j^2-b_i-1)+2k_ik_j[b_ib_j+(1+b_j)^2]}{[b_i+(1+b_j)^2]^2} \tag{4.53}$$

$$\frac{\partial y^{SEQ}}{\partial \rho}=\frac{-\sigma^2[b_i+(1+b_j)^2]^3\{k_i^2(1+b_j)^2+k_j^2[b_i-b_j+(1+b_j)^2]+k_ik_j[b_i+2b_j(1+b_j)]\}^2}{\{[k_i(1+b_j)+k_jb_i]^2+b_i(k_i-k_j)^2+\rho\sigma^2[b_i+(1+b_j)^2]^2\}^2}<0 \tag{4.54}$$

由式（4.52）和式（4.53）可知，在序貫博弈中，收益公平可能會對團隊產出產生不利影響。代理人的收益公平可能會降低團隊產出。在極其嚴格的限制條件下，收益公平才能帕累托改進團隊生產。由式（4.54）可知，在序貫博弈中，團隊產出是絕對風險規避系數 ρ 的減函數，即團隊產出隨著絕對風險規避系數 ρ 的增大而降低，代理人越是風險規避，團隊產出就會越低。代理人的風險規避抑制了團隊產出的增加，對團隊生產產生了不利影響。

由式（4.9）和式（4.51）可得，

$$y^{SEQ}-y^{individual}=\frac{\beta\{k_ik_j[b_i+2b_j(1+b_j)]-k_i^2b_i-k_j^2b_j\}}{b_i+(1+b_j)^2} \tag{4.55}$$

下面分兩種情況討論：

第一，假定 $k_i<k_j$，即先行動代理人 i 為低能力者，而后行動代理人 j 為高能力者。此時，若要滿足 $y^{SEQ}>y^{individual}$，必須有 $b_i>b_j\dfrac{k_j^2-2k_ik_j(1+b_j)}{k_i(k_j-k_i)}$，即低能力代理人 i 的收益公平強度要足夠大，才能實現團隊生產的帕累托改進。特別地，因為 $b_i>0$ 且 $k_j-k_i>0$，所以若 $k_j<2k_i(1+b_j)$，則有 $b_i>b_j\dfrac{k_j^2-2k_ik_j(1+b_j)}{k_i(k_j-k_i)}$ 恒成立。因此當 $k_i<k_j<2k_i(1+b_j)$ 時，即兩個代理人的生產能力差異很小，通過讓低能力代理人先行動，收益公平總是能夠促進團隊生產的帕累托改進。可見，在序貫博弈中，當兩代理人的生產能力差異很小時 $[k_i<k_j<2k_i(1+b_j)]$，只要讓低能力代理人先行動，收益公平就能實現團隊生產的帕累托改進。

第二，假定 $k_i>k_j$，即先行動代理人 i 為高能力者，而后行動代理人 j 為低能力者。此時，若要滿足 $y^{SEQ}>y^{individual}$，必須有 $b_i<b_j\dfrac{k_j^2-2k_ik_j(1+b_j)}{k_i(k_j-k_i)}$，即高能力代理人 i 的收益公平強度要足夠小，才能實現團隊生產的帕累托改進。

綜合以上兩個方面，可以得到結論 4.2：序貫博弈中，如果低能力代理人先行動且滿足 $k_i < k_j < 2k_i\ (1+b_j)$，或高能力代理人先行動且滿足 $b_i < b_j \frac{k_j^2-2k_ik_j\ (1+b_j)}{k_i\ (k_j-k_i)}$，那麼收益公平能帕累托改進團隊生產。

可見，在序貫博弈中，如果讓低能力代理人先行動，只要滿足兩代理人的生產能力差異很小［$k_i<k_j<2k_i\ (1+b_j)$］這一條件，收益公平就能實現團隊生產的帕累托改進，雖然風險規避對團隊產出產生了不利影響，但此時其降低產出的負效用低於收益公平增加產出的正效用；如果讓高能力代理人先行動，必須滿足高能力代理人的收益公平強度足夠小［$b_i<b_j \frac{k_j^2-2k_ik_j\ (1+b_j)}{k_i\ (k_j-k_i)}$］這一條件，才能實現團隊生產的帕累托改進，雖然風險規避對團隊產出產生了不利影響，但此時其降低產出的負效用低於收益公平增加產出的正效用。

4.2.5 討論：靜態博弈與序貫博弈的比較

(1) 均衡努力的比較

一方面，對在序貫博弈中的先行動者代理人 i，根據式（4.17）和式（4.38），得：

$$x_i^{SEQ}-x_i^{SIM}=\frac{\beta b_j\ (1+b_j)\ [k_ib_i+k_j\ (1+b_j)\ ]}{(1+b_i+b_j)\ [b_i+(1+b_j)^2]}>0 \qquad (4.56)$$

可見，代理人 i 在序貫博弈中選擇的努力水平要高於在靜態博弈中選擇的努力水平。

另一方面，對在序貫博弈中的后行動者代理人 j，同理可得：

$$x_j^{SEQ}-x_j^{SIM}=\frac{\beta b_j^2\ [k_ib_i+k_j\ (1+b_j)\ ]}{(1+b_i+b_j)\ [b_i+(1+b_j)^2]}>0 \qquad (4.57)$$

因此，代理人 j 在序貫博弈中選擇的努力水平也高於在靜態博弈中選擇的努力水平。

因此，可以得到結論 4.3：在序貫博弈中，所有代理人都會選擇比靜態博弈中更高的努力水平，序貫博弈比靜態博弈在更大程度上促進了團隊生產的帕累托改進。

由結論 4.3 可知，在序貫博弈中，無論是博弈先行動者還是博弈后行動者，都會選擇比靜態博弈中更高的努力水平。如果能夠讓代理人按先后順序選擇努力水平，會促使代理人選擇更高的努力水平。而且，代理人之間誰先誰后的行動順序並不重要，因為在序貫博弈中先行動者和后行動者都會選擇更高的努力水平。這也說明，序貫博弈較靜態博弈在更大程度上促進了團隊生產的帕累托改進。

(2) 均衡產出的比較

根據式 (4.29) 和式 (4.51)，可得：

$$y^{SEQ}-y^{SIM}=\frac{\beta b_j\ [k_ib_i+k_j\ (1+b_j)\ ]\ [k_i\ (1+b_j)\ +k_jb_j]}{(1+b_i+b_j)\ [b_i+(1+b_j)^2]}>0 \tag{4.58}$$

因為 $b_i>0$，$i=1$；2，所以有 $y^{SEQ}>y^{SIM}$，即序貫博弈時的團隊產出高於靜態博弈時的團隊產出。但是，如果 $\max\{b_i\}>0$，$i=1$，2，即代理人中至少有一人是嚴格的收益公平，那麼就有 $y^{SEQ}\geqslant y^{SIM}$；此時序貫博弈時的團隊產出總是不低於靜態博弈時的團隊產出。

(3) 綜合比較

綜合均衡努力和團隊產出兩個方面，在團隊生產中，如果能夠讓代理人按照一定順序進行博弈，代理人會選擇更高的努力水平，進而會產生更高的團隊產出。同時，只要代理人中至少有一人是嚴格的收益公平，那麼序貫博弈時的團隊產出總是不低於靜態博弈時的團隊產出。但是，從對式 (4.55) 的分析中可以看出，在序貫博弈中，如果讓低能力代理人先行動，只要滿足兩代理人的生產能力差異很小 $[k_i<k_j<2k_i\ (1+b_j)\ ]$ 這一條件，收益公平就能實現團隊生產的帕累托改進；如果讓高能力代理人先行動，則必須滿足高能力代理人的收益公平強度足夠小 $\left[b_i<b_j\dfrac{k_j^2-2k_ik_j\ (1+b_j)}{k_i\ (k_j-k_i)}\right]$ 這一條件，才能實現團隊生產的帕累托改進。可見，序貫博弈帕累托改進團隊生產的重要前提條件是讓低能力代理人先行動。雖然風險規避抑制了團隊生產的帕累托改進，對團隊產出產生了不利影響，但此時其降低團隊產出的負效用低於收益公平增加團隊產出的正效用。

(4) 數值例子

雖然以上理論分析已經得到了嚴謹的、明確的顯性解釋，但是為了更清晰、更直觀地展現理論分析結果，下面將以具體的數值運算進行分析。假定 $k_i>k_j$，即代理人 i 是高能力者，而代理人 j 則是低能力者；取能力系數 $k_i=2$，$k_j=1$。同時假定在序貫博弈中代理人 i 為先行動者，代理人 j 為后行動者。

將 $k_i=2$，$k_j=1$，代入式 (4.56)，得 $x_i^{SEQ}-x_i^{SIM}=\dfrac{\beta b_j\ (1+b_j)\ [2b_i+\ (1+b_j)\ ]}{(1+b_i+b_j)\ [b_i+(1+b_j)^2]}>0$，可見高能力的先行動者 i，在序貫博弈中選擇的努力水平要高於在靜態博弈中選擇的努力水平，序貫博弈在一定程度上促進

了團隊生產的帕累托改進。但是只有當風險規避抑制努力水平提高的負效用低於收益公平促進努力水平提高的正效用時，代理人在序貫博弈下選擇的努力水平才有可能高於純粹自利偏好下的努力水平。因此，委託人應當盡量避免聘用具有風險規避的高能力代理人。當高能力代理人具有風險規避時，優先聘用風險規避強度小的高能力者，強度越小，對團隊生產帕累托改進的抑制程度越小。當委託人聘用具有收益公平的高能力代理人時，應當讓代理人按先后順序選擇努力水平，如此會促使高能力代理人選擇更高的努力水平。因此，序貫博弈較靜態博弈在更大程度上促進了代理人努力水平的增加。

將 $k_i=2$，$k_j=1$，代入式（4.57），得 $x_j^{SEQ}-x_j^{SIM}=\frac{\beta b_j^2\ [2b_i+(1+b_j)]}{(1+b_i+b_j)\ [b_i+(1+b_j)^2]}>0$，可見低能力的后行動者 j，在序貫博弈中選擇的努力水平要高於在靜態博弈中選擇的努力水平，進而高於純粹自利偏好狀況下的努力水平，序貫博弈進一步地促進了團隊生產的帕累托改進。雖然低能力代理人的風險規避會促使他選擇降低自身的努力水平，但是此時收益公平引起的努力水平的提升要大於風險規避引起的努力水平的降低，這有利於團隊生產的帕累托改進。委託人應當盡量避免聘用具有風險規避的代理人，但是當代理人都具有風險規避時，應當優先聘用風險規避強度小的低能力者，其風險規避強度越小，對團隊生產帕累托改進的抑制程度越小。當委託人聘用具有收益公平的低能力代理人時，應當讓代理人按先后順序選擇努力水平，如此會促使低能力代理人選擇更高的努力水平。因此，序貫博弈較靜態博弈在更大程度上促進了代理人努力水平的提高。

將 $k_i=2$，$k_j=1$，代入式（4.58），得 $y^{SEQ}-y^{SIM}=\beta b_j\frac{(1+2b_i+b_j)\ (2+3b_j)}{(1+b_i+b_j)\ [b_i+(1+b_j)^2]}$。如果 $\max\{b_i\}>0$，$i=1, 2$，即代理人中至少有一人是嚴格的收益公平，那麼就有 $y^{SEQ}\geqslant y^{SIM}$；如果 $\min\{b_i\}>0$，$i=1, 2$，即代理人都是嚴格的收益公平，那麼就有 $y^{SEQ}>y^{SIM}$。可見，序貫博弈時的團隊產出總是不低於靜態博弈時的團隊產出。因此，序貫博弈較靜態博弈在更大程度上促進了團隊生產的帕累托改進。

綜上，委託人應當避免聘用具有風險規避的代理人，但當代理人都具有風險規避時，應當優先聘用風險規避強度小的代理人，其風險規避強度越小，對團隊生產帕累托改進的抑制程度越小。當委託人聘用具有收益公平的異質代理人組建工作團隊時，如果能夠讓代理人按先后順序選擇努力水平，會促使代理人選擇更高的努力水平，進而得到更高的團隊產出，而且代理人之間誰先誰后的行動順序並不重要，因為先行動者和后行動者都會選擇更高的努力水平。此外，在序貫博弈中，如果讓低能力代理人先行動，只要滿足兩代理人的生產能力差異很小這一條件，收益公平就能在更大程度上促進團隊生產的帕累托改進。因此，委託人在制定激勵契約時，一定要明確代理人之間的工作能力差異。

4.2.6 小結

上文研究了風險規避代理人具有收益公平時，在不同博弈時序下影響團隊生產效率的內在機理，並與純粹自利偏好情形做了對比分析，得到以下結論：

a. 在靜態博弈下，高能力代理人選擇的努力水平低於純粹自利偏好狀況下的努力水平；低能力代理人選擇的努力水平高於純粹自利偏好狀況下的努力水平。為了減少不公平現象，代理人會按照他人的努力水平來調整自身的努力水平；而為了降低風險，代理人會選擇降低自身努力水平。因此，高能力的代理人會降低自身的努力水平，並且其收益公平強度越大，努力水平的降低幅度就越大；同時代理人的風險規避強度越大，其選擇的努力水平就會越低；最終，在靜態博弈中高能力代理人選擇的努力水平低於純粹自利偏好狀況下的努力水平，對團隊生產會產生消極作用。另一方面，對能力低的代理人而言，為了降低不公平，他們會選擇提高自身的努力水平，同樣調整幅度取決於其自身收益公平強度的大小；但是同時代理人的風險規避會促使他選擇降低自身的努力水平；只有當收益公平引起的努力水平的提升大於風險規避引起的努力水平的降低時，低能力代理人的努力水平才會高於純粹自利偏好狀況下的努力水平。理論研究表明，在靜態博弈下，對低能力代理人而言，收益公平引起的努力水平的提升要大於風險規避引起的努力水平的降低，即收益公平的正效用大於風險規避的負效用。

b. 在序貫博弈下，先行動者會主動選擇高努力水平以此來提高自身的收益。在序貫博弈中，由於代理人的努力選擇是戰略互補的，先行動者知道在提高自身努力水平的同時，也能夠提高后行動者的努力水平。這就意味著先行動者的收益要高於靜態博弈境況下的收益。先行動者會主動選擇高水平努力，因為后行動者的高水平努力會提高團隊產出從而提高先行動者的效用。理論研究表明，序貫博弈較靜態博弈能在更大程度上促進代理人努力水平的提升，進而促進團隊生產的帕累托改進。

c. 在靜態博弈中，收益公平相對自利偏好能夠在一定程度上帕累托改進團隊生產效率，但是卻有非常嚴格的限制條件。第一，要求代理人能力大小比值大於其收益公平強度比值的倒數；第二，兩個代理人必須是異質的 $k_i \neq k_j$，即代理人的生產能力有高低之分。只要滿足以上兩個條件，收益公平就能夠帕累托改進團隊生產；雖然風險規避會抑制團隊生產的帕累托改進，但是此時，其降低團隊產出的負效用低於收益公平增加團隊產出的正效用。

d. 與靜態博弈相比，在序貫博弈下收益公平帕累托改進團隊生產效率的程度更大。在序貫博弈中，無論是博弈先行動者還是博弈后行動者，都會選擇比靜態博弈中更高的努力水平。這說明，序貫博弈較靜態博弈在更大程度上促進了代理人努力水平的提升。並且序貫博弈下的團隊產出總是不低於靜態博弈下的團隊產出，因而序貫博弈較靜態博弈在更大程度上促進了團隊產出的增加。因此，序貫博弈較靜態博弈能在更大程度上促進團隊生產的帕累托改進。

e. 努力水平是絕對風險規避系數的減函數，即努力水平隨著絕對風險規避系數的增大而降低，代理人的風險規避強度越大，其選擇的努力水平就會越低。團隊產出是絕對風險規避系數的減函數，即團隊產出隨著絕對風險規避系數的增大而降低，代理人的風險規避強度越大，團隊產出就會越低。

f. 收益公平帕累托改進團隊生產效率的條件比較苛刻。在靜態博弈下要求異質代理人能力大小比值大於其公平偏好強度比值的倒數；在序貫博弈下要求讓低能力的代理人先行動而高能力的代理人后行動並且代理人間的能力差異不大。

4.3 基於動機公平的團隊模型

4.3.1 動機公平效用函數

代理人具有動機公平，會「以惡報惡、以善報善」，即報復對方的惡意行為和報答對方的善意行為，即使犧牲自己的部分物質收益來報復或報答也在所不惜。第三章中，基於代理人是風險中性的前提，根據 Holmstrom 經典團隊模型的條件和 Rabin 模型，引入代理人的動機公平，分析了動機公平在不同博弈時序下影響團隊生產效率的內在機理。在此基礎上，引入風險規避系數，即假定代理人是風險規避的，根據 Holmstrom 經典團隊模型的條件和 Rabin 模型，團隊生產中風險規避代理人 i 的實際收入為：

$$\omega_i = m_i(x_i \mid x_j) - c_i(x_i) + \gamma_i \tilde{f}_j(1+f_i)$$

$$= \alpha+\beta(k_i x_i + k_j x_j + \theta) - \frac{1}{2}x_i^2 + \gamma_i \tilde{f}_j(1+f_i) \tag{4.59}$$

其中，第一項 m_i（$x_i \mid x_j$）表示獲得的物質收益，第二項 c_i（x_i）表示付出的努力成本，第三項 $\gamma_i \tilde{f}_j$（$1+f_i$）表示承擔的動機公平心理損益。

對動機公平心理損益 $\gamma_i \tilde{f}_j$（$1+f_i$）各部分解釋如下：

首先，γ_i（$\gamma_i>0$）表示衡量代理人 i 動機公平強度的系數。原 Rabin 模型中並沒有該系數，而吳國東，汪翔和蒲勇健（2010）引入了該系數。引入動機公平強度系數，一方面可以刻畫代理人對動機公平心理損益的重視程度，另一方面便於分析動機公平強度對團隊生產效率的影響。特別是，當 $\gamma_i=0$ 時，表示代理人 i 動機公平強度為 0，以上式（4.59）刻畫的實際收入就退化到式（4.4）的自利偏好情形。

其次，f_i 表示代理人 i（對代理人 j 的）行為的善惡程度。如果 $f_i>0$，說明代理人 i 的行為動機是善意的；如果 $f_i<0$，說明代理人 i 的行為動機是惡意的；如果代理人 $f_i=0$，說明代理人 i 的行為動機是中性的。並且，f_i 的絕對值越大，說明行為動機的善惡程度越大。拉賓把 f_i 定義為 $f_i=\dfrac{m_j^s-m_j^e}{m_j^h-m_j^l}$。其中，$m_j^s$ 表示代理人 j 實際得到的物質收益；m_j^h 表示代理人 j 在給定條件下可以得到的最高物質收益；m_j^l 表示代理人 j 在給定條件下可以得到的最低物質收益；m_j^e 表示代理人 j 應該得到的公平物質收益，等於 m_j^h 和 m_j^l 的平均值。分析可知，在上文條件下，有 $m_j^s=\alpha+\beta$（$k_ix_i+k_jx_j+\theta$）、$m_j^h=\alpha+\beta$［2β（$k_i^2+k_j^2$）$+\theta$］、$m_j^l=0$ 和 $m_j^e=\dfrac{1}{2}$（$m_j^h+m_j^l$）$=\dfrac{1}{2}m_j^h$。於是，

$$f_i=\frac{m_j^s-m_j^e}{m_j^h-m_j^l}=\frac{\alpha+\beta\,(k_ix_i+k_jx_j+\theta)}{\alpha+2\beta^2\,(k_i^2+k_j^2)\,+\beta\theta}-\frac{1}{2} \tag{4.60}$$

最后，$\tilde{f}_j$ 表示代理人 i 對代理人 j（對代理人 i 的）行為的善惡程度的推斷信念。如果 $\tilde{f}_j>0$，說明代理人 i 認為代理人 j 對代理人 i 的行為動機是善意的；如果 $\tilde{f}_j<0$，說明代理人 i 認為代理人 j 對代理人 i 的行為動機是惡意的；如果代理人 $\tilde{f}_j=0$，說明代理人 i 認為代理人 j 對代理人 i 的行為動機是中性的。並且，$\tilde{f}_j$ 絕對值越大，說明代理人 i 認為代理人 j 對代理人 i 的行為動機善惡程度越大。根據拉賓（Rabin，1993）的研究可知，$\tilde{f}_j=\dfrac{m_i^s-m_i^e}{m_i^h-m_i^l}$。在上文條件下，有 $m_i^s=\alpha+\beta y=\alpha+\beta$（$k_ix_i+k_jx_j+\theta$）、$m_i^h=\alpha+\beta$［$2\beta$（$k_i^2+k_j^2$）$+\theta$］、$m_i^l=0$ 和

$m_i^e=\frac{1}{2}(m_i^h+m_i^l)=\frac{1}{2}m_i^h$，則：

$$\tilde{f}_j=\frac{m_i^s-m_i^e}{m_i^h-m_i^l}=\frac{\alpha+\beta(k_ix_i+k_jx_j+\theta)}{\alpha+2\beta^2(k_i^2+k_j^2)+\beta\theta}-\frac{1}{2} \tag{4.61}$$

根據阿羅（Arrow，1965）的研究成果，可知代理人 i 的風險成本為：

$$\frac{\rho_i\mathrm{Var}[m_i(y)]}{2}=\frac{\rho\beta^2\sigma^2}{2} \tag{4.62}$$

那麼，根據式（4.5）、式（4.59）、式（4.60）、式（4.61）和式（4.62），代理人 i 的確定性等價收入為：

$$E(\omega_i)-\frac{\rho_i\mathrm{Var}[m_i(y)]}{2}=\alpha+\beta(k_ix_i+k_jx_j)-\frac{1}{2}x_i^2+\gamma_iE[\tilde{f}_j(1+f_i)]-$$

$$\frac{\rho\beta^2\sigma^2}{2}=\alpha+\beta(k_ix_i+k_jx_j)-\frac{1}{2}x_i^2+\gamma_i\left[\frac{\alpha+\beta(k_ix_i+k_jx_j)}{\alpha+2\beta^2(k_i^2+k_j^2)}\right]^2-\frac{\gamma_i}{4}-\frac{\rho\beta^2\sigma^2}{2} \tag{4.63}$$

代理人最大化期望效用 $E(u)=-E(e^{-\rho\omega})$ 等價於最大化上述確定性等價收入。

4.3.2 靜態博弈

（1）均衡努力

在靜態博弈中，風險規避代理人 i 和 j 同時選擇自己的努力水平，共同決定團隊產出。代理人 i 的決策目標是通過選擇最優的努力水平 x_i 獲取最大的效用 $u_i(x_i \mid x_j)$，即獲取最大的確定性等價收入，在式（4.63）中，求關於 x_i 的一階條件得：

$$\frac{\partial\left[E(\omega_i)-\frac{\rho_i\mathrm{Var}[m_i(y)]}{2}\right]}{\partial x_i}=k_i\beta-x_i+\gamma_i\frac{2k_i\beta[\alpha+\beta(k_ix_i+k_jx_j)]}{[\alpha+2\beta^2(k_i^2+k_j^2)]^2}=0 \tag{4.64}$$

由此，得到代理人 i 的反應函數，即：

$$x_i^*(x_j)=k_i\beta\frac{[\alpha+2\beta^2(k_i^2+k_j^2)]^2+2\alpha\gamma_i+2k_j\beta\gamma_ix_j}{[\alpha+2\beta^2(k_i^2+k_j^2)]^2-2k_i^2\beta^2\gamma_i} \tag{4.65}$$

可見，對動機公平代理人而言，其努力選擇是戰略互補的。而當 $\gamma_i=0$，即代理人 i 是純粹自利偏好時，上式退化為式（4.6），代理人 i 的努力選擇是戰略獨立的。同理，可得代理人 j 的反應函數為：

$$x_j^*(x_i)=k_j\beta\frac{[\alpha+2\beta^2(k_i^2+k_j^2)]^2+2\alpha\gamma_j+2k_i\beta\gamma_jx_i}{[\alpha+2\beta^2(k_i^2+k_j^2)]^2-2k_j^2\beta^2\gamma_j} \tag{4.66}$$

在式（4.65）和式（4.66）中，由於 $x_i>0$，應該有 $[\alpha+2\beta^2(k_i^2+k_j^2)]^2-2k_i^2\beta^2\gamma_i>0$ 和 $[\alpha+2\beta^2(k_i^2+k_j^2)]^2-2k_j^2\beta^2\gamma_j>0$。

根據式（4.65）和式（4.66），計算得到代理人 i 和 j 的均衡努力 x_i^{SIM} 和 x_j^{SIM} 分別為：

$$x_i^{SIM}=k_i\beta\frac{[\alpha+2\beta^2(k_i^2+k_j^2)]^2+2k_j^2\beta^2(\gamma_i-\gamma_j)+2\alpha\gamma_i}{[\alpha+2\beta^2(k_i^2+k_j^2)]^2-2\beta^2(k_i^2\gamma_i+k_j^2\gamma_j)} \tag{4.67}$$

和

$$x_j^{SIM}=k_j\beta\frac{[\alpha+2\beta^2(k_i^2+k_j^2)]^2+2k_i^2\beta^2(\gamma_j-\gamma_i)+2\alpha\gamma_j}{[\alpha+2\beta^2(k_i^2+k_j^2)]^2-2\beta^2(k_i^2\gamma_i+k_j^2\gamma_j)} \tag{4.68}$$

在式（4.67）和式（4.68）中，由於 $x_i>0$，並且 $[\alpha+2\beta^2(k_i^2+k_j^2)]^2-2k_i^2\beta^2\gamma_i>0$ 和 $[\alpha+2\beta^2(k_i^2+k_j^2)]^2-2k_j^2\beta^2\gamma_j>0$，應該有 $[\alpha+2\beta^2(k_i^2+k_j^2)]^2-2\beta^2(k_i^2\gamma_i+k_j^2\gamma_j)>0$。

在式（4.67）中，對代理人 i 的均衡努力關於代理人 i 的動機公平強度和代理人 j 的動機公平強度求偏導數，得：

$$\frac{\partial x_i}{\partial \gamma_i}=\frac{2\beta k_i\{[\alpha+2\beta^2(k_i^2+k_j^2)]^2-2\beta^2k_j^2\gamma_j\}[\alpha+\beta^2(k_i^2+k_j^2)]}{\{[\alpha+2\beta^2(k_i^2+k_j^2)]^2-2\beta^2(k_i^2\gamma_i+k_j^2\gamma_j)\}^2}>0 \tag{4.69}$$

和

$$\frac{\partial x_i}{\partial \gamma_j}=\frac{4\beta^3k_ik_j^2\gamma_i[\alpha+\beta^2(k_i^2+k_j^2)]}{\{[\alpha+2\beta^2(k_i^2+k_j^2)]^2-2\beta^2(k_i^2\gamma_i+k_j^2\gamma_j)\}^2}>0 \tag{4.70}$$

同理，在式（4.68）中，可以求得 $\frac{\partial x_j}{\partial \gamma_i}>0$ 和 $\frac{\partial x_j}{\partial \gamma_j}>0$。

因此，代理人的努力水平隨著自身動機公平強度的增大而提高。動機公平促進了代理人努力水平的提高，而且動機公平強度越大努力水平越高。另外，代理人的努力水平也是他人動機公平強度的增函數，即代理人的努力水平隨著他人動機公平強度的增大而提高。他人的動機公平會促使自己選擇更高的努力水平，自己的動機公平也會促使他人選擇更高的努力水平。

引用康敏和王蒙（2012）的相關結論，*a*. 代理人的努力水平是關於激勵系數 β 的增函數，即 $\frac{\partial x}{\partial \beta}>0$；*b*. 激勵系數 β 是關於代理人的絕對風險規避系數 ρ 的減函數，即 $\frac{\partial \beta}{\partial \rho_A}<0$。在式（4.67）中，對代理人 i 的均衡努力關於代理人 i 的絕對風險規避系數 ρ 求偏導數，得：

$$\frac{\partial x_i^{SIM}}{\partial \rho}=\frac{\partial x_i^{SIM}}{\partial \beta}\frac{\partial \beta}{\partial \rho}<0 \tag{4.71}$$

又$\frac{\partial x_i^{SIM}}{\partial \beta}>0$和$\frac{\partial \beta}{\partial \rho}<0$，因此有$\frac{\partial x_i^{SIM}}{\partial \rho}<0$。同理可得，$\frac{\partial x_j^{SIM}}{\partial \rho}<0$。

由此可見，代理人的努力水平是絕對風險規避系數ρ的減函數，即代理人的努力水平隨著絕對風險規避系數ρ的增大而降低，代理人風險規避強度越大，其選擇的努力水平就會越低。代理人的風險規避抑制了努力水平的提高，會對團隊生產產生不利影響。

而根據式（4.7），如果代理人i是純粹自利的，努力水平為：

$$x_i^{individual}=k_i\beta$$

因為$\frac{[\alpha+2\beta^2(k_i^2+k_j^2)]^2+2k_j^2\beta^2(\gamma_i-\gamma_j)+2\alpha\gamma_i}{[\alpha+2\beta^2(k_i^2+k_j^2)]^2-2\beta^2(k_i^2\gamma_i+k_j^2\gamma_j)}>1$，所以必有$x_i^{SIM}>x_i^{individual}$。

同理可得，$x_j^{SIM}>x_j^{individual}$。

可見，在靜態博弈下，代理人具有動機公平時選擇的努力水平要高於其具有純粹自利偏好時選擇的努力水平。動機公平促進了代理人努力水平的提升，進而促進了團隊生產的帕累托改進。雖然，風險規避抑制了代理人努力水平的提升，對團隊生產產生了不利影響。但是，動機公平引起的努力水平的提升大於風險規避引起的努力水平的降低。因此，可得到結論4.4和結論4.5。

結論4.4：靜態博弈中，代理人關於自身動機公平強度和其他代理人動機公平強度的努力水平都為增函數，且所有代理人的努力水平均高於純粹自利偏好時的努力水平。

結論4.5：靜態博弈中，代理人的努力水平是絕對風險規避系數的減函數。

代理人的努力水平是自身動機公平強度的增函數。動機公平代理人的努力水平一定高於純粹自利偏好代理人的努力水平，而且動機公平強度越大努力水平越高，動機公平實現了團隊生產的帕累托改進。同時，代理人的努力水平也是他人動機公平強度的增函數。他人的動機公平會促使自己選擇更高的努力水平，自己的動機公平也會促使他人選擇更高的努力水平。面對他人的高努力水平，具有動機公平的自己會回報以高努力水平。動機公平會促使代理人按照對方的努力水平調整自己的努力水平，以期與對方的努力水平相匹配，調整幅度取決於自身動機公平強度。同時，面對具有動機公平的他人，選擇更高的努力水平，可以獲得他人的高努力水平回報。最后，代理人的努力水平是絕對風險規避系數ρ的減函數，即代理人的努力水平隨著絕對風險規避系數ρ的增大而降低，代理人風險規避強度越大，其選擇的努力水平就會越低，代理人的風險規避抑制了團隊生產的帕累托改進。但是理論研究表明，在靜態博弈中，風險規避降低努力水平的負效用低於動機公平提升努力水平的正效用，代理人的動機公平促進了團隊生產的帕累托改進。

(2) 均衡產出

根據式 (4.1)、式 (4.67) 和式 (4.68)，此時的團隊產出 y^{SIM} 為：

$$y^{SIM}=k_i x_i^{SIM}+k_j x_j^{SIM}+\theta \tag{4.72}$$

$$=\beta\frac{(k_i^2+k_j^2)\,[\alpha+2\beta^2(k_i^2+k_j^2)]^2+2\alpha(k_i^2\gamma_i+k_j^2\gamma_j)}{[\alpha+2\beta^2(k_i^2+k_j^2)]^2-2\beta^2(k_i^2\gamma_i+k_j^2\gamma_j)}+\theta$$

在式 (4.72) 中關於代理人的動機公平強度求偏導數，得：

$$\frac{\partial y^{SIM}}{\partial \gamma_i}=\frac{2k_i^2\beta[\alpha+2\beta^2(k_i^2+k_j^2)]^2[\alpha+\beta^2(k_i^2+k_j^2)]}{\{[\alpha+2\beta^2(k_i^2+k_j^2)]^2-2\beta^2(k_i^2\gamma_i+k_j^2\gamma_j)\}^2}>0 \tag{4.73}$$

和

$$\frac{\partial y^{SIM}}{\partial \gamma_j}=\frac{2k_j^2\beta[\alpha+2\beta^2(k_i^2+k_j^2)]^2[\alpha+\beta^2(k_i^2+k_j^2)]}{\{[\alpha+2\beta^2(k_i^2+k_j^2)]^2-2\beta^2(k_i^2\gamma_i+k_j^2\gamma_j)\}^2}>0 \tag{4.74}$$

可見，團隊產出是代理人動機公平強度的增函數，即團隊產出隨著代理人動機公平強度的增大而增加。

進一步，在式 (4.72) 中關於代理人的絕對風險規避系數求偏導數，得：

$$\frac{\partial y^{SIM}}{\partial \rho}=k_i\frac{\partial y^{SIM}}{\partial x_i^{SIM}}\frac{\partial x_i^{SIM}}{\partial \rho}+k_j\frac{\partial y^{SIM}}{\partial x_j^{SIM}}\frac{\partial x_j^{SIM}}{\partial \rho}<0 \tag{4.75}$$

又 $\frac{\partial y^{SIM}}{\partial x_i^{SIM}}>0$ 和 $\frac{\partial y^{SIM}}{\partial x_j^{SIM}}>0$，且 $\frac{\partial x_i^{SIM}}{\partial \rho}<0$，$\frac{\partial x_j^{SIM}}{\partial \rho}<0$；因此有 $\frac{\partial y^{SIM}}{\partial \rho}<0$。

由式 (4.75) 可得，團隊產出是絕對風險規避系數 ρ 的減函數，即團隊產出隨著絕對風險規避系數 ρ 的增大而降低，代理人的風險規避強度越大，團隊產出就會越低。代理人的風險規避抑制了團隊產出的增加，會對團隊生產產生不利影響。

而根據式 (4.9)，如果代理人是純粹自利的，團隊產出為：

$$y^{individual}=\beta(k_i^2+k_j^2)+\theta$$

因為 $\frac{[\alpha+2\beta^2(k_i^2+k_j^2)]^2+2\alpha(k_i^2\gamma_i+k_j^2\gamma_j)}{[\alpha+2\beta^2(k_i^2+k_j^2)]^2-2\beta^2(k_i^2\gamma_i+k_j^2\gamma_j)}>1$，所以必有 $y^{SIM}>y^{individual}$。即，在靜態博弈下，代理人具有動機公平時的團隊產出要高於其具有純粹自利偏好時的團隊產出，動機公平促進了團隊產出的增加。換言之，包含動機公平代理人的團隊，其均衡產出要高於只有純粹自利偏好代理人的團隊的產出。只要團隊中存在動機公平代理人，就能實現團隊生產的帕累托改進。並且，動機公平強度越大，帕累托改進程度越大。雖然代理人的風險規避抑制了團隊產出的增加，對團隊生產產生了不利影響。但是，動機公平引起的團隊產出的增加大於風險規避引起的團隊產出的降低。綜上，可以得到結論 4.6。

結論 4.6：團隊產出是代理人動機公平強度的增函數且均衡產出高於純粹自利偏好代理人的團隊的產出，只要團隊中存在動機公平代理人就能實現團隊生產的帕累托改進且動機公平強度越大，帕累托改進程度越大。

另外，雖然團隊產出是絕對風險規避系數 ρ 的減函數，即團隊產出隨著絕對風險規避系數 ρ 的增大而降低，代理人的風險規避強度越大，團隊產出就會越低。代理人的風險規避抑制了團隊產出的增加，對團隊產出產生了不利影響。但是理論研究表明，在靜態博弈中，風險規避降低團隊產出的負效用低於動機公平增加團隊產出的正效用，代理人的動機公平促進了團隊生產的帕累托改進。

綜合以上均衡努力和團隊產出兩方面，在靜態博弈中動機公平相對純粹自利偏好帕累托改進了團隊生產。因此，委託人應該識別代理人的偏好類型，選擇具有動機公平的員工組建工作團隊，因為動機公平代理人會付出更高水平的努力而且會促使他人也選擇更高的努力水平，進而得到更高的團隊產出，從而促進團隊生產的帕累托改進。

4.3.3 序貫博弈

(1) 均衡努力

在序貫博弈下，代理人先后選擇各自的努力水平，且后行動者知道先行動者選擇的努力水平。在以上條件下，不妨設代理人 i 為第一個行動者，代理人 j 為第二個行動者。

在序貫博弈時序中，根據博弈論中的逆向歸納法，后行動者代理人 j 看到了先行動者代理人 i 選擇的努力水平 x_i 之后，會選擇式（4.66）所規定的努力水平；先行動者代理人 i 會預料到，如果自己選擇努力水平 x_i，后行動者代理人 j 會依據式（4.66）選擇努力水平 $x_j(x_i)$。並且，先行動者代理人 i 據此獲取最大的效用 $u_i(x_i \mid x_j)$，即最大化其確定性等價收入。那麼，把式（4.66）代入式（4.63），得：

$$E(\omega_i)-\frac{\rho_i \mathrm{Var}[m_i(y)]}{2}=\alpha+\beta(k_i x_i+k_j x_j)-\frac{1}{2}x_i^2+\gamma_i E[\tilde{f}_j(1+f_i)]-\frac{\rho\beta^2\sigma^2}{2}$$

$$=\alpha+\beta[k_i x_i+k_j x_j^*(x_i)]-\frac{1}{2}x_i^2+\gamma_i\left\{\frac{\alpha+\beta[k_i x_i+k_j x_j^*(x_i)]}{\alpha+2\beta^2(k_i^2+k_j^2)}\right\}^2-\frac{\gamma_i}{4}-\frac{\rho\beta^2\sigma^2}{2} \quad (4.76)$$

在式（4.76）中，求關於 x_i 的一階條件，得出的先行動者代理人 i 的均衡

努力 x_i^{SEQ} 為：

$$x_i^{SEQ}=k_i\beta[\alpha+2\beta^2(k_i^2+k_j^2)]^2\frac{[\alpha+2\beta^2(k_i^2+k_j^2)]^2+2(\alpha+k_j^2\beta^2)[\alpha+2\beta^2(k_i^2+k_j^2)]\gamma_i-2k_j^2\beta^2\gamma_j}{\{[\alpha+2\beta^2(k_i^2+k_j^2)]^2-2k_j^2\beta^2\gamma_j\}^2-2k_i^2\beta^2\gamma_i[\alpha+2\beta^2(k_i^2+k_j^2)]^3} \tag{4.77}$$

將式（4.77）代入式（4.66），得出的后行動者代理人 j 的均衡努力 x_j^{SEQ} 為：

$$x_j^{SEQ}=k_j\beta\frac{\{[\alpha+2\beta^2(k_i^2+k_j^2)]^2-2k_j^2\beta^2\gamma_j\}\{[\alpha+2\beta^2(k_i^2+k_j^2)]^2+2\alpha\gamma_j\}}{\{[\alpha+2\beta^2(k_i^2+k_j^2)]^2-2k_j^2\beta^2\gamma_j\}^2-2k_i^2\beta^2\gamma_i[\alpha+2\beta^2(k_i^2+k_j^2)]^3}+\frac{2k_i^2k_j\beta^3[\alpha+2\beta^2(k_i^2+k_j^2)]^2\{\gamma_j-[\alpha+2\beta^2(k_i^2+k_j^2)]\gamma_i\}}{\{[\alpha+2\beta^2(k_i^2+k_j^2)]^2-2k_j^2\beta^2\gamma_j\}^2-2k_i^2\beta^2\gamma_i[\alpha+2\beta^2(k_i^2+k_j^2)]^3} \tag{4.78}$$

在式（4.77）和式（4.78）中，分別求關於動機公平強度的代理人努力水平的偏導數，得：

$$\frac{\partial x_i^{SEQ}}{\partial \gamma_i}=2k_i\beta[\alpha+2\beta^2(k_i^2+k_j^2)]^3\{[\alpha+2\beta^2(k_i^2+k_j^2)]^2-2k_j^2\beta^2\gamma_j\}\times\frac{(\alpha+k_j^2\beta^2)\{[\alpha+2\beta^2(k_i^2+k_j^2)]^2-2k_j^2\beta^2\gamma_j\}+k_i^2\beta^2[\alpha+2\beta^2(k_i^2+k_j^2)]^2}{\{\{[\alpha+2\beta^2(k_i^2+k_j^2)]^2-2k_j^2\beta^2\gamma_j\}^2-2k_i^2\beta^2\gamma_i[\alpha+2\beta^2(k_i^2+k_j^2)]^3\}^2} \tag{4.79}$$

$$\frac{\partial x_i^{SEQ}}{\partial \gamma_j}=\frac{2k_ik_j^2\beta^3[\alpha+2\beta^2(k_i^2+k_j^2)]^2\{[\alpha+2\beta^2(k_i^2+k_j^2)]^2-2k_j^2\beta^2\gamma_j\}^2}{\{\{[\alpha+2\beta^2(k_i^2+k_j^2)]^2-2k_j^2\beta^2\gamma_j\}^2-2k_i^2\beta^2\gamma_i[\alpha+2\beta^2(k_i^2+k_j^2)]^3\}^2}+\frac{4k_i^3k_j^2\beta^5\gamma_i[\alpha+2\beta^2(k_i^2+k_j^2)]^5[\alpha+2\beta^2(k_i^2+k_j^2)]^2}{\{\{[\alpha+2\beta^2(k_i^2+k_j^2)]^2-2k_j^2\beta^2\gamma_j\}^2-2k_i^2\beta^2\gamma_i[\alpha+2\beta^2(k_i^2+k_j^2)]^3\}^2}+\frac{8k_ik_j^2\beta^3\gamma_i[\alpha+2\beta^2(k_i^2+k_j^2)]^3(\alpha+k_j^2\beta^2)\{[\alpha+2\beta^2(k_i^2+k_j^2)]^2-2k_j^2\beta^2\gamma_j\}}{\{\{[\alpha+2\beta^2(k_i^2+k_j^2)]^2-2k_j^2\beta^2\gamma_j\}^2-2k_i^2\beta^2\gamma_i[\alpha+2\beta^2(k_i^2+k_j^2)]^3\}^2} \tag{4.80}$$

$$\frac{\partial x_j^{SEQ}}{\partial \gamma_i}=4k_i^2k_j\beta^3\gamma_j[\alpha+2\beta^2(k_i^2+k_j^2)]^3\times\frac{k_i^2\beta^2[\alpha+2\beta^2(k_i^2+k_j^2)]^2+(\alpha+k_j^2\beta^2)\{[\alpha+2\beta^2(k_i^2+k_j^2)]^2-2k_j^2\beta^2\gamma_j\}}{\{\{[\alpha+2\beta^2(k_i^2+k_j^2)]^2-2k_j^2\beta^2\gamma_j\}^2-2k_i^2\beta^2\gamma_i[\alpha+2\beta^2(k_i^2+k_j^2)]^3\}^2} \tag{4.81}$$

和

$$\frac{\partial x_j^{SEQ}}{\partial \gamma_j}=\frac{2k_j\beta[\alpha+\beta^2(k_i^2+k_j^2)][\alpha+2\beta^2(k_i^2+k_j^2)]^2\{[\alpha+2\beta^2(k_i^2+k_j^2)]^2-2k_j^2\beta^2\gamma_j\}^2}{\{\{[\alpha+2\beta^2(k_i^2+k_j^2)]^2-2k_j^2\beta^2\gamma_j\}^2-2k_i^2\beta^2\gamma_i[\alpha+2\beta^2(k_i^2+k_j^2)]^3\}^2}+\frac{16k_i^2k_j^3\beta^5\gamma_i\gamma_j[\alpha+2\beta^2(k_i^2+k_j^2)]^3(\alpha+k_j^2\beta^2)}{\{\{[\alpha+2\beta^2(k_i^2+k_j^2)]^2-2k_j^2\beta^2\gamma_j\}^2-2k_i^2\beta^2\gamma_i[\alpha+2\beta^2(k_i^2+k_j^2)]^3\}^2}$$

$$-\frac{4k_i^2k_j\beta^3\gamma_i\left[\alpha+2\beta^2\left(k_i^2+k_j^2\right)\right]^5\left[\alpha+\beta^2\left(k_i^2+k_j^2\right)\right]}{\left\{\left\{\left[\alpha+2\beta^2\left(k_i^2+k_j^2\right)\right]^2-2k_j^2\beta^2\gamma_j\right\}^2-2k_i^2\beta^2\gamma_i\left[\alpha+2\beta^2\left(k_i^2+k_j^2\right)\right]^3\right\}^2}$$
$$+\frac{8k_i^2k_j^3\beta^5\gamma_j\left[\alpha+2\beta^2\left(k_i^2+k_j^2\right)\right]^2\left\{\left[\alpha+2\beta^2\left(k_i^2+k_j^2\right)\right]^2-2k_j^2\beta^2\gamma_j\right\}}{\left\{\left\{\left[\alpha+2\beta^2\left(k_i^2+k_j^2\right)\right]^2-2k_j^2\beta^2\gamma_j\right\}^2-2k_i^2\beta^2\gamma_i\left[\alpha+2\beta^2\left(k_i^2+k_j^2\right)\right]^3\right\}^2} \tag{4.82}$$

由於$\left[\alpha+2\beta^2\left(k_i^2+k_j^2\right)\right]^2-2k_j^2\beta^2\gamma_j>0$，於是在式（4.79）到式（4.82）中分析可知必有$\frac{\partial x_i^{SEQ}}{\partial \gamma_i}>0$、$\frac{\partial x_i^{SEQ}}{\partial \gamma_j}>0$、$\frac{\partial x_j^{SEQ}}{\partial \gamma_i}>0$和$\frac{\partial x_j^{SEQ}}{\partial \gamma_j}>0$。由此可見：第一，代理人的努力水平是自身動機公平強度的增函數，即代理人的努力水平隨著自身動機公平強度的增大而提高。動機公平實現了團隊生產的帕累托改進。第二，代理人的努力水平也是他人動機公平強度的增函數，即隨著他人動機公平強度的增大，自身努力水平會提高。他人的動機公平會促使自己選擇更高的努力水平，自己的動機公平也會促使他人選擇更高的努力水平。由此可見，在序貫博弈中，動機公平會提高代理人的努力水平，不但會提高動機公平代理人自身的努力水平，也會提高其他代理人的努力水平。

引用康敏和王蒙（2012）[45]的相關結論，*a.* 代理人的努力水平是關於激勵系數β的增函數，即$\frac{\partial x}{\partial \beta}>0$；*b.* 激勵系數$\beta$是關於代理人的絕對風險規避系數$\rho$的減函數，即$\frac{\partial \beta}{\partial \rho_A}<0$。在式（4.77）和式（4.78）中，分別對代理人i和代理人j的均衡努力關於代理人的絕對風險規避系數ρ求偏導數，得：

$$\frac{\partial x_i^{SEQ}}{\partial \rho}=\frac{\partial x_i^{SEQ}}{\partial \beta}\frac{\partial \beta}{\partial \rho}<0 \tag{4.83}$$

$$\frac{\partial x_j^{SEQ}}{\partial \rho}=\frac{\partial x_j^{SEQ}}{\partial \beta}\frac{\partial \beta}{\partial \rho}<0 \tag{4.84}$$

又$\frac{\partial x_i^{SEQ}}{\partial \beta}>0$，$\frac{\partial x_j^{SEQ}}{\partial \beta}>0$和$\frac{\partial \beta}{\partial \rho}<0$，因此有$\frac{\partial x_i^{SEQ}}{\partial \rho}<0$和$\frac{\partial x_j^{SEQ}}{\partial \rho}<0$。

由式（4.83）和式（4.84）可得，代理人的努力水平是絕對風險規避系數ρ的減函數，即代理人的努力水平隨著絕對風險規避系數ρ的增大而降低，代理人的風險規避強度越大，其選擇的努力水平就會越低。代理人的風險規避抑制了努力水平的提高，會對團隊生產產生不利影響。

由此可得結論 4.7：代理人的努力水平是關於自身和其他代理人動機公平強度的增函數；所有代理人的努力水平都是絕對風險規避系數的減函數。

結論 4.7 說明代理人的努力水平是自身動機公平強度的增函數，即代理人的努力水平隨著自身動機公平強度的增大而提升。同時，代理人的努力水平也是他人動機公平強度的增函數。他人的動機公平會促使自己選擇更高的努力水平，自己的動機公平也會促使他人選擇更高的努力水平。面對他人的高水平努力，具有動機公平的自己會回報以高努力水平。動機公平會促使代理人按照對方的努力水平調整自己的努力水平，以期與對方的努力水平相匹配，調整幅度取決於自身動機公平強度。同時，面對具有動機公平的他人，選擇更高的努力水平，可以獲得他人的高努力水平回報。另外，代理人的努力水平是絕對風險規避系數 ρ 的減函數，即代理人的努力水平隨著絕對風險規避系數 ρ 的增大而降低，代理人的風險規避強度越大，其選擇的努力水平就會越低，代理人的風險規避抑制了團隊生產的帕累托改進。綜合以上三個方面，在序貫博弈中，只有當動機公平引起的努力水平的提升大於風險規避引起的努力水平的降低時，代理人的動機公平才能促進團隊生產的帕累托改進。

（2）均衡產出

根據式（4.1）、式（4.77）和式（4.78），可得均衡團隊產出 y^{SEQ} 為：

$$y^{SEQ}=k_i x_i^{SEQ}+k_j x_j^{SEQ}+\theta$$
$$=\frac{k_i^2\beta\left[\alpha+2\beta^2(k_i^2+k_j^2)\right]^3\left\{\left[\alpha+2\beta^2(k_i^2+k_j^2)\right]+2\alpha\gamma_i\right\}}{\left\{\left[\alpha+2\beta^2(k_i^2+k_j^2)\right]^2-2k_j^2\beta^2\gamma_j\right\}^2-2k_i^2\beta^2\gamma_i\left[\alpha+2\beta^2(k_i^2+k_j^2)\right]^3}$$
$$+\frac{k_j^2\beta\left\{\left[\alpha+2\beta^2(k_i^2+k_j^2)\right]^2-2k_j^2\beta^2\gamma_j\right\}\left[\alpha+2\beta^2(k_i^2+k_j^2)+2\alpha\gamma_j\right]}{\left\{\left[\alpha+2\beta^2(k_i^2+k_j^2)\right]^2-2k_j^2\beta^2\gamma_j\right\}^2-2k_i^2\beta^2\gamma_i\left[\alpha+2\beta^2(k_i^2+k_j^2)\right]^3}+\theta \tag{4.85}$$

求團隊產出 y^{SEQ} 關於代理人動機公平強度的偏導數，得：

$$\frac{\partial y^{SEQ}}{\partial \gamma_i}=2k_i^2\beta\left[\alpha+2\beta^2(k_i^2+k_j^2)\right]^5$$
$$\times\frac{(\alpha+k_j^2\beta^2)\left\{\left[\alpha+2\beta^2(k_i^2+k_j^2)\right]^2-2k_j^2\beta^2\gamma_j\right\}+k_i^2\beta^2\left[\alpha+2\beta^2(k_i^2+k_j^2)\right]^2}{\left\{\left\{\left[\alpha+2\beta^2(k_i^2+k_j^2)\right]^2-2k_j^2\beta^2\gamma_j\right\}^2-2k_i^2\beta^2\gamma_i\left[\alpha+2\beta^2(k_i^2+k_j^2)\right]^3\right\}^2} \tag{4.86}$$

和

$$\frac{\partial y^{SEQ}}{\partial \gamma_j}=\frac{2k_j^2\beta(\alpha+k_j^2\beta^2)\left[\alpha+2\beta^2(k_i^2+k_j^2)\right]^2\left\{\left[\alpha+2\beta^2(k_i^2+k_j^2)\right]^2-2k_j^2\beta^2\gamma_j\right\}^2}{\left\{\left\{\left[\alpha+2\beta^2(k_i^2+k_j^2)\right]^2-2k_j^2\beta^2\gamma_j\right\}^2-2k_i^2\beta^2\gamma_i\left[\alpha+2\beta^2(k_i^2+k_j^2)\right]^3\right\}^2}$$
$$+\frac{4k_i^2k_j^2\beta^3\left[\alpha+2\beta^2(k_i^2+k_j^2)\right]^4\left\{\left[\alpha+2\beta^2(k_i^2+k_j^2)\right]^2-2k_j^2\beta^2\gamma_j\right\}}{\left\{\left\{\left[\alpha+2\beta^2(k_i^2+k_j^2)\right]^2-2k_j^2\beta^2\gamma_j\right\}^2-2k_i^2\beta^2\gamma_i\left[\alpha+2\beta^2(k_i^2+k_j^2)\right]^3\right\}^2}$$
$$+\frac{4k_i^2k_j^2\beta^3\gamma_i(\alpha+k_j^2\beta^2)\left[\alpha+2\beta^2(k_i^2+k_j^2)\right]^5}{\left\{\left\{\left[\alpha+2\beta^2(k_i^2+k_j^2)\right]^2-2k_j^2\beta^2\gamma_j\right\}^2-2k_i^2\beta^2\gamma_i\left[\alpha+2\beta^2(k_i^2+k_j^2)\right]^3\right\}^2} \tag{4.87}$$

注意到$[\alpha+2\beta^2(k_i^2+k_j^2)]^2-2k_j^2\beta^2\gamma_j>0$，在式（4.86）和式（4.87）中分析可得$\frac{\partial y^{SEQ}}{\partial \gamma_i}>0$和$\frac{\partial y^{SEQ}}{\partial \gamma_j}>0$。可見，在序貫博弈中，團隊產出也是代理人動機公平強度的增函數。在序貫博弈中，代理人的動機公平強度越大，團隊產出就越高，動機公平促進了團隊生產的帕累托改進。

進一步，在式（4.85）中關於代理人的絕對風險規避系數求偏導數，得：

$$\frac{\partial y^{SEQ}}{\partial \rho}=k_i\frac{\partial y^{SEQ}}{\partial x_i^{SEQ}}\frac{\partial x_i^{SEQ}}{\partial \rho}+k_j\frac{\partial y^{SEQ}}{\partial x_j^{SEQ}}\frac{\partial x_j^{SEQ}}{\partial \rho}<0 \tag{4.88}$$

又$\frac{\partial y^{SEQ}}{\partial x_i^{SEQ}}>0$和$\frac{\partial y^{SEQ}}{\partial x_j^{SEQ}}>0$，且$\frac{\partial x_i^{SEQ}}{\partial \rho}<0$，$\frac{\partial x_j^{SEQ}}{\partial \rho}<0$；因此有$\frac{\partial y^{SEQ}}{\partial \rho}<0$。

由式（4.88）可得，團隊產出是絕對風險規避系數ρ的減函數，即團隊產出隨著絕對風險規避系數ρ的增大而降低，代理人的風險規避強度越大，團隊產出就會越低。代理人的風險規避抑制了團隊產出的增加，對團隊生產產生了不利影響。

由此可得結論4.8：團隊產出是代理人動機公平強度的增函數，同時團隊產出是絕對風險規避系數的減函數。

結論4.8說明團隊產出隨著代理人動機公平強度的增大而增加，並且動機公平強度越大，團隊生產增加的幅度越大。團隊產出是絕對風險規避系數ρ的減函數，即團隊產出隨著絕對風險規避系數ρ的增大而降低，代理人的風險規避強度越大，團隊產出就會越低。代理人的風險規避抑制了團隊產出的增加，對團隊生產產生了不利影響。因此，在序貫博弈中，只有當風險規避降低團隊產出的負效用低於動機公平增加團隊產出的正效用時，代理人的動機公平才能促進團隊產出的增加，進而促進團隊產出的帕累托改進。因此，委託人應該識別代理人的偏好類型，盡量避免聘用具有風險規避的代理人，優先選擇具有動機公平的員工組建工作團隊，因為動機公平代理人會付出更高水平的努力而且會促使他人也選擇更高的努力水平。

4.3.4 討論：靜態博弈與序貫博弈的比較

（1）均衡努力的比較

一方面，對在序貫博弈中的先行動者代理人i，根據式（4.67）和式（4.77），得：

$$x_i^{SEQ}-x_i^{SIM}=\frac{2k_i\beta\gamma_i(\alpha+k_i^2\beta^2+k_j^2\beta^2)\{[\alpha+2\beta^2(k_i^2+k_j^2)]^2-2k_j^2\beta^2\gamma_j\}}{[\alpha+2\beta^2(k_i^2+k_j^2)]^2-2\beta^2(k_i^2\gamma_i+k_j^2\gamma_j)}$$

$$\times\frac{[\alpha+2\beta^2(k_i^2+k_j^2)]^3-[\alpha+2\beta^2(k_i^2+k_j^2)]^2+2k_j^2\beta^2\gamma_j}{\{[\alpha+2\beta^2(k_i^2+k_j^2)]^2-2k_j^2\beta^2\gamma_j\}^2-2k_i^2\beta^2\gamma_i[\alpha+2\beta^2(k_i^2+k_j^2)]^3}$$
$$+\frac{2k_ik_j^2\beta^3\gamma_j\{[\alpha+2\beta^2(k_i^2+k_j^2)]^2-2k_j^2\beta^2\gamma_j\}}{\{[\alpha+2\beta^2(k_i^2+k_j^2)]^2-2k_j^2\beta^2\gamma_j\}^2-2k_i^2\beta^2\gamma_i[\alpha+2\beta^2(k_i^2+k_j^2)]^3} \tag{4.89}$$

其中，由以上分析所得到的$\{[\alpha+2\beta^2(k_i^2+k_j^2)]^2-2k_j^2\beta^2\gamma_j\}^2-2k_i^2\beta^2\gamma_i[\alpha+2\beta^2(k_i^2+k_j^2)]^3>0$和$[\alpha+2\beta^2(k_i^2+k_j^2)]^2-2\beta^2(k_i^2\gamma_i+k_j^2\gamma_j)>0$。因此，$x_i^{SEQ}-x_i^{SIM}>0$。即，

$$x_i^{SEQ}>x_i^{SIM} \tag{4.90}$$

可見，先行動者代理人 i 在序貫博弈中選擇的努力水平要高於在靜態博弈中選擇的努力水平，並且高於純粹自利偏好狀況下的努力水平。

另一方面，對在序貫博弈中的后行動者代理人 j，根據式（4.68）和式（4.78），得：

$$x_j^{SEQ}-x_j^{SIM}=\frac{4k_i^2k_j\beta^3\gamma_i\gamma_j(\alpha+k_i^2\beta^2+k_j^2\beta^2)}{[\alpha+2\beta^2(k_i^2+k_j^2)]^2-2\beta^2(k_i^2\gamma_i+k_j^2\gamma_j)}$$
$$\times\frac{[\alpha+2\beta^2(k_i^2+k_j^2)]^3-[\alpha+2\beta^2(k_i^2+k_j^2)]^2+2k_j^2\beta^2\gamma_j}{\{[\alpha+2\beta^2(k_i^2+k_j^2)]^2-2k_j^2\beta^2\gamma_j\}^2-2k_i^2\beta^2\gamma_i[\alpha+2\beta^2(k_i^2+k_j^2)]^3}$$
$$+\frac{4k_i^2k_j^3\beta^5\gamma_j^2}{\{[\alpha+2\beta^2(k_i^2+k_j^2)]^2-2k_j^2\beta^2\gamma_j\}^2-2k_i^2\beta^2\gamma_i[\alpha+2\beta^2(k_i^2+k_j^2)]^3} \tag{4.91}$$

其中，由以上分析所得到$[\alpha+2\beta^2(k_i^2+k_j^2)]^2-2\beta^2(k_i^2\gamma_i+k_j^2\gamma_j)>0$和$\{[\alpha+2\beta^2(k_i^2+k_j^2)]^2-2k_j^2\beta^2\gamma_j\}^2-2k_i^2\beta^2\gamma_i[\alpha+2\beta^2(k_i^2+k_j^2)]^3>0$。

因此，$x_j^{SEQ}-x_j^{SIM}>0$。那麼，

$$x_j^{SEQ}>x_j^{SIM} \tag{4.92}$$

因此，后行動者代理人 j 在序貫博弈中選擇的努力水平也高於在靜態博弈中選擇的努力水平，並且高於純粹自利偏好狀況下的努力水平。

綜合以上兩方面，在序貫博弈中，無論是博弈先行動者還是博弈后行動者，都會選擇比靜態博弈中更高的努力水平。如果能夠讓代理人按先后順序選擇努力水平，會促使代理人選擇更高的努力水平。而且，代理人之間行動的先后順序並不重要，因為先行動者和后行動者都會選擇更高水平的努力。這說明序貫博弈較靜態博弈，在更大程度上促進了代理人選擇高努力水平，進而促進了團隊生產的帕累托改進。

(2) 均衡產出的比較

根據式（4.72）和式（4.85），可得：

$$y^{SEQ}-y^{SIM}=\frac{2k_i^2\beta\gamma_i\ (\alpha+k_i^2\beta^2+k_j^2\beta^2)\ [\alpha+2\beta^2\ (k_i^2+k_j^2)\ ]^2}{[\alpha+2\beta^2\ (k_i^2+k_j^2)\ ]^2-2\beta^2\ (k_i^2\gamma_i+k_j^2\gamma_j)}$$

$$\times\frac{[\alpha+2\beta^2\ (k_i^2+k_j^2)\ ]^3-[\alpha+2\beta^2\ (k_i^2+k_j^2)\ ]^2+2k_j^2\beta^2\gamma_j}{\{[\alpha+2\beta^2\ (k_i^2+k_j^2)\ ]^2-2k_j^2\beta^2\gamma_j\}^2-2k_i^2\beta^2\gamma_i\ [\alpha+2\beta^2\ (k_i^2+k_j^2)\ ]^3}$$

$$+\frac{2k_i^2k_j^2\beta^3\gamma_j\ [\alpha+2\beta^2\ (k_i^2+k_j^2)\ ]^2}{\{[\alpha+2\beta^2\ (k_i^2+k_j^2)\ ]^2-2k_j^2\beta^2\gamma_j\}^2-2k_i^2\beta^2\gamma_i\ [\alpha+2\beta^2\ (k_i^2+k_j^2)\ ]^3}$$

(4.93)

分析可知 $y^{SEQ}-y^{SIM}>0$。於是，

$$y^{SEQ}>y^{SIM} \tag{4.94}$$

因此，可以得到結論 4.9：序貫博弈時的團隊產出高於靜態博弈時的團隊產出，且高於純粹自利偏好狀況下的團隊產出。

結論 4.9 可以證明序貫博弈較靜態博弈在更大程度上促進了團隊產出的增加，進而促進了團隊生產的帕累托改進。

(3) 綜合比較

綜合均衡努力和團隊產出兩個方面，在團隊生產中，如果能夠讓代理人按照一定順序進行博弈，代理人會選擇更高的努力水平，進而產生更高的團隊產出。但是，從式（4.89）、式（4.91）和式（4.93）可以看出，在序貫博弈中，如果后行動者代理人 j 是純粹自利偏好的而且滿足 $\gamma_j=0$ 時，代理人都不會選擇更高的努力水平，也不會得到更高的團隊產出。可見，序貫博弈帕累托改進團隊生產的重要前提條件是后行動者必須具有動機公平。具有動機公平的后行動者，看到先行動者的高努力水平，會回報以高努力水平，而且先行動者（無論具有動機公平還是純粹自利的）也知道，如果自己選擇高水平努力那麼具有動機公平的后行動者一定會選擇高努力水平作為回報，因而先行動者會主動選擇高努力水平，因為后行動者的高努力水平會提高團隊產出從而提高先行動者的效用。於是，由於后行動者具有動機公平，代理人都會選擇高水平努力，從而也得到更高的團隊產出。因此，只要后行動者具有動機公平，序貫博弈就能夠帕累托改進團隊生產，其他代理人之間誰先誰后的行動順序並不重要。

(4) 數值例子

雖然以上理論分析已經得到了嚴謹的、明確的顯性解釋，但是為了更清晰、更直觀地展現理論分析結果，下面將以具體的數值運算進行分析。假定 k_i

$>k_j$，即代理人 i 是高能力者，而代理人 j 則是低能力者；取能力系數 $k_i=2$，$k_j=1$。同時假定在序貫博弈中動機公平代理人 i 為先行動者，動機公平代理人 j 為后行動者。

將 $k_i=2$，$k_j=1$，代入式（4.89），得：

$x_i^{SEQ}-x_i^{SIM}=\dfrac{2\gamma_j\ (50-\gamma_j)\ (50+\gamma_i-\gamma_j)}{[(50-\gamma_j)^2-200\gamma_i]\ (50-4\gamma_i-\gamma_j)}$。因為 $50+\gamma_i-\gamma_j>0$，$50-4\gamma_i-\gamma_j>0$ 和 $(50-\gamma_j)^2-200\gamma_i>0$，所以 $x_i^{SEQ}>x_i^{SIM}$。可見具有動機公平的先行動者代理人 i，在序貫博弈中選擇的努力水平高於在靜態博弈中選擇的努力水平，進而高於純粹自利偏好狀況下的努力水平，促進了團隊生產的帕累托改進。但是，如果 $\gamma_j=0$，即后行動者 j 是純粹自利偏好，那麼就有 $x_i^{SEQ}=x_i^{SIM}$；此時先行動者 i 在序貫博弈下的努力水平與靜態博弈下的努力水平相同。換言之，如果后行動者 j 是純粹自利偏好的，序貫博弈並不能促使具有動機公平的先行動者 i 選擇高於靜態博弈狀況下的努力水平，則不能進一步的帕累托改進團隊生產。因此，委託人制定激勵契約時，應當讓具有動機公平的代理人后行動，如此才能促使先行動者選擇比靜態博弈狀況下更高的努力水平，更大程度地帕累托改進團隊生產。

將 $k_i=2$，$k_j=1$，代入式（4.91），得：

$x_j^{SEQ}-x_j^{SIM}=\dfrac{4\gamma_j^2\ (50+\gamma_i-\gamma_j)}{[(50-\gamma_j)^2-200\gamma_i]\ (50-4\gamma_i-\gamma_j)}$，因為 $50+\gamma_i-\gamma_j>0$，$50-4\gamma_i-\gamma_j>0$ 和 $(50-\gamma_j)^2-200\gamma_i>0$，所以 $x_j^{SEQ}>x_j^{SIM}$。可見具有動機公平的后行動者代理人 j，在序貫博弈中選擇的努力水平要高於在靜態博弈中選擇的努力水平，進而高於純粹自利偏好狀況下的努力水平，進一步地促進了團隊生產的帕累托改進。因此，委託人聘用具有動機公平的低能力代理人時，應當讓代理人按先后順序選擇努力水平，如此會促使代理人選擇更高的努力水平。

將 $k_i=2$，$k_j=1$，代入式（4.93），得：

$y^{SEQ}-y^{SIM}=\dfrac{400\gamma_j\ (50+\gamma_i-\gamma_j)}{[(50-\gamma_j)^2-200\gamma_i]\ (50-4\gamma_i-\gamma_j)}$，因為 $50+\gamma_i-\gamma_j>0$，$50-4\gamma_i-\gamma_j>0$ 和 $(50-\gamma_j)^2-200\gamma_i>0$，所以 $y^{SEQ}>y^{SIM}$。可見，當代理人具有動機公平時，序貫博弈時的團隊產出總是高於靜態博弈時的團隊產出，進而高於純粹自利偏好狀況下的團隊產出，進一步促進了團隊生產的帕累托改進。因此，序貫博弈較靜態博弈在更大程度上促進了團隊生產的帕累托改進。但是，如果 $\gamma_j=0$，即后行動者 j 是純粹自利偏好的，那麼就有 $y^{SEQ}=y^{SIM}$，此時序貫博弈與靜態博弈帕累托改進團隊生產的程度相同。因此，在序貫博弈下，要想更大程度地帕累托改進團隊生產，必須確保后行動者具有動機公平。

綜上，由於風險規避會抑制代理人選擇高水平努力，進而抑制團隊生產的帕累托改進，因此委託人應當優先聘用風險中性的動機公平代理人。當委託人聘用風險中性的動機公平異質代理人組建工作團隊時，如果能夠讓代理人按先后順序選擇努力水平，會促使代理人選擇更高的努力水平，進而得到更高的團隊產出。而且，代理人之間誰先誰后的行動順序並不重要，因為先行動者和后行動者都會選擇更高的努力水平。但是，如果 $\gamma_j=0$，即后行動者 j 是純粹自利偏好的，兩個代理人都不會選擇更高的努力水平，也不會得到更高的團隊產出。可見，序貫博弈帕累托改進團隊生產的重要前提條件是后行動者必須具有動機公平，此時序貫博弈帕累托改進團隊生產的程度要大於靜態博弈帕累托改進團隊生產的程度。因此，委託人制定激勵契約時，除了讓代理人序貫博弈之外，還要確保后行動者具有動機公平。

4.3.5 小結

上文研究了動機公平在不同博弈時序下影響團隊生產效率的內在機理，並與純粹自利偏好情形做了對比分析，得到以下結論：

a. 在靜態博弈下，動機公平相對自利偏好帕累托改進了團隊生產。雖然代理人的風險規避抑制了團隊產出的增加，對團隊生產產生了不利影響，但是理論研究表明風險規避降低團隊產出的負效用低於動機公平增加團隊產出的正效用。

b. 在序貫博弈下，動機公平相對自利偏好帕累托改進了團隊生產。雖然代理人的風險規避抑制了團隊產出的增加，對團隊生產產生了不利影響，但是理論研究表明風險規避降低團隊產出的負效用低於動機公平增加團隊產出的正效用。

c. 與靜態博弈相比，在序貫博弈下動機公平帕累托改進團隊生產效率的程度更大。在序貫博弈中，無論是博弈先行動者還是博弈后行動者，都會選擇比靜態博弈中更高的努力水平。這說明序貫博弈較靜態博弈在更大程度上促進了代理人努力水平的提高，並且序貫博弈下的團隊產出總是高於靜態博弈下的團隊產出，因而序貫博弈較靜態博弈在更大程度上促進了團隊產出的增加。因此，序貫博弈較靜態博弈能在更大程度上促進團隊生產的帕累托改進。

d. 動機公平能夠帕累托改進團隊生產，其改進團隊生產的條件比較寬松。在靜態博弈下只要求團隊中至少存在一位具有動機公平的代理人，在序貫博弈下只要求后行動者具有動機公平，動機公平就能夠帕累托改進團隊生產。

e. 努力水平是絕對風險規避系數的減函數，即努力水平隨著絕對風險規避系數的增大而降低，代理人的風險規避強度越大，其選擇的努力水平就會越低。但是理論研究表明，風險規避降低努力水平的負效用低於動機公平提升努力水平的正效用。團隊產出是絕對風險規避系數的減函數，即團隊產出隨著絕對風險規避系數的增大而降低，代理人的風險規避強度越大，團隊產出就會越低。但是理論研究表明，風險規避降低團隊產出的負效用低於動機公平增加團隊產出的正效用。最終，風險規避抑制團隊產出帕累托改進的負效用低於動機公平促進團隊產出帕累托改進的正效用。

4.4 討論：收益公平與動機公平的比較

基於代理人具有風險規避的假設前提，根據 Holmstrom 經典團隊模型的條件和 FS 模型，上文研究比較了不同博弈時序下的團隊生產效率，分析了收益公平在不同博弈時序下影響團隊生產效率的內在機理；同時基於 Rabin 模型分析研究了動機公平對團隊生產的影響。接下來，將比較收益公平和動機公平影響的差異。

4.4.1 靜態博弈下的差異

基於風險中性的假設前提，哈克和貝爾（Huck & Biel，2003）發現，收益公平會形成協調一致效應。在引入風險規避系數后，收益公平的協調一致效應仍然存在，即能力較高的代理人會降低努力水平，而能力較低的代理人會提高努力水平。在努力水平方面，為了降低不公平，代理人會按照他人的努力水平來調整自身的努力水平；而為了降低風險，代理人會選擇降低自身努力水平。因此，高能力的代理人會降低自身的努力水平，並且其收益公平強度越大，努力水平的降低幅度就越大；同時代理人的風險規避強度越大，其選擇的努力水平就會越低；最終在靜態博弈中高能力代理人選擇的努力水平會低於純粹自利偏好狀況下的努力水平，對團隊生產產生不利影響。

另一方面，對能力低的代理人而言，為了降低不公平，他們會選擇提高自身的努力水平，同樣調整幅度取決於其自身收益公平強度的大小；但是同時代理人的風險規避會促使他選擇降低自身的努力水平。只有當收益公平引起的努力水平的提升大於風險規避引起的努力水平的降低時，低能力代理人的努力水平才會高於純粹自利偏好狀況下的努力水平。理論研究表明，在靜態博弈下，對低能力代理人而言，收益公平引起的努力水平的提升要大於風險規避引起的努力水平的降低，即收益公平的正效用大於風險規避的負效用。在團隊產出方面，收益公平可能會降低團隊產出，只有當異質代理人能力大小比值大於其收益公平強度比值的倒數時，收益公平才會提高團隊產出。同時，團隊產出是絕對風險規避系數ρ的減函數，即團隊產出隨著絕對風險規避系數ρ的增大而降低，代理人的風險規避強度越大，團隊產出就會越低。但是理論研究表明，當異質代理人能力大小比值大於其收益公平強度比值的倒數時，風險規避降低團隊產出的負效用則低於收益公平增加團隊產出的正效用，即代理人的收益公平促進團隊產出的提升，最終促進團隊產出的帕累托改進。

而基於 Rabin 模型的研究表明，動機公平的影響更明顯也更具一致性。在代理人努力水平方面，無論高能力代理人還是低能力代理人，動機公平都會提高努力水平。此外，動機公平不但會提高自身的努力水平，而且還會提高其他代理人的努力水平，即使其他代理人是純粹自利偏好的，並且努力水平提高的幅度既是自身動機公平強度的增函數，也是其他代理人動機公平強度的增函數。雖然風險規避抑制了代理人努力水平的提升，但是理論研究表明，風險規避引起的努力水平降低的負效用低於動機公平引起的努力水平提升的正效用。在團隊產出方面，團隊產出是代理人動機公平強度的增函數。包含動機公平代理人的團隊，其均衡產出要高於只有純粹自利偏好代理人的團隊產出。只要團隊中存在動機公平代理人，就能實現團隊生產的帕累托改進，並且動機公平強度越大，帕累托改進的程度越大。雖然代理人的風險規避抑制了團隊產出的增加，對團隊生產產生了不利影響，但是理論研究表明，風險規避降低團隊產出的負效用低於動機公平增加團隊產出的正效用。

4.4.2 序貫博弈下的差異

基於風險中性的假設前提，哈克和貝爾（Huck & Biel，2003）發現，收益公平會形成承諾效應。在引入風險規避系數后，收益公平的承諾效應仍然存在。對具有收益公平的代理人而言，序貫博弈在嚴格的限制條件下才能夠帕累托改進團隊生產，而且代理人行動的先后順序有重要影響。只有讓低能力的代理人先行動而高能力的代理人后行動並且代理人間的能力差異很小時，序貫博弈才能帕累托改進團隊生產，雖然風險規避抑制了團隊產出的增加，對團隊產出產生了不利影響。但是理論研究表明，當低能力代理人先行動而高能力代理人后行動並且代理人之間的能力差異很小時，風險規避降低團隊產出的負效用低於收益公平增加團隊產出的正效用，代理人的收益公平促進了團隊產出的增加，進而促進了團隊生產的帕累托改進。

而基於 Rabin 模型的研究表明，動機公平能夠在更寬松的條件下更大幅度地改進團隊生產。與靜態博弈相比，序貫博弈下各代理人都會提高努力水平，從而也會得到更高的團隊產出，動機公平相對純粹自利偏好帕累托改進了團隊生產。雖然，代理人的風險規避抑制了團隊產出的增加，對團隊生產產生了不利影響。但是理論研究表明，風險規避降低團隊產出的負效用低於動機公平增加團隊產出的正效用。序貫博弈相對於靜態博弈帕累托改進團隊生產的前提條件只有一個，即后行動者具有動機公平。只要后行動者具有動機公平，其他代理人誰先誰后的博弈時序並不重要，特別是，與代理人能力高低無關。

4.5 討論：風險規避的負效用

4.5.1 收益公平

(1) 靜態博弈

在靜態博弈中，收益公平代理人的努力水平是絕對風險規避系數 ρ 的減函數，即代理人的努力水平隨著絕對風險規避系數 ρ 的增大而降低，代理人的風險規避強度越大，其選擇的努力水平就會越低。對高能力代理人而言其在具有收益公平時選擇的努力水平要低於其具有純粹自利偏好時選擇的努力水平，這不利於團隊生產的帕累托改進。為了降低不公平，收益公平導致高能力代理人選擇降低自身努力水平，調整幅度取決於其自身收益公平強度的大小；同時為了降低風險，代理人也會選擇降低自身的努力水平，代理人的風險規避強度越大，其選擇的努力水平就會越低。最終，在靜態博弈中，收益公平和風險規避降低努力水平的雙重負效用，使得高能力代理人具有收益公平時選擇的努力水平低於具有純粹自利偏好時選擇的努力水平，對團隊生產產生不利影響。

但對低能力代理人而言，其在具有收益公平時選擇的努力水平要高於其具有純粹自利偏好時選擇的努力水平，這有利於團隊生產的帕累托改進。對能力低的代理人而言，為了降低不公平，他們會選擇提高自身努力水平，調整幅度取決於其自身收益公平強度的大小；但是同時代理人的風險規避會促使他選擇降低自身的努力水平。但是理論研究表明，在靜態博弈中，對低能力代理人而言，收益公平引起的努力水平的提升要大於風險規避引起的努力水平的降低，即收益公平的正效用大於風險規避的負效用，因而能促進團隊生產的帕累托改進。

團隊產出是絕對風險規避系數 ρ 的減函數，即團隊產出隨著絕對風險規避系數 ρ 的增大而降低，代理人的風險規避強度越大，團隊產出就會越低。但是收益公平也能夠在一定程度上帕累托改進團隊生產，只是有非常嚴格的限制條件，即要求異質代理人能力大小比值大於其收益公平強度比值的倒數。當異質代理人能力大小比值大於其收益公平強度比值的倒數時，收益公平就能夠帕累托改進團隊生產，此時風險規避引起的減少產出的負效用低於收益公平引起的增加產出的正效用。

因此，在靜態博弈中，只要滿足異質代理人能力大小比值大於其收益公平強度比值的倒數這一條件，風險規避抑制團隊生產帕累托改進的負效用就低於收益公平促進團隊生產帕累托改進的正效用。

（2）序貫博弈

在序貫博弈中，收益公平代理人的努力水平是絕對風險規避系數 ρ 的減函數，即代理人的努力水平隨著絕對風險規避系數 ρ 的增大而降低，代理人的風險規避強度越大，其選擇的努力水平就會越低。代理人的風險規避抑制了努力水平的提高，會對團隊生產產生不利影響。同時，團隊產出是絕對風險規避系數 ρ 的減函數，即團隊產出隨著絕對風險規避系數 ρ 的增大而減少，代理人越是風險規避，團隊產出就會越低。

但是，理論研究表明，在序貫博弈中，無論是博弈先行動者還是博弈后行動者，都會選擇比靜態博弈中更高的努力水平。如果能夠讓代理人按先后順序選擇努力水平，會促使代理人選擇更高的努力水平，而且代理人之間誰先誰后的行動順序並不重要，因為在序貫博弈中先行動者和后行動者都會選擇更高的努力水平，而且序貫博弈時的團隊產出總是不低於靜態博弈時的團隊產出。與靜態博弈相比，在序貫博弈下收益公平帕累托改進團隊生產效率的程度更大。序貫博弈帕累托改進團隊生產的重要前提條件是讓低能力代理人先行動且代理人間的能力差異不大，如此就能夠更大程度地帕累托改進團隊生產。雖然風險規避抑制了團隊產出的增加，對團隊產出產生了不利影響，但是理論研究表明，當低能力代理人先行動時，風險規避降低產出的負效用低於收益公平增加產出的正效用，因而促進了團隊生產的帕累托改進。

這表明，在序貫博弈中，只要滿足低能力代理人先行動且代理人間的能力差異不大這一條件，風險規避抑制團隊生產帕累托改進的負效用就低於收益公平促進團隊生產帕累托改進的正效用。

4.5.2 動機公平

（1）靜態博弈

在靜態博弈中，動機公平代理人的努力水平是絕對風險規避系數 ρ 的減函數，即代理人的努力水平隨著絕對風險規避系數 ρ 的增大而減少，代理人的風險規避強度越大，其選擇的努力水平就會越低，則代理人的風險規避抑制了團隊生產的帕累托改進。但與此同時，代理人的努力水平既是自身動機公平強度的增函數，又是他人動機公平強度的增函數。因此動機公平會促使代理人按照對方的努力水平調整自己的努力水平，以期與對方的努力水平相匹配，調整幅度取決於自身動機公平強度。同時，面對具有動機公平的他人，選擇更高的努力水平，可以獲得他人的高努力水平回報。理論研究證明，在靜態博弈中，動機公平引起的努力水平的提升要大於風險規避引起的努力水平的降低，因此代理人的動機公平能夠促進團隊生產的帕累托改進。

雖然團隊產出是絕對風險規避系數ρ的減函數，即團隊產出隨著絕對風險規避系數ρ的增大而減少，代理人的風險規避強度越大，團隊產出就會越低。但是，理論研究表明，只要團隊中至少存在一位具有動機公平的代理人，風險規避降低團隊產出的負效用就低於動機公平增加團隊產出的正效用。

因此，在靜態博弈中，只要團隊中至少存在一位具有動機公平的代理人，風險規避抑制團隊生產帕累托改進的負效用就低於動機公平促進團隊生產帕累托改進的正效用。

(2) 序貫博弈

在序貫博弈中，動機公平代理人的努力水平是絕對風險規避系數ρ的減函數，即代理人的努力水平隨著絕對風險規避系數ρ的增大而減少。團隊產出是絕對風險規避系數ρ的減函數，即團隊產出隨著絕對風險規避系數ρ的增大而減少，代理人的風險規避強度越大，團隊產出就會越低。代理人的風險規避抑制了團隊產出的增加，對團隊生產產生了不利影響。但是理論研究表明，當后行動者具有動機公平時，動機公平引起的努力水平的提升要大於風險規避引起的努力水平的降低，而且風險規避降低團隊產出的負效用低於動機公平增加團隊產出的正效用。

同時，在序貫博弈中，無論是博弈先行動者還是博弈后行動者，都會選擇比靜態博弈中更高的努力水平。如果能夠讓代理人按先后順序選擇努力水平，則會促使代理人選擇更高的努力水平。而且，代理人之間行動的先后順序並不重要，因為先行動者和后行動者都會選擇更高的努力水平。此外，序貫博弈時的團隊產出高於靜態博弈時的團隊產出。

這表明，在序貫博弈中，只要后行動者具有動機公平，風險規避抑制團隊生產帕累托改進的負效用就低於動機公平促進團隊生產帕累托改進的正效用。

綜上所述，風險規避雖然抑制代理人選擇更高的努力水平，從而降低團隊產出，但是只要滿足相應的限制條件，風險規避抑制團隊生產帕累托改進的負效用就低於公平偏好促進團隊生產帕累托改進的正效用。這也是本研究引入風險規避因子后，理論研究結果與風險中性前提下的研究結果差異不大的原因所在。

4.6 數值分析

雖然以上理論分析已經得到了嚴謹的、明確的顯性解釋，但是為了更清晰、更直觀地展現理論分析結果，尤其是展現代理人努力水平和均衡產出隨公平偏好和風險規避的變化趨勢，以及公平偏好相對自利偏好對團隊生產的影響，下面將進行數值分析。假定 $k_i>k_j$，即代理人 i 是高能力者，而代理人 j 則是低能力者，取能力系數 $k_i=2$，$k_j=1$。

4.6.1 靜態博弈下的分析

在靜態博弈中，代理人 i 是高能力者，而代理人 j 則是低能力者，代理人 i 和 j 同時選擇自己的努力水平，共同決定團隊產出。

（1）高能力者的分析

①努力水平的分析。

假定固定收入 $\alpha=1$，激勵系數 $\beta=1$，外生的不確定性因素 $\theta=0$。把 $b_i=2$，$b_j=1$ 和 $\gamma_i=2$，$\gamma_j=1$ 分別代入式（4.17）和式（4.67），應用 MATLAB 作圖得出的高能力者代理人 i 的努力水平隨公平偏好變化的趨勢如圖 4.1 和圖 4.2 所示。

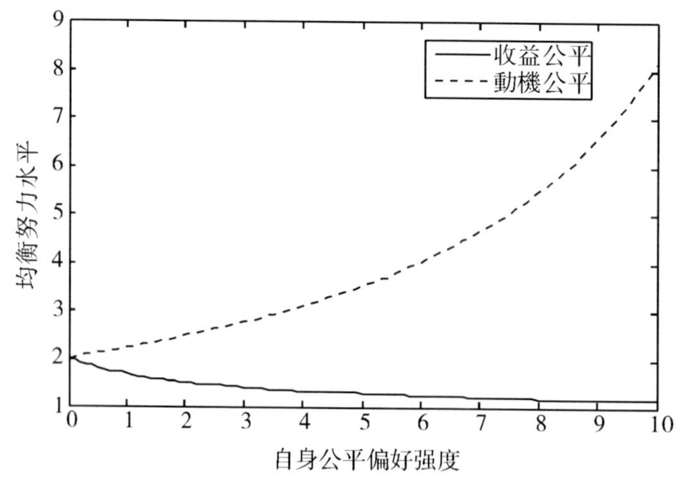

圖 4.1 高能力者的努力水平隨自身公平偏好的變化

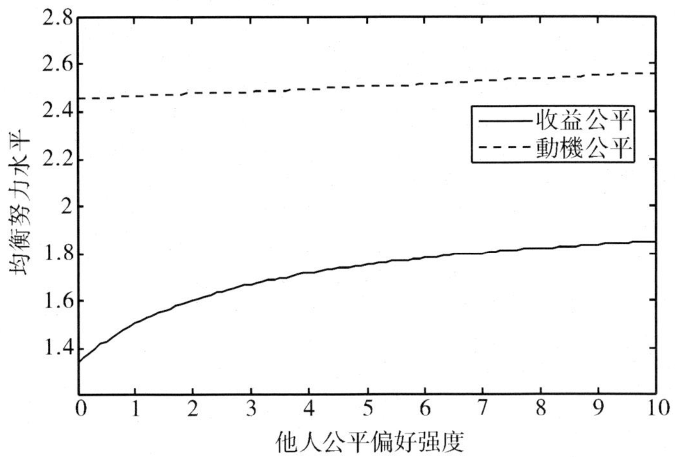

圖 4.2　高能力者的努力水平隨他人公平偏好的變化

假定固定收入 $\alpha=1$，外生的不確定性因素 $\theta=0$，$\sigma=1$。把 $b_i=2$，$b_j=1$ 代入式（4.17），應用 MATLAB 作圖得出的高能力者代理人 i 的努力水平隨風險規避變化的趨勢如圖 4.3 所示。

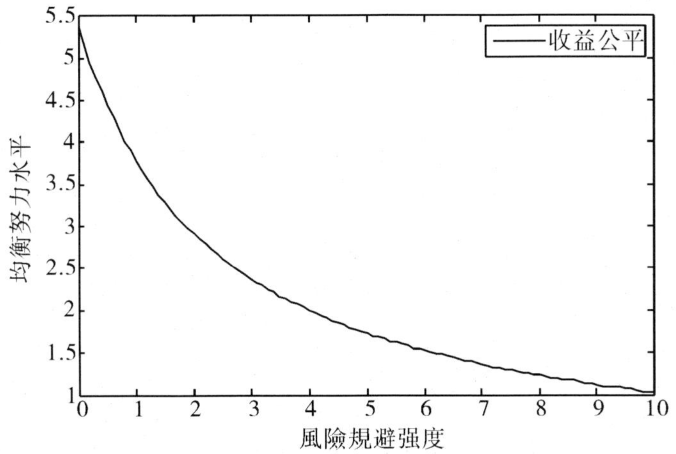

圖 4.3　高能力者的努力水平隨風險規避的變化

從圖 4.1、圖 4.2 及圖 4.3 中可以看出，在靜態博弈中，第一，高能力代理人的努力水平是自身收益公平強度的減函數，卻是自身動機公平強度的增函數。可見，高能力代理人自身的收益公平會抑制其選擇高努力水平，換言之，高能力代理人收益公平強度越大，其選擇的努力水平就越低。第二，高能力代理人的努力水平是他人收益公平強度的增函數，也是他人動機公平強度的增函數。第三，在公平偏好強度相同的條件下，動機公平代理人的努力水平高於收益公平代理人的努力水平。第四，動機公平對高能力代理人努力水平的影響更具一致性，相對收益公平，動機公平能夠更大程度地促使高能力代理人選擇更高的努力水平。第五，高能力代理人的努力水平是絕對風險規避系數的減函數，即代理人的努力水平隨著絕對風險規避強度的增大而降低，高能力者的風險規避強度越大，其選擇的努力水平就會越低。高能力代理人的風險規避抑制了努力水平的提高，會對團隊生產產生不利影響。

②努力水平差距的分析。

假定固定收入 $\alpha=1$，激勵系數 $\beta=1$，外生的不確定性因素 $\theta=0$。把 $b_i=2$，$b_j=1$ 和 $\gamma_i=2$，$\gamma_j=1$ 分別代入式（4.7）、式（4.34）和式（4.67），應用 MATLAB 作圖，得出的在靜態博弈下，高能力代理人 i 具有公平偏好時與純粹自利偏好時的努力水平差距隨公平偏好變化的趨勢如圖 4.4 和圖 4.5 所示。

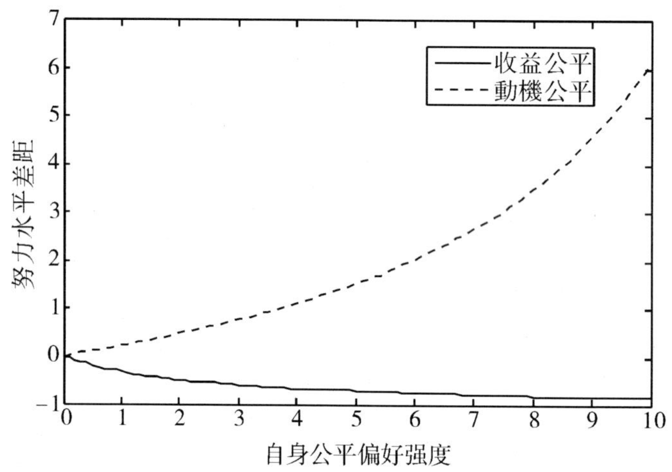

圖 4.4　高能力者的努力水平差距隨自身公平偏好的變化

假定固定收入 $\alpha=1$，外生的不確定性因素 $\theta=0$，$\sigma=1$。把 $b_i=2$，$b_j=1$ 代入式（4.34），應用 MATLAB 作圖，得出的在靜態博弈下，高能力代理人 i 具有收益公平時與純粹自利偏好時的努力水平差距隨風險規避變化的趨勢如圖 4.6 所示。

從圖 4.4、圖 4.5 及圖 4.6 中可以看出，在靜態博弈中，第一，高能力代理人具有收益公平時選擇的努力水平要低於其具有純粹自利偏好時選擇的努力水平，並且隨著自身收益公平強度的增大，努力水平的差距越來越大，高能力代理人選擇的努力水平越來越低；但隨著他人收益公平強度的增大，努力水平

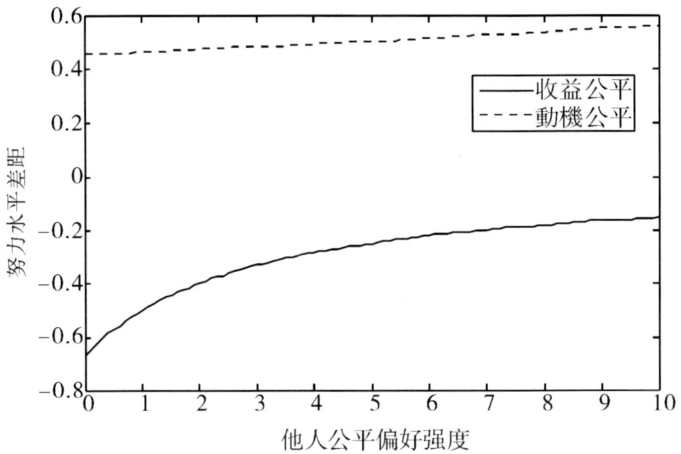

圖 4.5　高能力者的努力水平差距隨他人公平偏好的變化

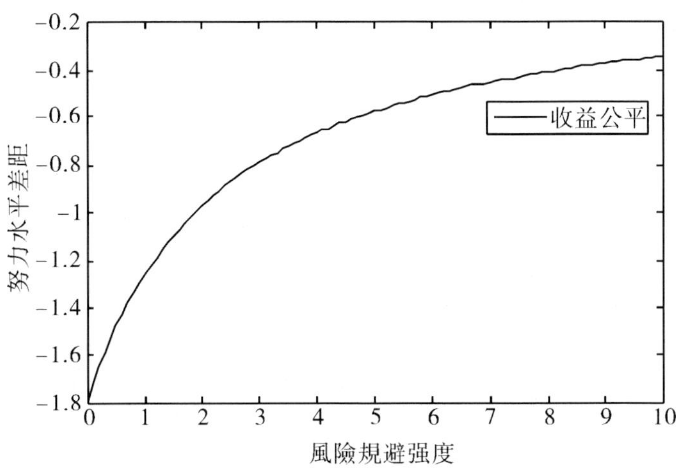

圖 4.6　高能力者的努力水平差距隨風險規避的變化

的差距越來越小，高能力代理人選擇的努力水平越來越高，但不會高於純粹自利偏好狀況下的努力水平。第二，在靜態博弈中，高能力代理人具有動機公平時選擇的努力水平要高於其具有純粹自利偏好時選擇的努力水平，並且隨著自身和他人動機公平強度的增大，努力水平的差距則越來越大，即高能力代理人選擇的努力水平越來越高；此外，高能力代理人自身動機公平強度的影響要大於他人動機公平強度的影響。第三，高能力代理人的努力水平差距是代理人風險規避強度的增函數，換言之，高能力者的風險規避強度越大，其具有收益公平時選擇的努力水平與純粹自利偏好時選擇的努力水平之間的差異就會越大。

但由於高能力代理人具有收益公平時選擇的努力水平要低於其具有純粹自利偏好時選擇的努力水平，因此高能力者的風險規避強度越大，收益公平激勵代理人選擇高努力水平的改進程度越小。

綜上，在靜態博弈中，風險規避抑制高能力代理人選擇高努力水平；收益公平也會抑制高能力代理人選擇高努力水平；而動機公平可以促使高能力代理人選擇高水平努力，其對努力水平的影響更具一致性，相對收益公平，動機公平能夠更大程度地促使代理人選擇更高的努力水平。因此，招聘員工時，委託人應當盡量避免聘用具有收益公平和風險規避的高能力代理人，應該優先聘用具有動機公平的高能力代理人。但當代理人具有收益公平時，委託人應該注意異質代理人的收益公平強度的大小，應當盡量避免聘用收益公平強度大的高能力代理人，其收益公平強度越小，對團隊生產帕累托改進的抑制程度越小。收益公平強度小的高能力代理人和收益公平強度大的低能力代理人所構建的工作團隊，有利於激勵高能力代理人選擇高努力水平，進而促進團隊生產的帕累托改進。當高能力代理人具有風險規避時，優先聘用風險規避強度小的高能力者，風險規避強度越小，對團隊生產帕累托改進的抑制程度越小。

（2）低能力者的分析

①努力水平的分析。

假定固定收入 $\alpha=1$，激勵系數 $\beta=1$，外生的不確定性因素 $\theta=0$。把 $b_i=2$，$b_j=1$ 和 $\gamma_i=2$，$\gamma_j=1$ 分別代入式（4.18）和式（4.68），應用 MATLAB 作圖得出的低能力代理人 j 的努力水平隨公平偏好變化的趨勢如圖 4.7 和圖 4.8 所示。

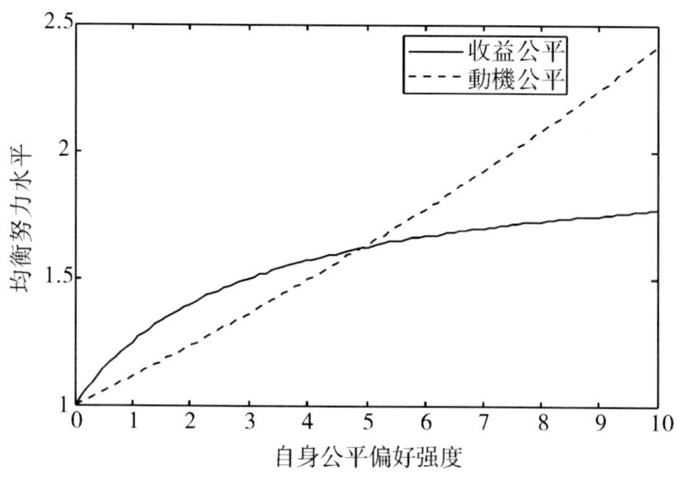

圖 4.7　低能力者的努力水平隨自身公平偏好的變化

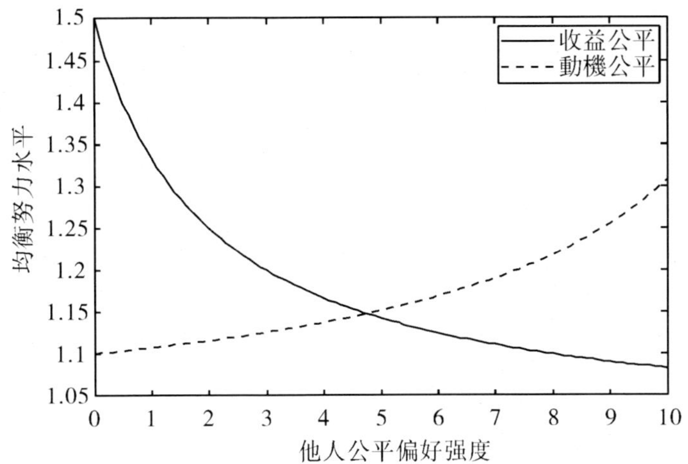

圖 4.8 低能力者的努力水平隨他人公平偏好的變化

假定固定收入 $\alpha=1$，外生的不確定性因素 $\theta=0$，$\sigma=1$。把 $b_i=2$，$b_j=1$ 代入式（4.18），應用 MATLAB 作圖得出的低能力代理人 j 的努力水平隨風險規避變化的趨勢如圖 4.9 所示。

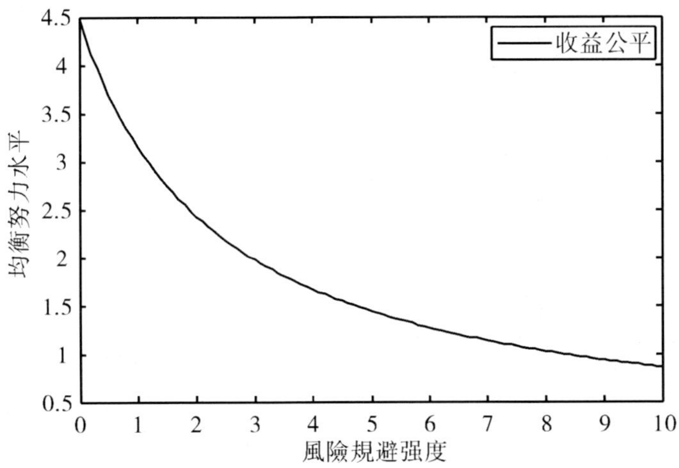

圖 4.9 低能力者的努力水平隨風險規避的變化

從圖 4.7、圖 4.8 及圖 4.9 中可以看出，在靜態博弈中，第一，低能力代理人的努力水平是自身收益公平強度的增函數，也是自身動機公平強度的增函數。第二，低能力代理人的努力水平是他人收益公平強度的減函數，卻是他人動機公平強度的增函數。可見，他人的收益公平會抑制低能力代理人選擇高努力水平，換言之合作夥伴的收益公平強度越大，低能力代理人選擇的努力水平越低。第三，動機公平對低能力代理人努力水平的影響更具一致性，相對收益公平，動機公平能夠在更大程度上促使低能力代理人選擇更高的努力水平。第四，低能力代理人的努力水平是絕對風險規避系數的減函數，即代理人的努力水平隨著絕對風險規避強度的增大而降低，低能力者的風險規避強度越大，其選擇的努力水平越低。低能力代理人的風險規避抑制了努力水平的提高，會對團隊生產產生不利影響。

②努力水平差距的分析。

假定固定收入 $\alpha=1$，激勵系數 $\beta=1$，外生的不確定性因素 $\theta=0$。把 $b_i=2$，$b_j=1$ 和 $\gamma_i=2$，$\gamma_j=1$ 分別代入式（4.8）、式（4.35）和式（4.68），應用 MATLAB 作圖，得出的在靜態博弈下，低能力代理人 j 具有公平偏好時與純粹自利偏好時的努力水平差距隨公平偏好變化的趨勢如圖 4.10 和圖 4.11 所示。

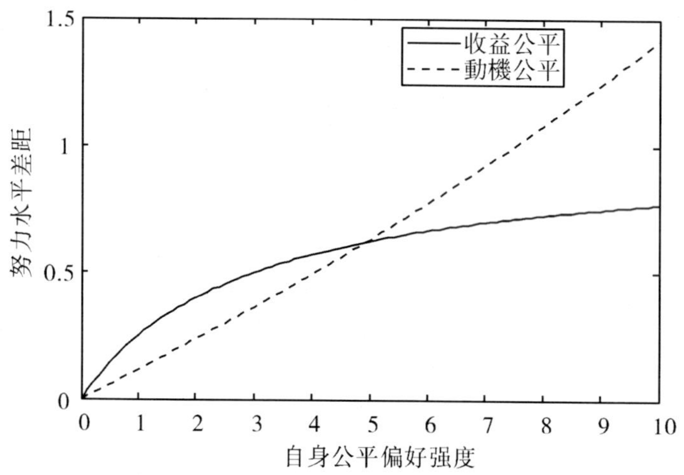

圖 4.10　低能力者的努力水平差距隨自身公平偏好的變化

假定固定收入 $\alpha=1$，外生的不確定性因素 $\theta=0$，$\sigma=1$。把 $b_i=2$，$b_j=1$ 代入式（4.35），應用 MATLAB 作圖，得出的在靜態博弈下，低能力代理人 j 具有收益公平時與純粹自利偏好時的努力水平差距隨風險規避變化的趨勢如圖 4.12 所示。

從圖 4.10、圖 4.11 及圖 4.12 中可以看出，在靜態博弈中，第一，低能力代理人具有收益公平時選擇的努力水平要高於其具有純粹自利偏好時選擇的努力水平，並且隨著自身收益公平強度的增大，努力水平的差距越來越大，低能力代理人選擇的努力水平越來越高；但隨著他人收益公平強度的增大，努力水

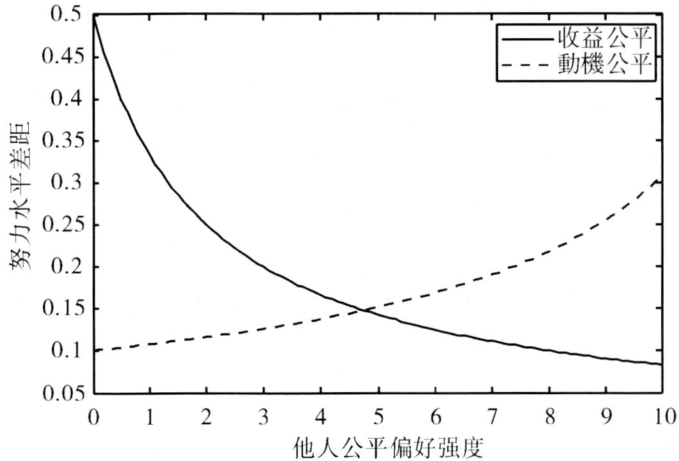

圖 4.11　**低能力者的努力水平差距隨他人公平偏好的變化**

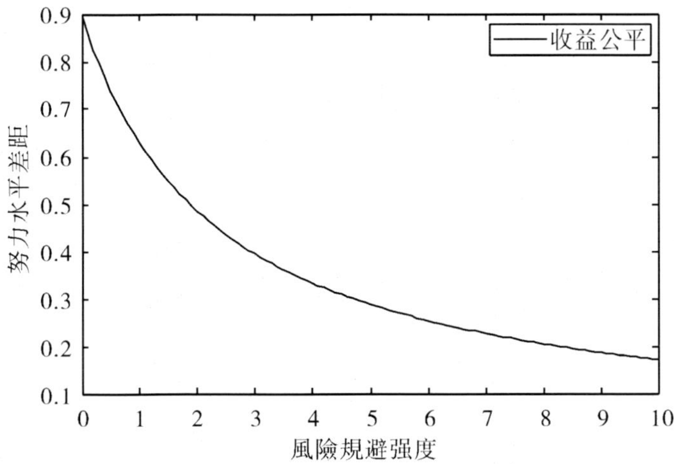

圖 4.12　**低能力者的努力水平差距隨風險規避強度的變化**

平的差距越來越小，低能力代理人選擇的努力水平越來越低，但不會低於純粹自利偏好狀況下的努力水平。第二，在靜態博弈中，低能力代理人具有動機公平時選擇的努力水平要高於其具有純粹自利偏好時選擇的努力水平，並且隨著自身和他人動機公平強度的增大，努力水平的差距越來越大，即低能力代理人選擇的努力水平越來越高。第三，低能力代理人的努力水平差距隨風險規避強度的增大而減小。換言之，低能力者的風險規避強度越大，其具有收益公平時選擇的努力水平與純粹自利偏好時選擇的努力水平之間的差異就會越小，收益公平激勵代理人選擇高努力水平的改進程度越小。

綜上，在靜態博弈中，風險規避抑制低能力代理人選擇高努力水平；收益公平也會抑制低能力代理人選擇高努力水平；而動機公平可以促使低能力代理人選擇高努力水平，其對努力水平的影響更具一致性，相對收益公平，動機公平能夠更大程度地促使低能力代理人選擇更高的努力水平。因此，招聘員工時，委託人應當盡量避免聘用具有收益公平和風險規避的低能力代理人，優先聘用具有動機公平的低能力代理人。但當代理人具有收益公平時，委託人應該注意異質代理人的收益公平強度的大小，應當盡量避免聘用收益公平強度小的低能力代理人，其收益公平強度越大，對團隊生產帕累托改進的抑制程度越小。收益公平強度大的低能力代理人和收益公平強度小的高能力代理人所構建的工作團隊，有利於激勵低能力代理人選擇高努力水平，進而促進團隊生產的帕累托改進。當低能力代理人具有風險規避時，應優先聘用風險規避強度小的低能力者，因為風險規避強度越小，對團隊生產帕累托改進的抑制程度越小。

(3) 團隊產出的分析

①團隊產出的分析。

假定固定收入 $\alpha=1$，激勵系數 $\beta=1$，外生的不確定性因素 $\theta=0$。把 $b_i=2$，$b_j=1$ 和 $\gamma_i=2$，$\gamma_j=1$ 分別代入式（4.29）和式（4.72），應用 MATLAB 作圖得出的團隊產出隨公平偏好變化的趨勢如圖 4.13 和圖 4.14 所示。

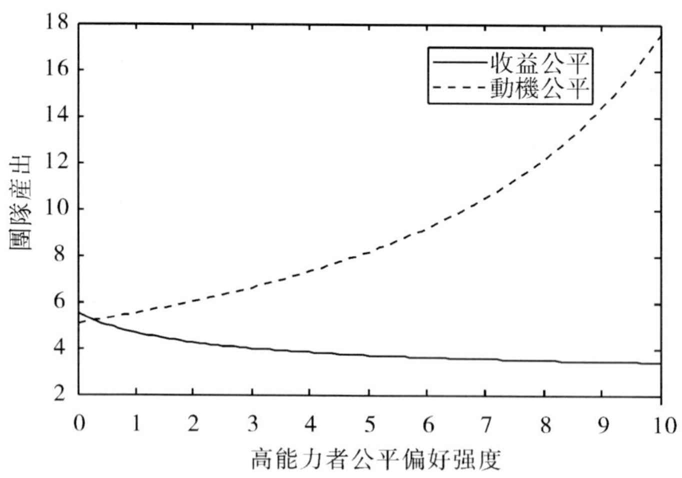

圖 4.13　團隊產出隨高能力代理人公平偏好的變化

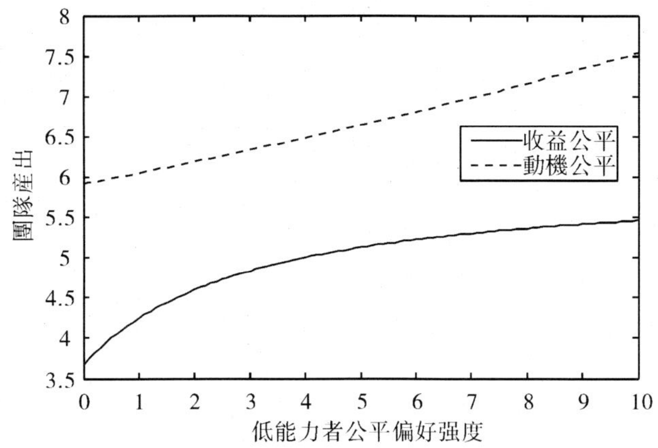

圖 4.14 團隊產出隨低能力代理人公平偏好的變化

假定固定收入 $\alpha=1$，外生的不確定性因素 $\theta=0$，$\sigma=1$。把 $b_i=2$，$b_j=1$ 代入式（4.29），應用 MATLAB 作圖得出的團隊產出隨風險規避變化的趨勢如圖 4.15 所示。

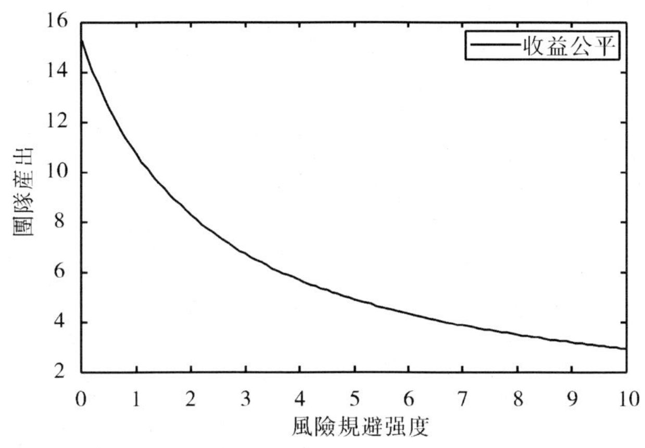

圖 4.15 團隊產出隨風險規避的變化

從圖 4.13、圖 4.14 及圖 4.15 中可以看出，在靜態博弈中，第一，團隊產出是高能力代理人收益公平強度的減函數，卻是高能力代理人動機公平強度的增函數。第二，團隊產出是低能力代理人收益公平強度的增函數，也是低能力代理人動機公平強度的增函數。可見高能力代理人的收益公平抑制了團隊產出的增加，不利於團隊生產的帕累托改進。第三，動機公平對團隊產出的影響更具一致性，相對收益公平，動機公平能夠在更大程度上促進團隊產出的增加。

第四，團隊產出是風險規避強度的減函數，代理人的風險規避強度越大，其選擇的努力水平就會越低，進而團隊產出就會越低。代理人的風險規避抑制了團隊產出的增加，會對團隊生產產生不利影響。

②團隊產出差距的分析。

假定固定收入 $\alpha=1$，激勵系數 $\beta=1$，外生的不確定性因素 $\theta=0$。把 $b_i=2$，$b_j=1$ 和 $\gamma_i=2$，$\gamma_j=1$ 分別代入式（4.9）、式（4.36）和式（4.72），應用 MATLAB 作圖得出的靜態博弈下公平偏好與自利偏好的團隊產出差距隨公平偏好變化的趨勢如圖 4.16 和圖 4.17 所示。

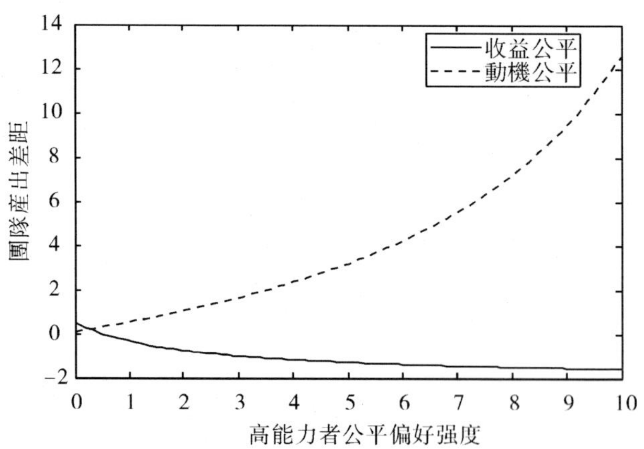

圖 4.16　團隊產出差距隨高能力代理人公平偏好的變化

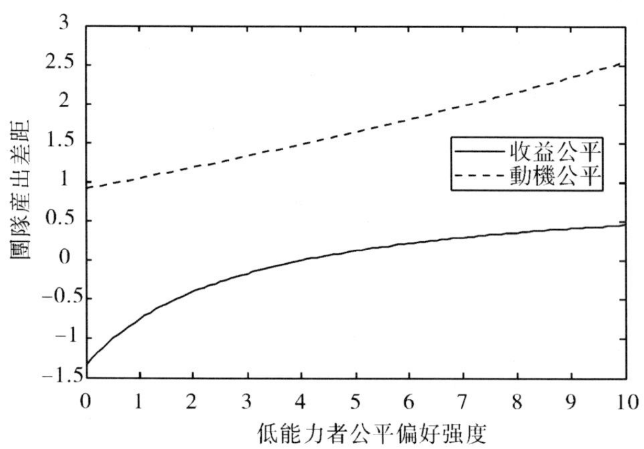

圖 4.17　團隊產出差距隨低能力代理人公平偏好的變化

假定固定收入 $\alpha=1$，外生的不確定性因素 $\theta=0$，$\sigma=1$。把 $b_i=2$，$b_j=1$ 和

$b_i=1$，$b_j=3$ 分別代入式（4.36），應用 MATLAB 作圖得出的靜態博弈下公平偏好與自利偏好的團隊產出差距隨風險規避變化的趨勢如圖 4.18.1 和圖 4.18.2 所示。

從圖 4.16 和圖 4.17 中可以看出，在靜態博弈中，第一，隨著高能力代理人收益公平強度的增大，收益公平下的團隊產出越來越低，逐漸低於純粹自利偏好狀況下的團隊產出；而隨著低能力代理人收益公平強度的增大，收益公平下的團隊產出越來越高，逐漸高於純粹自利偏好狀況下的團隊產出；最終只有滿足特定的條件，收益公平下的團隊產出才能高於純粹自利偏好狀況下的團隊產出。第二，動機公平下的團隊產出總是高於純粹自利偏好狀況下的團隊產出；團隊產出差距是動機公平強度的增函數，即隨著代理人動機公平強度的增大，團隊產出的差距越來越大。換言之，動機公平促進了團隊產出的增加，有利於團隊生產的帕累托改進。第三，動機公平對團隊產出的影響更具一致性，相對收益公平，動機公平能夠在更大程度上促進團隊產出的增加；此外，高能力代理人的動機公平對團隊產出的影響程度更大。第四，從圖 4.18.1 和圖 4.18.2 中可以看出，在靜態博弈下，當收益公平下的團隊產出低於純粹自利偏好下的團隊產出時，團隊產出差距是風險規避強度的增函數，代理人的風險規避強度越大，收益公平下的團隊產出與純粹自利偏好下的團隊產出之間的差異就會越大，其抑制團隊產出增加的負效用越小。當收益公平下的團隊產出高於純粹自利偏好下的團隊產出時，團隊產出差距是風險規避強度的減函數，代理人的風險規避強度越大，收益公平下的團隊產出與純粹自利偏好下的團隊產出之間的差異就會越小，其抑制團隊產出增加的負效用越大，則收益公平較純粹自利偏好帕累托改進團隊生產的程度越小。

綜上，在靜態博弈中，收益公平會抑制團隊產出的增加；而動機公平可以促進團隊產出的增加，其對團隊產出的影響更具一致性，相對收益公平，動機公平能夠在更大程度上促進團隊產出的增加；風險規避抑制了團隊產出的增加。因此，招聘員工時，委託人應當盡量避免聘用具有風險規避的代理人，優先聘用具有動機公平的代理人。但當代理人具有收益公平時，委託人應該注意異質代理人的收益公平強度的大小，應當盡量避免聘用收益公平強度大的高能力代理人和收益公平強度小的低能力代理人。而收益公平強度小的高能力代理人和收益公平強度大的低能力代理人所構建的工作團隊，有利於激勵代理人選擇高努力水平，進而促進團隊生產的帕累托改進。當代理人具有風險規避時，優先聘用風險規避強度小的代理人，風險規避強度越小，其降低團隊產出的負效用越小，對團隊生產帕累托改進的抑制程度越小。

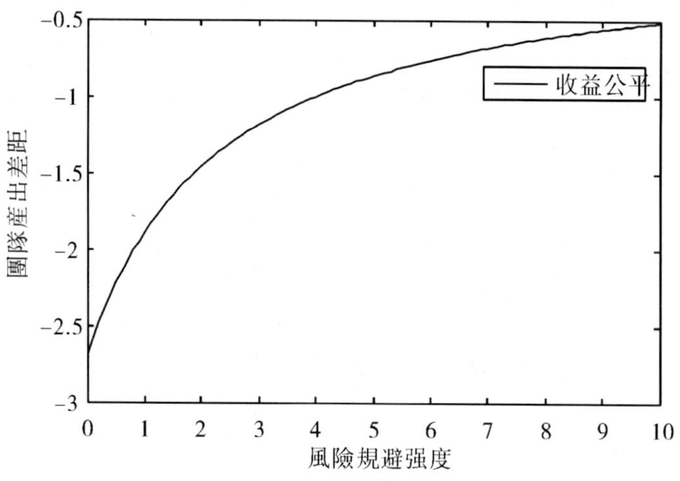

圖 4.18.1　**團隊產出差距隨風險規避的變化**

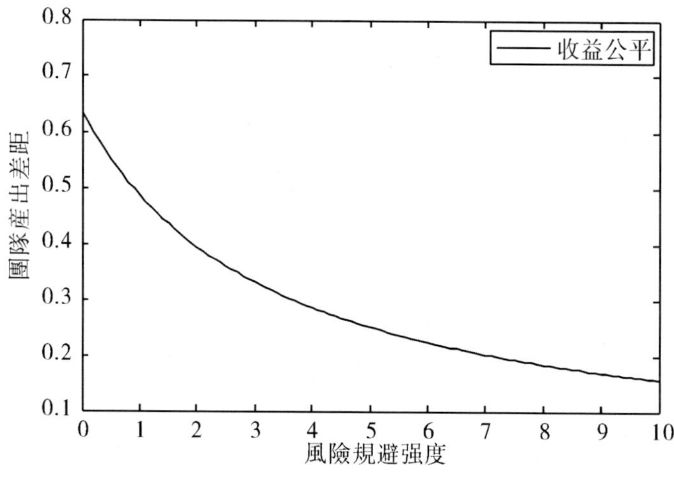

圖 4.18.2　**團隊產出差距隨風險規避的變化**

4.6.2　序貫博弈下的分析

在序貫博弈中，代理人先后選擇各自的努力水平，且后行動者知道先行動者選擇的努力水平。在以上條件下，不妨設代理人 i 為第一個行動者，代理人 j 為第二個行動者。

(1) 先行動者的分析

①努力水平的分析。

假定固定收入 $\alpha=1$，激勵系數 $\beta=1$，外生的不確定性因素 $\theta=0$。把 $b_i=2$，$b_j=1$ 和 $\gamma_i=1$，$\gamma_j=\frac{1}{2}$ 分別代入式（4.38）和式（4.77），應用 MATLAB 作圖得出的先行動代理人 i 的努力水平隨公平偏好變化的趨勢如圖 4.19 和圖 4.20 所示。

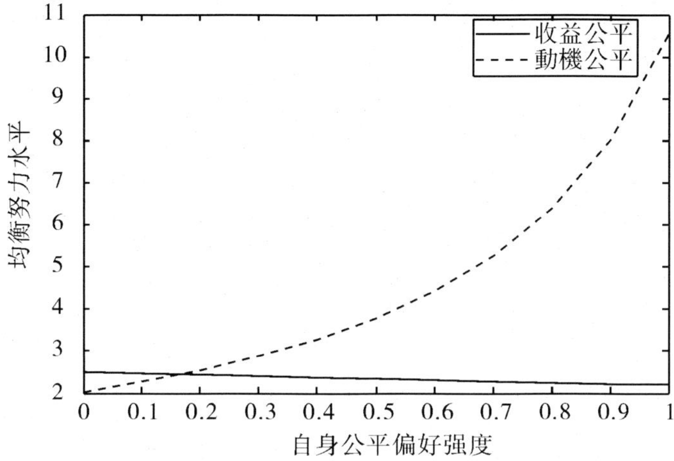

圖 4.19　**先行動者的努力水平隨自身公平偏好的變化**

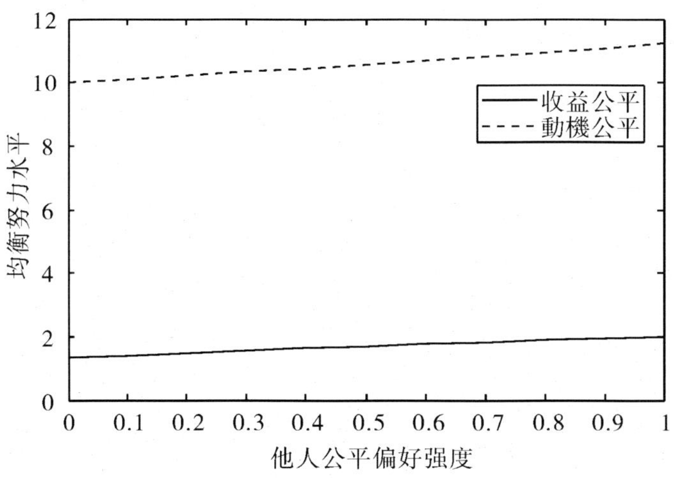

圖 4.20　**先行動者的努力水平隨他人公平偏好的變化**

假定固定收入 $\alpha=1$，外生的不確定性因素 $\theta=0$，$\sigma=1$。把 $b_i=2$，$b_j=1$ 代入式（4.38），應用 MATLAB 作圖得出的先行動代理人 i 的努力水平隨風險規避變化的趨勢如圖 4.21 所示。

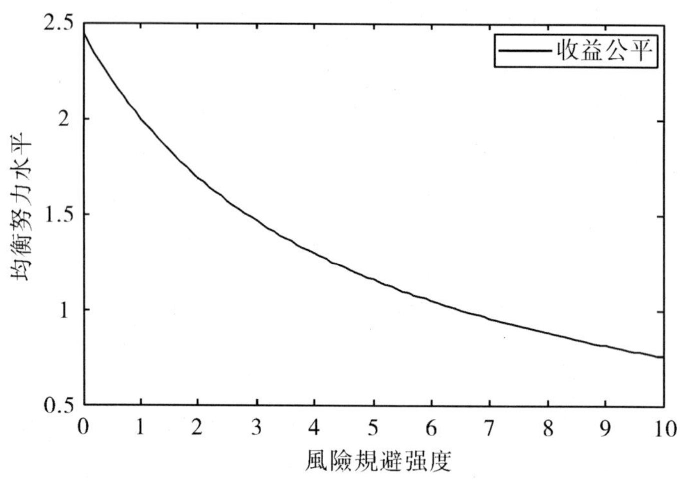

圖 4.21 先行動者的努力水平隨風險規避的變化

從圖 4.19、圖 4.20 及圖 4.21 中可以看出，在序貫博弈中，第一，先行動代理人的努力水平是自身收益公平强度的減函數，卻是自身動機公平强度的增函數。可見，先行動代理人自身的收益公平會抑制其選擇高努力水平，換言之，先行動代理人自身的收益公平强度越大，其選擇的努力水平就越低。第二，先行動代理人的努力水平是他人收益公平强度的增函數，也是他人動機公平强度的增函數。可見，其他代理人的公平偏好會促使先行動代理人選擇高努力水平，換言之，合作夥伴的公平偏好强度越大，先行動代理人選擇的努力水平就越高。第三，動機公平對先行動代理人努力水平的影響更具一致性，相對收益公平，動機公平能夠更大程度地促使先行動代理人選擇更高的努力水平。第四，先行動代理人的努力水平是風險規避强度的減函數，即代理人的努力水平隨著絕對風險規避强度的增大而降低，先行動代理人越是風險規避，其選擇的努力水平就會越低。先行動代理人的風險規避抑制了努力水平的提高，會對團隊生產產生不利影響。

②努力水平差距的分析。

假定固定收入 $\alpha=1$，激勵系數 $\beta=1$，外生的不確定性因素 $\theta=0$。把 $b_i=2$，$b_j=1$ 和 $\gamma_i=1$，$\gamma_j=\dfrac{1}{2}$ 分別代入式（4.56）和式（4.89），應用 MATLAB 作圖得出的先行動代理人 i 在序貫博弈下與靜態博弈下的努力水平差距隨公平偏好變化的趨勢如圖 4.22 和圖 4.23 所示。

假定固定收入 $\alpha=1$，外生的不確定性因素 $\theta=0$，$\sigma=1$。把 $b_i=2$，$b_j=1$ 代

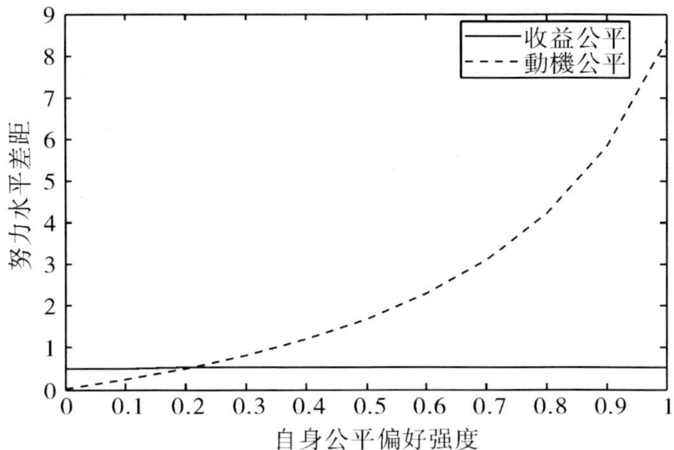

圖 4.22　**先行動者的努力水平差距隨自身公平偏好的變化**

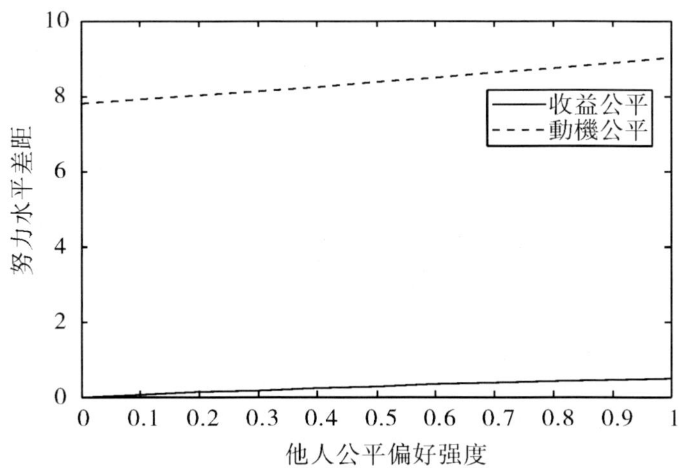

圖 4.23　**先行動者的努力水平差距隨他人公平偏好的變化**

入式（4.56），應用 MATLAB 作圖得出的先行動代理人 i 在序貫博弈下與靜態博弈下的努力水平差距隨風險規避變化的趨勢如圖 4.24 所示。

從圖 4.22、圖 4.23 及圖 4.24 中可以看出，在序貫博弈中，第一，具有公平偏好的先行動代理人在序貫博弈中選擇的努力水平要高於在靜態博弈中選擇的努力水平。可見，序貫博弈較靜態博弈能夠在更大程度上促使代理人選擇高努力水平。第二，當公平偏好強度很小時，先行動者的努力水平差距隨自身公平偏好強度的增大而增加。換言之，先行動者的公平偏好強度越大，其在序貫博弈下選擇的努力水平與在靜態博弈下選擇的努力水平之間的差異就會越大，序貫博弈較靜態博弈激勵代

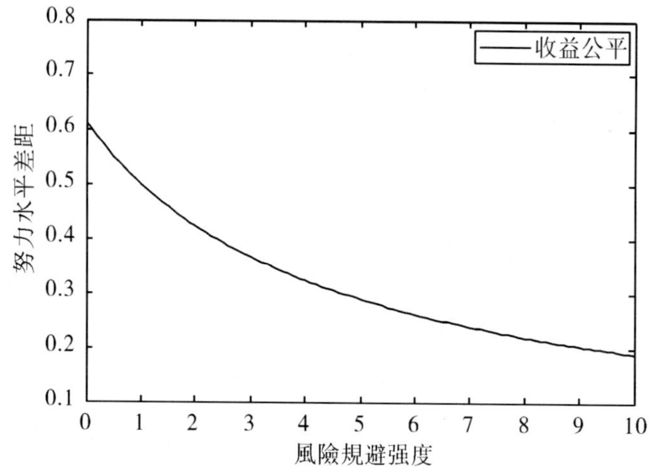

圖 4.24　先行動者的努力水平差距隨風險規避的變化

理人選擇高努力水平的改進程度也就越大。第三，先行動者的努力水平差距隨他人公平偏好強度的增大而提高。換言之，相比靜態博弈，在序貫博弈下，其他代理人的公平偏好可以激勵先行動代理人選擇更高的努力水平。第四，先行動者的努力水平差距隨風險規避強度的增大而降低。換言之，先行動者的風險規避強度越大，其在序貫博弈下選擇的努力水平與在靜態博弈下選擇的努力水平之間的差異就會越小，序貫博弈較靜態博弈激勵代理人選擇高努力水平的改進程度越小。

綜上，在序貫博弈中，收益公平會抑制先行動代理人選擇高努力水平；而動機公平可以促使先行動代理人選擇高努力水平，其對先行動代理人努力水平的影響更具一致性，相對收益公平，動機公平能夠更大程度地促使代理人選擇更高的努力水平。同時，具有公平偏好的先行動代理人在序貫博弈中選擇的努力水平要高於在靜態博弈中選擇的努力水平，可見序貫博弈較靜態博弈能在更大程度上促使代理人選擇高努力水平。此外，代理人的風險規避抑制了努力水平的提高，會對團隊生產產生不利影響。因此，招聘員工時，委託人應該盡量避免聘用具有風險規避和風險規避強度大的代理人，優先聘用具有動機公平的先行動代理人。但當代理人具有收益公平時，委託人應該注意異質代理人的收益公平強度的大小。在制定激勵契約時，委託人應當讓代理人序貫行動，如此可以促使先行動代理人選擇高努力水平。收益公平強度小的先行動代理人和收益公平強度大的先行動代理人所構建的工作團隊，有利於激勵先行動代理人選擇高努力水平，進而促進團隊生產的帕累托改進。

(2) 后行動者的分析

①努力水平的分析。

假定固定收入 $\alpha=1$，激勵系數 $\beta=1$，外生的不確定性因素 $\theta=0$。把 $b_i=2$，$b_j=1$ 和 $\gamma_i=1$，$\gamma_j=\frac{1}{2}$ 分別代入式（4.39）和式（4.77），應用 MATLAB 作圖得出的后行動代理人 j 的努力水平隨公平偏好變化的趨勢如圖 4.25 和圖 4.26 所示。

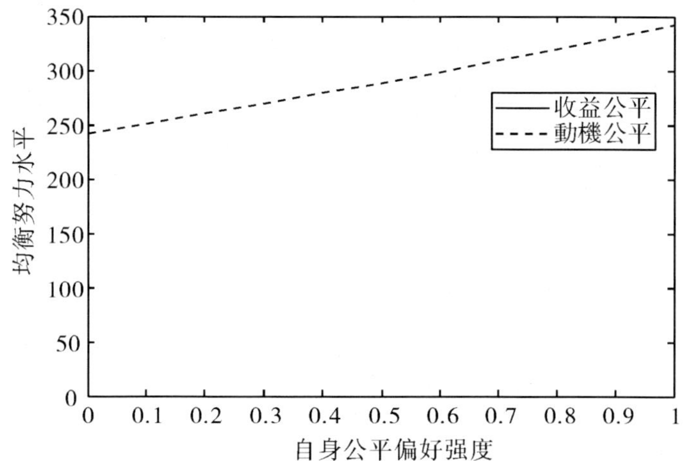

圖 4.25　后行動者的努力水平隨自身公平偏好的變化

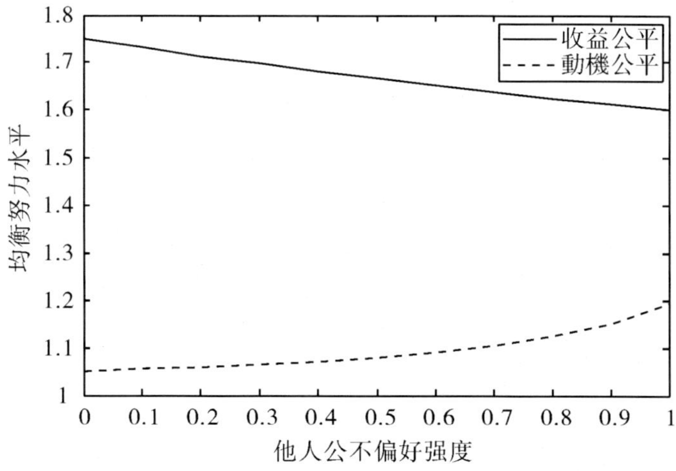

圖 4.26　后行動者的努力水平隨他人公平偏好的變化

假定固定收入 $\alpha=1$，外生的不確定性因素 $\theta=0$，$\sigma=1$。把 $b_i=2$，$b_j=1$ 代

入式（4.39），應用 MATLAB 作圖得出的后行動代理人 j 的努力水平隨風險規避變化的趨勢如圖 4.27 所示。

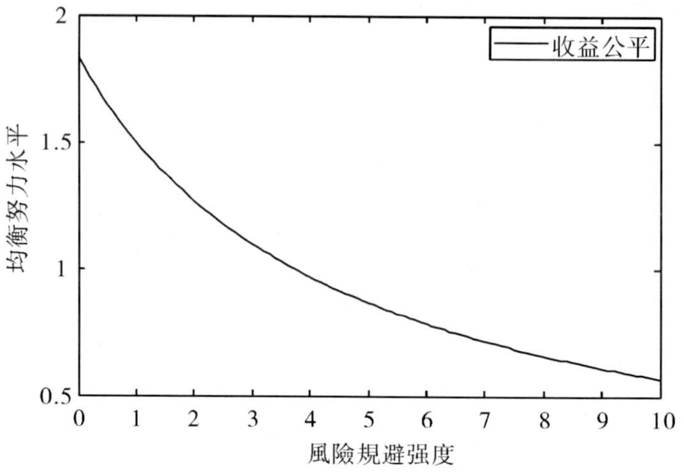

圖 4.27　后行動者的努力水平隨風險規避的變化

從圖 4.25、圖 4.26 及圖 4.27 中可以看出，在序貫博弈中，第一，后行動代理人的努力水平是自身收益公平強度的增函數，也是自身動機公平強度的增函數。可見，后行動代理人自身的公平偏好會促使后行動代理人選擇高努力水平，換言之，后行動代理人自身的公平偏好強度越大，其選擇的努力水平就越高。第二，后行動代理人的努力水平是他人收益公平強度的減函數，卻是他人動機公平強度的增函數。可見，他人的收益公平會抑制后行動代理人選擇高努力水平，換言之，合作夥伴的收益公平強度越大，后行動代理人選擇的努力水平越低。第三，動機公平對代理人努力水平的影響更具一致性，相對收益公平，動機公平能夠在更大程度上促使后行動代理人選擇更高的努力水平。第四，后行動代理人的努力水平是風險規避強度的減函數，即代理人的努力水平隨著絕對風險規避強度的增大而降低，后行動代理人的風險規避強度越大，其選擇的努力水平就會越低。代理人的風險規避抑制了努力水平的提高，會對團隊生產產生不利影響。

②努力水平差距的分析。

假定固定收入 $\alpha=1$，激勵系數 $\beta=1$，外生的不確定性因素 $\theta=0$。把 $b_i=2$，$b_j=1$ 和 $\gamma_i=1$，$\gamma_j=\frac{1}{2}$ 分別代入式（4.57）和式（4.91），應用 MATLAB 作圖得出的后行動代理人 j 在序貫博弈下與靜態博弈下的努力水平差距隨公平偏好變化的趨勢如圖 4. 28 和圖 4. 29 所示。

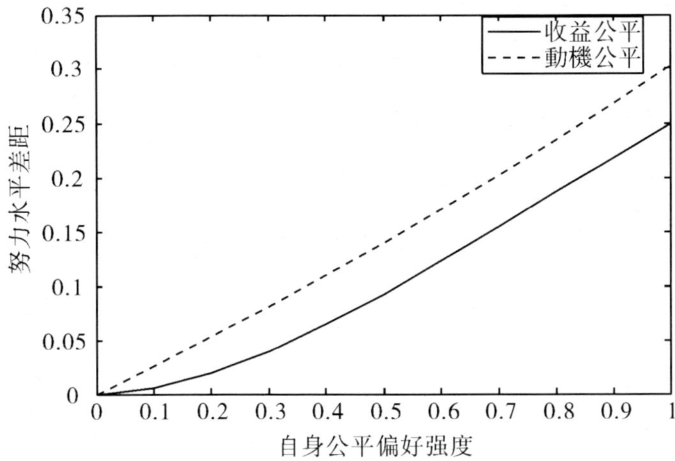

圖 4. 28　**后行動者的努力水平差距隨自身公平偏好的變化**

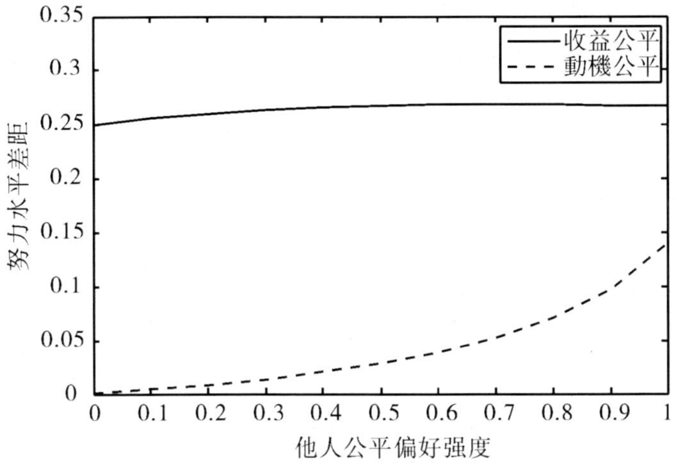

圖 4. 29　**后行動者的努力水平差距隨他人公平偏好的變化**

假定固定收入 $\alpha=1$，外生的不確定性因素 $\theta=0$，$\sigma=0.1$。把 $b_i=2$，$b_j=1$ 代入式（4. 57），應用 MATLAB 作圖得出的后行動代理人 j 在序貫博弈下與靜態博弈下的努力水平差距隨風險規避變化的趨勢如圖 4. 30 所示。

從圖 4. 28、圖 4. 29 及圖 4. 30 中可以看出，在序貫博弈中，第一，具有公平偏好的后行動代理人在序貫博弈中選擇的努力水平要高於在靜態博弈中選擇的努力水平。可見，序貫博弈較靜態博弈能夠在更大程度上促使后行動代理人

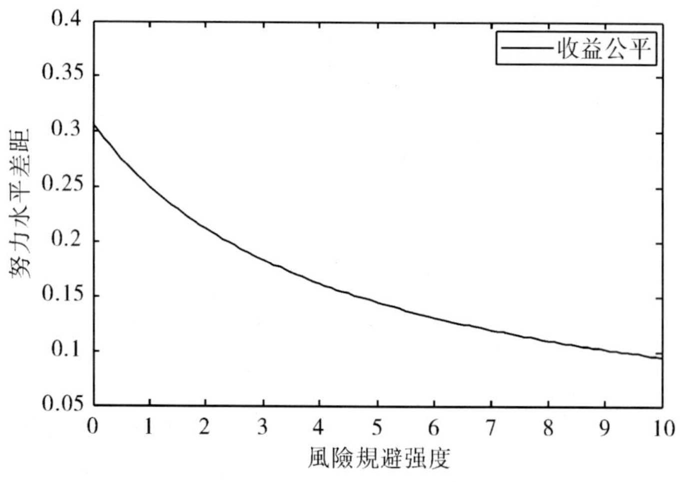

圖 4.30　后行動者的努力水平差距隨風險規避的變化

選擇高努力水平。第二，后行動代理人的努力水平差距隨自身公平偏好強度的增大而增加。換言之，后行動代理人自身的公平偏好強度越大，其在序貫博弈中選擇的努力水平與在靜態博弈中選擇的努力水平之間的差異就會越來越大，序貫博弈較靜態博弈改進后行動代理人努力水平的程度也就越大。第三，當他人公平偏好強度很小時，后行動代理人的努力水平差距隨他人公平偏好強度的增大而增加。可見，如果合作夥伴的公平偏好強度越大，后行動代理人在序貫博弈下選擇的努力水平與在靜態博弈下選擇的努力水平之間的差異就會越大，序貫博弈較靜態博弈激勵后行動代理人選擇高努力水平的改進程度越大。第四，后行動者的努力水平差距隨風險規避強度的增大而減小。換言之，后行動者的風險規避強度越大，其在序貫博弈下選擇的努力水平與在靜態博弈下選擇的努力水平之間的差異就會越小，序貫博弈較靜態博弈激勵代理人選擇高努力水平的改進程度越小。

綜上，在序貫博弈中，收益公平會抑制后行動代理人選擇高努力水平；而動機公平可以促使后行動代理人選擇高努力水平，其對后行動代理人努力水平的影響更具一致性，相對收益公平，動機公平能夠更大程度地促使后行動代理人選擇更高的努力水平。同時，后行動代理人的風險規避抑制了努力水平的提高，會對團隊生產產生不利影響。此外，具有公平偏好的后行動代理人在序貫博弈中選擇的努力水平要高於在靜態博弈中選擇的努力水平，可見序貫博弈較靜態博弈能在更大程度上促使后行動代理人選擇高努力水平。因此，招聘員工時，委託人應該盡量避免聘用具有風險規避和風險規避強度大的代理人，優先聘用具有動機公平的后行動代理人。但當代理人具有收益公平時，委託人應該注意異質代理人的收益公平強度的大小。在制定激勵契約時，委託人應當讓代理人序貫行動，如此可以促使后行動代理人選擇高努力水平。收益公平強度大的后行動代理人和收益公平強度小的先行動代理人所構建的工作團隊，有利於激勵后行動代理人選擇高努力水平，進而促進團隊生產的帕累托改進。

(3) 團隊產出的分析

①團隊產出的分析。

假定固定收入 $\alpha=1$，激勵系數 $\beta=1$，外生的不確定性因素 $\theta=0$。把 $b_i=2$，$b_j=1$ 和 $\gamma_i=1$，$\gamma_j=\frac{1}{2}$ 分別代入式（4.51）和式（4.85），應用 MATLAB 作圖得出的團隊產出隨公平偏好變化的趨勢如圖 4.31 和圖 4.32 所示。

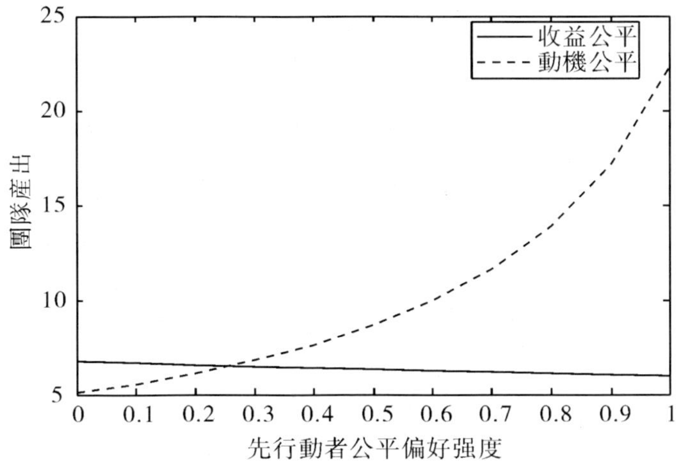

圖 4.31　團隊產出隨先行動代理人公平偏好的變化

假定固定收入 $\alpha=1$，外生的不確定性因素 $\theta=0$，$\sigma=1$。把 $b_i=2$，$b_j=1$ 代入式（4.51），應用 MATLAB 作圖得出的團隊產出隨風險規避變化的趨勢如圖 4.33 所示。

從圖 4.31、圖 4.32 及圖 4.33 中可以看出，在序貫博弈中，第一，團隊產出是先行動代理人收益公平強度的減函數，卻是先行動代理人動機公平強度的增函數。第二，團隊產出是后行動代理人收益公平強度的增函數，也是后行動代理人動機公平強度的增函數。可見，先行動代理人的收益公平抑制了團隊產出的增加，不利於團隊生產的帕累托改進。第三，動機公平對團隊產出的影響更具一致性，相對收益公平，動機公平能夠在更大程度上促進團隊產出的增

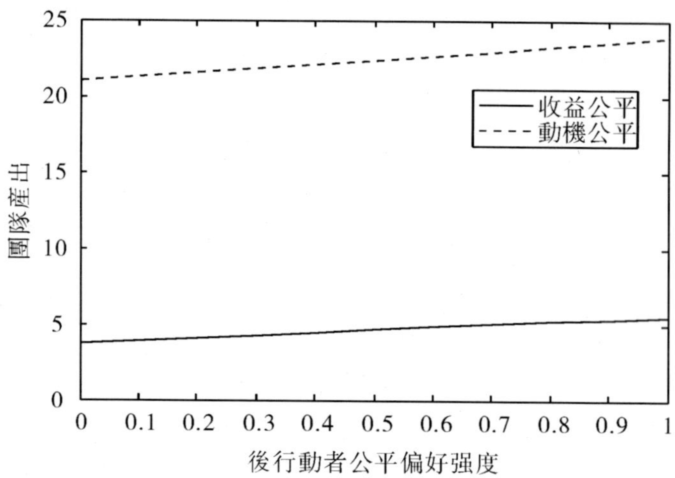

圖 4.32 團隊產出隨后行動代理人公平偏好的變化

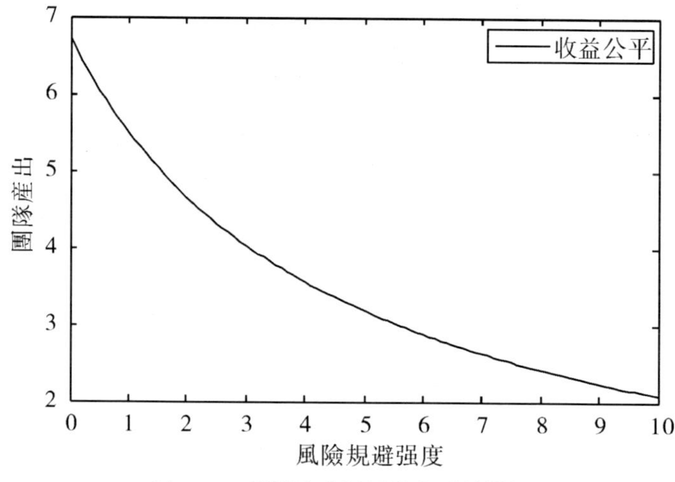

圖 4.33 團隊產出隨風險規避的變化

加。第四，團隊產出是風險規避強度的減函數，代理人的風險規避強度越大，其選擇的努力水平就會越低，進而團隊產出就會越低。代理人的風險規避抑制了團隊產出的增加，會對團隊生產產生不利影響。

②團隊產出差距的分析。

假定固定收入 $\alpha=1$，激勵系數 $\beta=1$，外生的不確定性因素 $\theta=0$。把 $b_i=2$，$b_j=1$ 和 $\gamma_i=1$，$\gamma_j=\frac{1}{2}$分別代入式（4.58）和式（4.93），應用 MATLAB 作圖

得出的在序貫博弈下與靜態博弈下的團隊產出差距隨公平偏好變化的趨勢如圖 4.34 和圖 4.35 所示。

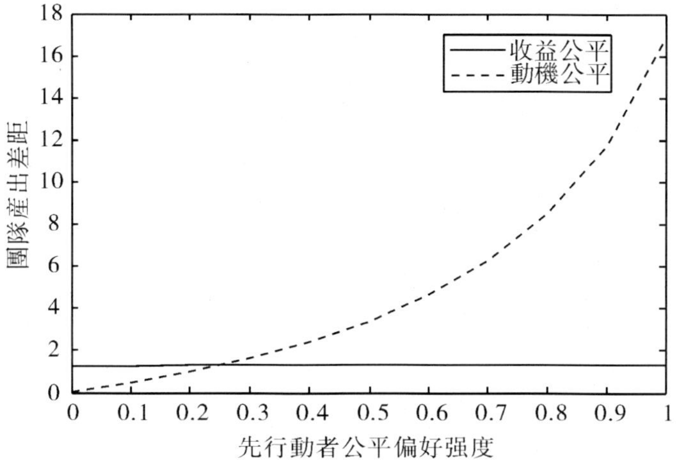

圖 4.34 團隊產出差距隨先行動代理人公平偏好的變化

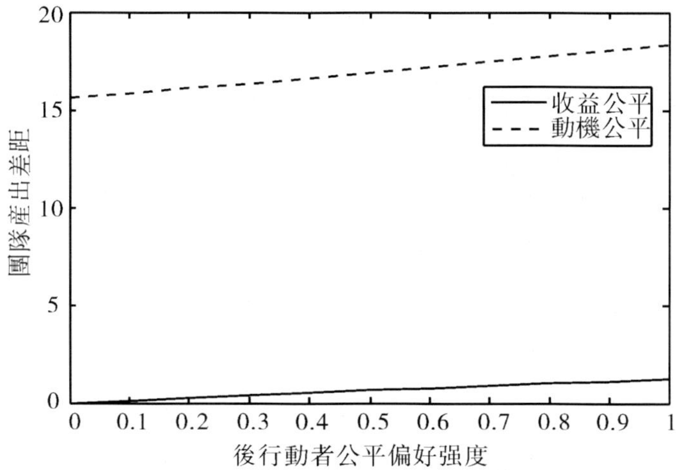

圖 4.35 團隊產出差距隨后行動代理人公平偏好的變化

假定固定收入 $\alpha=1$，外生的不確定性因素 $\theta=0$，$\sigma=1$。把 $b_i=2$，$b_j=1$ 代入式（4.58），應用 MATLAB 作圖得出的在序貫博弈下與靜態博弈下的團隊產出差距隨風險規避變化的趨勢如圖 4.36 所示。

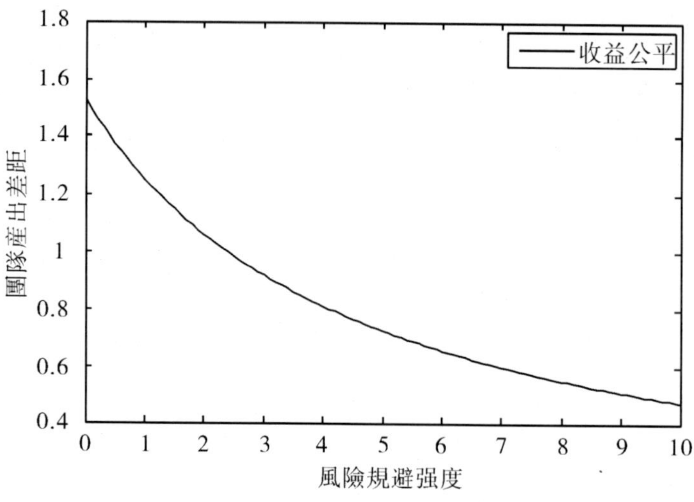

圖 4.36　團隊產出差距隨風險規避的變化

從圖 4.34、圖 4.35 及圖 4.36 中可以看出，第一，序貫博弈下的團隊產出高於靜態博弈下的團隊產出，可見序貫博弈較靜態博弈促進了團隊產出的增加。第二，隨著先行動代理人收益公平強度的增大，序貫博弈下的團隊產出與靜態博弈下的團隊產出之間的差距越來越小，而隨著后行動代理人收益公平強度的增大，序貫博弈下的團隊產出與靜態博弈下的團隊產出之間的差距越來越大。可見，在序貫博弈中，先行動代理人的收益公平會抑制團隊生產的增加。第三，序貫博弈與靜態博弈的團隊產出差距是動機公平強度的增函數，即隨著代理人動機公平強度的增大，團隊產出的差距越來越大。換言之，動機公平促進了團隊產出的增加，有利於團隊生產的帕累托改進。第四，動機公平對團隊產出的影響更具一致性，相對收益公平，動機公平能夠在更大程度上促進團隊產出的增加。第五，序貫博弈與靜態博弈下的團隊產出差距是風險規避強度的減函數，代理人的風險規避強度越大，其抑制團隊產出增加的負效用越大，序貫博弈下的團隊產出與靜態博弈下的團隊產出之間的差異就會越小，序貫博弈較靜態博弈帕累托改進團隊生產的程度越小。

綜上，在序貫博弈中，收益公平會抑制團隊產出的增加；而動機公平可以促進團隊產出的增加，其對團隊產出的影響更具一致性，相對收益公平，動機公平能夠在更大程度上促進團隊產出的增加。同時，代理人的風險規避抑制了努力水平的提高，進而抑制團隊產出的增加，會對團隊生產產生不利影響。此外，具有公平偏好的代理人在序貫博弈中選擇的努力水平要高於在靜態博弈中選擇的努力水平，可見序貫博弈較靜態博弈能在更大程度上促使代理人選擇高努力水平。因此，招聘員工時，委託人應該盡量避免聘用具有風險規避和風險規避強度大的代理人，優先聘用具有動機公平的代理人。但當代理人具有收益公平時，委託人應該注意異質代理人的收益公平強度的大小。在制定激勵契約時，委託人應當讓代理人序貫行動，如此可以促使代理人選擇高努力水平。收益公平強度小的先行動代理人和收益公平強度大的后行動代理人所構建的工作團隊，有利於激勵代理人選擇高努力水平，進而促進團隊生產的帕累托改進。

4.7 本章小結

在風險規避的假設前提下，本章研究了收益公平和動機公平在不同博弈時序下影響團隊生產效率的內在機理，並與純粹自利偏好情形做了對比分析。理論分析表明，風險規避雖然抑制代理人選擇更高的努力水平，進而降低團隊產出，但是只要滿足特定的限制條件，風險規避抑制團隊生產帕累托改進的負效用就低於公平偏好促進團隊生產帕累托改進的正效用。此外，選擇具有動機公平的代理人組建工作團隊，並且讓代理人按先后順序行動，更有利於實現團隊生產的帕累托改進，進而實現團隊生產的帕累托最優。

為了使理論分析更清晰、直觀，本章還採用了數值分析，得到以下結論：

a. 基於收益公平的假設前提，在靜態博弈下，高能力代理人選擇的努力水平低於純粹自利偏好狀況下的努力水平；低能力代理人選擇的努力水平高於純粹自利偏好狀況下的努力水平。在序貫博弈下，先行動者會主動選擇高努力水平以此來提高自身的收益，因為后行動者的高水平努力會提高團隊產出從而提高先行動者的效用。

b. 動機公平相對純粹自利偏好帕累托改進了團隊生產。雖然，代理人的風險規避抑制了團隊產出的增加，對團隊生產產生了不利影響，但是理論研究表明，風險規避抑制團隊產出帕累托改進的負效用低於動機公平促進團隊產出帕累托改進的正效用。

c. 與靜態博弈相比，在序貫博弈下收益公平和動機公平帕累托改進團隊生產效率的程度更大。在序貫博弈中，無論是博弈先行動者還是博弈后行動者，都會選擇比靜態博弈中更高的努力水平。這說明，序貫博弈較靜態博弈在更大程度上促進了代理人努力水平的提高。並且序貫博弈下的團隊產出總是高於靜態博弈下的團隊產出，因而序貫博弈較靜態博弈在更大程度上促進了團隊產出的增加。因此，序貫博弈較靜態博弈能在更大程度上促進團隊生產的帕累托改進。

d. 收益公平帕累托改進團隊生產效率的條件比較苛刻。在靜態博弈下要求代理人能力大小比值大於其收益公平強度比值的倒數；在序貫博弈下要求讓低能力的代理人先行動而高能力的代理人后行動並且代理人能力差異不大。

e. 動機公平能夠帕累托改進團隊生產，其改進團隊生產的條件比較寬松。動機公平能夠提高代理人自身的努力水平，也會提高他人的努力水平，即便他人不具有動機公平而是純粹自利偏好的，因而團隊產出會提高。在靜態博弈下只要求團隊中至少存在一位具有動機公平的代理人，在序貫博弈下只要求后行動者具有動機公平。

f. 代理人的努力水平是絕對風險規避系數的減函數，即代理人的風險規避會抑制努力水平的提高，進而對團隊生產產生不利影響。團隊產出是絕對風險規避系數的減函數，即團隊產出隨著絕對風險規避系數的增大而減少，代理人的風險規避強度越大，團隊產出就會越低，這不利於團隊生產的帕累托改進。但是理論研究表明，只要滿足相應的限制條件，風險規避降低努力水平的負效用就會低於公平偏好提升努力水平的正效用；而且風險規避降低團隊產出的負效用就會低於公平偏好增加團隊產出的正效用；最終風險規避抑制團隊產出帕累托改進的負效用就會低於公平偏好促進團隊產出帕累托改進的正效用。

上述理論結果給我們的啟示是，委託人在招聘員工時，應該深入瞭解各個員工的工作能力狀況，識別其偏好類型，確定各自的公平偏好強度等，盡量避免聘用具有風險規避的員工，因為其風險規避會抑制團隊生產的帕累托改進，不利於實現團隊生產的帕累托最優。委託人應當優先選用具有動機公平的員工，並且設計合理的激勵契約讓員工序貫行動，並且確保后行動者具有動機公平，如此更有利於實現團隊生產的帕累托改進，進而實現團隊生產的帕累托最優。

5　基於不同心理偏好結構的錦標激勵機制：分類與混同

5.1　引言

錦標機制作為一種激勵機制，在傳統純粹自利偏好的假設條件下，已證明它能夠激勵代理人努力，且其均衡努力水平隨工資差距的增大而提高，但對於代理人而言，努力水平的提高也意味著成本的增加，為了獲得收入的增加，代理人需要對努力水平的選擇進行權衡。隨著組織行為學的發展，越來越多的研究者都不斷研究代理人的公平偏好［如利他（Altruism）、嫉妒（Envy）、同情（Compassion）、互惠（Reciprocity）、公平（Fairness）等］對錦標競賽制度的影響，他們分別從不同角度證明公平偏好會對錦標激勵產生影響。

在國外研究方面，德和格蘭則（Dur & Glazer，2008）通過建立離散產出模型，研究了當代理人嫉妒委託人收入時的激勵機制設計，研究結果表明嫉妒心理會提高報酬契約的激勵強度，並且會降低代理人的努力水平和委託人的期望收益。克然克爾（Krakel，2000）研究了具有單一心理偏好即嫉妒的代理人與純粹自利的代理人在付出均衡努力水平時的區別，結果發現，具有偏好的員工將會比純粹自利的員工付出更多的努力。考恩蘭德（Konrad，2004）發現具有自豪偏好與嫉妒偏好的代理人比具有單一偏好的代理人做得更好。巴特林（Bartling，2011）認為與純粹自利偏好相比，自豪偏好下的最激勵合同是低效率的。格蘭德和斯里卡（Grund & Sliwka，2005）分別研究了代理人在具有嫉妒心理和同情心理下，兩種心理偏好對錦標競賽制度激勵效率的影響。格布瑞拉（Gabriella，2010）利用錦標機制，通過實驗研究發現，具有嫉妒偏好心理的員工會產生更大的努力。格爾和斯通（Gill & Stone，2010）考慮了在競爭的環境下，只受公平影響的兩個風險厭惡的同質代理人間的行為，並發現如果具有強烈公平動機的代理人只關心租金，那麼對稱均衡將不穩定或不存在；當一個代理人努力工作，而另一個代理人偷懶時，非對稱均衡將會出現，因此代理人寧願選擇隨機分配的競爭狀況。

國內關於公平偏好對激勵機制的影響，主要有包括魏光興和蒲勇健（2006）、李紹芳等（2010）、魏光興和蒲勇健（2008）和李訓（2009）等人進行了研究。魏光興和蒲勇健（2006）在考慮了代理人的拆臺行為下分析了具有嫉妒與同情偏好的代理人對錦標制度激勵效果的影響，由於參與約束效應占主導作用，因此在最優的錦標激勵制度下，代理人的努力程度和委託人的期望收益水平都會降低。李紹芳等（2010）分析了具有嫉妒心和自豪心的代理人對錦標激勵的影響，並對錦標賽制的最優工資結構設計和業績評價精度等問題做了相關探討並發現在均衡狀態下，公平偏好下的最優工資結構大於自私偏好下的最優工資結構。與魏光興（2006）不同的是，李紹芳等（2010）是以嫉妒和自豪偏好作為基礎進行研究，而魏光興和蒲勇健（2006）是以嫉妒和同情偏好作為基礎進行研究，但從研究結果來看，無論是代理人具有哪一類型的偏好，代理人的努力程度和委託人的期望效應都會明顯地降低。魏光興和蒲勇健（2008）假設代理人為風險中性，且代理人為同質，研究了代理人的嫉妒心理、內疚心理和好勝心理三種偏好對工作競賽制度激勵效率的影響，並論證了工作競賽的激勵效率和工作競賽制度的激勵結構都會受到公平偏好的影響，委託人應該根據員工的不同心理偏好採取不同激勵結構的工作競賽制度。與之前的研究（魏光興和蒲勇健，2006）不同的是，魏光興和蒲勇健（2008）沒有考慮代理人間的拆臺行為，而增加了好勝心理。李訓（2009）把勞動力市場和產品市場從完全競爭擴展到不完全競爭，研究了風險中性下具有公平偏好的同質代理人的最優錦標機制設計及產出效率問題。吴國東和蒲勇健（2011）研究了具有心理偏好的代理人追求動機公平下的逆向選擇，結果表明，最優契約是混同的，委託人無法區分所有不同動機公平偏好的代理人，如果委託人想要區分出代理人的偏好類型，那麼代理人通常可以獲取信息租金。

上述文獻等都是考慮公平偏好（嫉妒與同情）對錦標激勵的綜合作用，但通過觀察可知，大多數人在不同的情形下會表現出不同的公平偏好，有可能是其中一種，也有可能同時表現其中兩種，因此從研究每種心理偏好入手將更能夠完善心理偏好在錦標激勵中關於道德風險與逆向選擇的應用。實際上，大量的實驗也表明，不同的情形下，人們會表現出不同的心理偏好，且由於個體差異性，每個人的心理偏好強弱也不一樣，而這些差異都會影響人們的行為，當自己的收益比他人低時，嫉妒心理會占上風，當自己的收益比他人高時，同情心理會占上風，而這兩種心理都會不約而同地產生公平負效用，減少代理人的最終效用。委託人為了使自己的利益最大化，需要制定合適的激勵機制促使代理人付出更多的努力進行工作，因此讓代理人與具有同性質的人進行分類競賽還是讓他們與具有不同性質的代理人進行混同競賽是一個亟待解決的問題。另外，以上研究都是假設線性努力成本函數，具有特殊性，不具有一般性和普遍性，不能全面地解釋實際的激勵制度。

鑒於此，本章將研究錦標競賽制度中關於代理人公平偏好的道德風險問題，即在簽訂合同前，委託人知道代理人的類型，在簽訂合同后，代理人的行動不能被委託人所觀察到，因此委託人所面臨的問題就是如何設計一個最優的錦標競賽機制來誘使代理人選擇委託人所希望的行動。本章研究具有不同偏好結構的代理人，並分別考察每種心理偏好（這裡主要研究同情、嫉妒和自利）對錦標激勵的影響。另外，本章關於代理人的產出函數與以往的研究不同，不再使用線性努力成本函數而採用二次成本函數，這從某種程度上擴展了該範圍的研究；通過構建數理模型，用理論證明與數值分析進行了推導，分析了代理人心理偏好對激勵結構、代理人努力水平和期望效用、委託人期望利潤的影響。

5.2 基本假設與模型

為了必要的數學簡化，遵循文獻中的通用做法，做如下假定：

兩個風險中性的代理人 1 和 2 參與錦標競賽，獲勝者獲得工資 w_H，而失敗者只能獲得工資 w_L。定義 $\Delta w = w_H - w_L$ 表示工資差距，$\bar{w} = \frac{1}{2}(w_H + w_L) = w_L + \frac{1}{2}\Delta w$表示平均工資，兩者共同決定了錦標競賽的激勵結構。代理人 i $(=1, 2)$ 的產出函數（Dai, 2008）為：

$$x_i(e_i) = e_i \theta_i$$

其中，e_i 表示代理人付出的努力，θ_i 為外在隨機因素。設 θ_i 服從$[0, +\infty]$上的指數分佈，其密度函數為$f(\theta) = \lambda e^{-\lambda\theta}$，分佈函數為 $F(\theta) = 1 - e^{-\lambda\theta}$，其中，$\lambda > 0$，且代理人面臨的隨機因素 θ_i 與 $\theta_j(j \neq i)$ 相互獨立。而對應的努力成本函數為 $C(e)$，為了數學簡化，不妨設 $C(e) = \frac{1}{2}ce^2$，其中 c 為邊際成本系數。那

麼，根據以上產出函數，代理人 i 參與錦標競賽獲勝的概率為：

$$P(e_i,\ e_j)=\text{prob}(x_i>x_j)=\text{prob}(e_i\theta_i>e_j\theta_j)=\text{prob}\left(\theta_j<\theta_i\ \frac{e_i}{e_j}\right)$$

而隨機因素 θ 服從指數分佈，密度函數為 $f(\theta)=\lambda e^{-\lambda\theta}$，分佈函數為 $F(\theta)=1-e^{-\lambda\theta}$，那麼：

$$P(e_i,\ e_j)=\text{prob}\left(\theta_j<\theta_i\ \frac{e_i}{e_j}\right)=\int_0^{\infty}F\left(\theta_i\ \frac{e_i}{e_j}\right)f(\theta_i)\,d\theta_i=\int_0^{\infty}(1-e^{-\lambda\theta_i\frac{e_i}{e_j}})\lambda e^{-\lambda\theta_i}d\theta_i$$

$$=\frac{e_i}{e_i+e_j}$$

有的代理人是嫉妒者（表示為 E），有的是同情者（表示為 C），有的是自利者（表示為 S）。具有相同偏好類型的代理人（這裡稱為同質代理人）之間的競賽就是分類競賽，如嫉妒者與嫉妒者競賽，同情者與同情者競賽，自利者與自利者競賽。而異質代理人之間的競賽稱為混同競賽，如嫉妒者與自利者競賽，同情者與自利者競賽，嫉妒者與同情者競賽。這部分內容將分析比較分類競賽與混同競賽的激勵結構與效率。無論代理人是嫉妒者、同情者還是自利者，都假設其保留效用為 0。

5.3 分類競賽

5.3.1 嫉妒者之間的競賽

兩個嫉妒代理人之間展開錦標競賽，設其嫉妒心理強度為 α。根據以上假設，嫉妒代理人 i（=1，2）贏得錦標競賽時獲得的效用為：

$$U_{i-EE}^{\text{win}}=w_{H-EE}-\frac{1}{2}ce_{i-EE}^2 \tag{5.1}$$

其中，右上角標 win 表示贏得錦標競賽，右下角標 $i-EE$ 表示展開錦標競賽的兩個嫉妒代理人中的 i（=1，2），w_{H-EE}（以及下式中的 w_{L-EE} 和 Δw_{EE}）表示委託人在參與錦標競賽的兩位代理人都為嫉妒者時所設定的競賽激勵結構，也就是 i 獲得的收益，$\frac{1}{2}ce_i^2$ 為 i 付出的努力成本。而嫉妒代理人 i 在錦標競賽中失敗時獲得的效用為：

$$U_{i-EE}^{\text{lose}}=w_{L-EE}-\frac{1}{2}ce_{i-EE}^2-\alpha(w_{H-EE}-w_{L-EE})=w_{L-EE}-\frac{1}{2}ce_{i-EE}^2-\alpha\Delta w_{EE} \tag{5.2}$$

其中，右上角標 lose 表示在錦標競賽中失利，$\alpha\Delta w_{EE}$ 表示 i 因為所得收益 w_{L-EE} 低於另外一位代理人 j 所得收益 w_{H-EE} 產生嫉妒的負效用，簡稱為嫉妒負效用。i 贏得錦標競賽的概率為 $P(e_{i-EE}, e_{j-EE})$，在錦標競賽失利的概率為 $1-P(e_{i-EE}, e_{j-EE})$，那麼 i 付出努力 e_{i-EE} 參與錦標競賽，獲得的期望效用為：

$$\begin{aligned} EU_{i-EE} &= P(e_{i-EE}, e_{j-EE})\,U_{i-EE}^{\text{win}} + [1-P(e_{i-EE}, e_{j-EE})]\,U_{i-EE}^{\text{lose}} \\ &= w_{L-EE} - \frac{1}{2}ce_{i-EE}^{2} - \alpha\Delta w_{EE} + \frac{e_{i-EE}}{e_{i-EE}+e_{j-EE}}(1+\alpha)\Delta w_{EE} \end{aligned} \tag{5.3}$$

一方面，只有參與錦標競賽獲得的期望效用大於其保留效用時，代理人才會參與錦標競賽。則，參與約束（PC）為：

$$w_{L-EE} - \frac{1}{2}ce_{i-EE}^{2} - \alpha\Delta w_{EE} + \frac{e_{i-EE}}{e_{i-EE}+e_{j-EE}}(1+\alpha)\Delta w_{EE} \tag{5.4}$$

另一方面，i 的決策問題是通過選擇努力水平 e_{i-EE} 追求最大的期望效用，在式（5.3）中關於努力水平 e_{i-EE} 求導，得一階條件：

$$ce_{i-EE} = (1+\alpha)\,\Delta w_{EE}\frac{e_{j-EE}}{(e_{i-EE}+e_{j-EE})^{2}} \tag{5.5}$$

根據對稱性，均衡時必有 $e_{i-EE}=e_{j-EE}=e_{E-sep}$。則，激勵相容約束（$IC$）為：

$$e_{E-sep} = \sqrt{\frac{(1+\alpha)\ \Delta w_{EE}}{4c}} \tag{5.6}$$

同時，把 $e_{i-EE}=e_{j-EE}=e_{E-sep}$ 代入式（5.4）中，參與約束化簡為：

$$w_{L-EE} - \frac{1}{2}ce_{i-EE}^{2} + \frac{1}{2}(1-\beta)\Delta w_{EE} \geqslant 0 \tag{5.7}$$

根據產出函數式，委託人的期望利潤為：

$$ER_{p-EE} = \frac{2}{\lambda}e_{E-sep} - \Delta w_{EE} - 2w_{L-EE} \tag{5.8}$$

其中，第一項為代理人創造的期望產出，第二項和第三項為支付給代理人的工資。為了數學簡化，不妨設 $\lambda=1$。則，上式簡化為：

$$ER_{p-EE} = 2e_{E-sep} - \Delta w_{EE} - 2w_{L-EE} \tag{5.9}$$

委託人通過設計恰當的激勵制度 w_{L-EE} 和 $\Delta w_{EE}(=w_{H-EE}-w_{L-EE})$ 在參與約束和激勵相容約束下追求最大的期望利潤，根據式（5.6）、式（5.7）和式（5.9），其決策問題表示為：

$$[P1]\ \max_{\Delta w_{EE},\, w_{L-EE}} ER_{p-EE} = 2e_{E-sep} - \Delta w_{EE} - 2w_{L-EE}$$

$$\text{s. t.}\begin{cases} (PC)\ w_{L-EE} + \dfrac{1}{2}(1-\alpha)\Delta w_{EE} - \dfrac{1}{2}ce_{E-sep}^{2} \geqslant 0 \\ (IC)\ e_{E-sep} = \sqrt{\dfrac{(1+\alpha)\Delta w_{EE}}{4c}} \end{cases}$$

分析可知，參與約束必然取等式，否則，總可以在不破壞約束條件的前提下通過降低 w_{L-EE} 的取值進一步增大目標函數值。那麼，把取等式的參與約束代入目標函數，得：

$$\max_{\Delta w_{EE}} \mathrm{E}R_{p-EE}=\sqrt{\frac{(1+\alpha)\Delta w_{EE}}{c}}-\frac{1+5\alpha}{4}\Delta w_{EE} \tag{5.10}$$

關於 Δw_{EE} 求導，根據其一階條件，可得均衡時有：

$$\Delta w_{EE}=\frac{4(1+\alpha)}{c\ (1+5\alpha)^2} \tag{5.11}$$

代入激勵相容約束，得均衡時代理人的努力水平為：

$$e^*_{E-sep}=\sqrt{\frac{1+\alpha}{4c}\cdot\frac{4(1+\alpha)}{c\ (1+5\alpha)^2}}=\frac{1+\alpha}{c(1+5\alpha)} \tag{5.12}$$

把式（5.11）、式（5.12）代入取等式的參與約束，得：

$$w^*_{L-EE}=\frac{5\alpha^2+2\alpha-3}{2c\ (1+5\alpha)^2} \tag{5.13}$$

再把式（5.13）和式（5.12）代入目標函數，得委託人的期望利潤為：

$$\mathrm{E}R^*_{p-EE}=\frac{1+\alpha}{(1+5\alpha)\cdot c} \tag{5.14}$$

5.3.2 同情者之間的競賽

兩個同情代理人之間展開錦標競賽，設其同情心理強度為 β。根據以上假設，同情代理人 i（=1，2）贏得錦標競賽時獲得的效用為：

$$U^{\mathrm{win}}_{i-CC}=w_{H-CC}-\frac{1}{2}ce^2_{i-CC}-\beta\Delta w_{CC} \tag{5.15}$$

其中，右上角標 win 表示贏得錦標競賽，右下角標 $i-CC$ 表示展開錦標競賽的兩個同情代理人中的 i（=1，2），w_{H-CC} 和 Δw_{CC}（以及下式中的 w_{L-CC}）表示委託人在參與錦標競賽的兩位代理人都為同情者時所設定的競賽激勵結構，也就是 i 獲得的收益，$\beta\Delta w_{CC}$ 表示 i 因為所得收益 w_{H-CC} 高於另外一位代理人 j 所得收益 w_{L-CC} 產生同情的負效用，簡稱為同情負效用。$\frac{1}{2}ce^2_i$ 為 i 付出的努力成本。而同情代理人 i 在錦標競賽中失敗時獲得的效用為：

$$U^{\mathrm{lose}}_{i-CC}=w_{L-CC}-\frac{1}{2}ce^2_{i-CC} \tag{5.16}$$

其中，右上角標 lose 表示在錦標競賽中失利。i 贏得錦標競賽的概率為 P（e_{i-CC}，e_{j-CC}），在錦標競賽失利的概率為 $1-P$（e_{i-CC}，e_{j-CC}），那麼，根據式

(5.15)、式(5.16)，i 付出努力 e_{i-CC} 參與錦標競賽，其獲得的期望效用為：

$$EU_{i-CC}=w_{L-CC}-\frac{1}{2}ce_{i-CC}^{2}+\frac{e_{i-CC}}{e_{i-CC}+e_{j-CC}}(1-\beta)\Delta w_{CC} \tag{5.17}$$

一方面，只有參與錦標競賽獲得的期望效用大於其保留效用時，代理人才會參與錦標競賽。則參與約束（PC）為：

$$w_{L-CC}-\frac{1}{2}ce_{i-CC}^{2}+\frac{e_{i-CC}}{e_{i-CC}+e_{j-CC}}(1-\beta)\Delta w_{CC}\geqslant 0 \tag{5.18}$$

另一方面，i 的決策問題是通過選擇努力水平 e_{i-CC} 追求最大的期望效用，在式（5.17）中關於努力水平 e_{i-CC} 求導，得一階條件：

$$ce_{i-CC}=\frac{e_{j-CC}}{(e_{i-CC}+e_{j-CC})^{2}}(1-\beta)\Delta w_{CC} \tag{5.19}$$

根據對稱性，均衡時必有 $e_{i-CC}=e_{j-CC}=e_{C-sep}$。則，激勵相容約束（IC）為：

$$e_{C-sep}=\sqrt{\frac{(1-\beta)\Delta w_{CC}}{4c}} \tag{5.20}$$

同時，把 $e_{i-CC}=e_{j-CC}=e_{C-sep}$ 代入式（5.18）中，參與約束化簡為：

$$w_{L-CC}-\frac{1}{2}ce_{i-CC}^{2}+\frac{1}{2}(1-\beta)\Delta w_{CC}\geqslant 0 \tag{5.21}$$

根據產出函數式，委託人的期望利潤為：

$$ER_{p-CC}=\frac{2}{\lambda}e_{C-sep}-\Delta w_{CC}-2w_{L-CC} \tag{5.22}$$

其中，第一項為代理人創造的期望產出，第二項和第三項為支付給代理人的工資。為了數學簡化，不妨設 $\lambda=1$，則上式簡化為：

$$ER_{p-CC}=2e_{C-sep}-\Delta w_{CC}-2w_{L-CC} \tag{5.23}$$

委託人通過設計恰當的激勵制度 w_{L-CC} 和 $\Delta w_{CC}(=w_{H-CC}-w_{L-CC})$ 在參與約束和激勵相容約束下追求最大的期望利潤，根據式（5.20）、式（5.21）、式（5.23），其決策問題表示為：

$$[P2]\ \max_{\Delta w_{CC},w_{L-CC}} ER_{p-CC}=2e_{C-sep}-\Delta w_{CC}-2w_{L-CC}$$

$$\text{s. t.}\begin{cases}(PC)\ w_{L-CC}+\dfrac{1}{2}(1-\beta)\Delta w_{CC}-\dfrac{1}{2}ce_{C-sep}^{2}\geqslant 0\\[2ex](IC)\ e_{C-sep}=\sqrt{\dfrac{(1-\beta)\Delta w_{CC}}{4c}}\end{cases}$$

分析可知，參與約束必然取等式，否則，總可以在不破壞約束條件的前提下通過降低 w_{L-CC} 的取值進一步增大目標函數值。那麼，把取等式的參與約束代入目標函數，得：

$$\max_{\Delta w_{CC}} \mathrm{E}R_{p-CC}=\sqrt{\frac{(1-\beta)\Delta w_{CC}}{c}}-\frac{1+3\beta}{4}\Delta w_{CC} \tag{5.24}$$

關於 Δw_{CC}求導，根據其一階條件，可得均衡時有：

$$\Delta w_{CC}=\frac{4(1-\beta)}{c\ (1+3\beta)^{2}} \tag{5.25}$$

代入激勵相容約束，得均衡時代理人的努力水平為：

$$e^{*}_{C-sep}=\sqrt{\frac{1-\beta}{4c}\cdot\frac{4(1-\beta)}{c\ (1+3\beta)^{2}}}=\frac{1-\beta}{c(1+3\beta)} \tag{5.26}$$

把式（5.25）和式（5.26）代入取等式的參與約束，得：

$$w^{*}_{L-CC}=-\frac{3\ (1-\beta)^{2}}{2c\ (1+3\beta)^{2}} \tag{5.27}$$

其中，$w^{*}_{L-CC}<0$。其含義是，代理人參加錦標競賽先交押金，如果獲勝了獲得獎金，如果失利了押金也不退還。

再把式（5.25）和式（5.26）代入目標函數，得委託人的期望利潤為：

$$\mathrm{E}R^{*}_{p-CC}=\frac{1-\beta}{(1+3\beta)c} \tag{5.28}$$

5.3.3 自利者之間的競賽

對兩個自利者之間的錦標競賽，分析過程與 5.3.2 相似，只是其中的參數 α 與 β 都等於 0。

此時，根據式（5.12），代理人的努力水平為：

$$e^{*}_{S-sep}=\frac{1}{c} \tag{5.29}$$

根據式（5.11）和式（5.13），激勵結構為：

$$\Delta W^{*}_{SS}=\frac{4}{c} \tag{5.30}$$

和

$$w^{*}_{L-SS}=-\frac{3}{2c} \tag{5.31}$$

其含義同 5.3.2 所述。

根據式（5.14），委託人的期望利潤為：

$$\mathrm{E}R^{*}_{p-SS}=\frac{1}{c} \tag{5.32}$$

5.4 混同競賽

5.4.1 嫉妒者與自利者之間的競賽

嫉妒者與自利者展開競賽，嫉妒者知道對方是自利者，且自利者知道對方是嫉妒者，委託人也知道參與競賽的兩個代理人中一個是嫉妒者另一個是自利者。設此時委託人設定的激勵結構為 $w_{H\text{-}ES\text{-}pool}$、$w_{L\text{-}ES\text{-}pool}$ 和 $\Delta w_{H\text{-}ES\text{-}pool}=w_{H\text{-}ES\text{-}pool}-w_{L\text{-}ES\text{-}pool}$，其中，$pool$ 表示混同競賽。

嫉妒者贏得競賽時，獲得的效用為：

$$U_{E\text{-}pool}^{\text{win}}=w_{H\text{-}ES\text{-}pool}-\frac{1}{2}ce_{E\text{-}pool}^{2} \tag{5.33}$$

嫉妒者在競賽中失利時，獲得的效用為：

$$U_{E\text{-}pool}^{\text{win}}=w_{L\text{-}ES\text{-}pool}-\alpha\Delta w_{ES\text{-}pool}-\frac{1}{2}ce_{E\text{-}pool}^{2} \tag{5.34}$$

根據式（5.33）和式（5.34），嫉妒者在混同競賽中獲得的期望效用為：

$$\begin{aligned}\mathrm{E}U_{E\text{-}pool}=&\frac{e_{E\text{-}pool}}{e_{E\text{-}pool}+e_{S\text{-}pool}}\left(w_{H\text{-}ES\text{-}pool}-\frac{1}{2}ce_{E\text{-}pool}^{2}\right)\\&+\frac{e_{S\text{-}pool}}{e_{E\text{-}pool}+e_{S\text{-}pool}}\left(w_{L\text{-}ES\text{-}pool}-\frac{1}{2}ce_{E\text{-}pool}^{2}-\alpha\Delta w_{ES\text{-}pool}\right)\end{aligned} \tag{5.35}$$

嫉妒者通過選擇努力水平 $e_{E\text{-}pool}$ 追求最大的期望效用。上式中關於 $e_{E\text{-}pool}$ 求導，得：

$$ce_{E\text{-}pool}=(1+\alpha)\Delta w_{ES\text{-}pool}\frac{e_{E\text{-}pool}}{(e_{E\text{-}pool}+e_{S\text{-}pool})^{2}} \tag{5.36}$$

自利者贏得競賽時，獲得的效用為：

$$U_{S\text{-}pool}^{\text{win}}=w_{H\text{-}ES\text{-}pool}-\frac{1}{2}ce_{S\text{-}pool}^{2} \tag{5.37}$$

自利者在競賽中失利時，獲得的效用為：

$$U_{S\text{-}pool}^{\text{win}}=w_{L\text{-}ES\text{-}pool}-\frac{1}{2}ce_{E\text{-}pool}^{2} \tag{5.38}$$

根據式（5.37）和式（5.38），自利者在混同競賽中獲得的期望效用為：

$$\mathrm{E}U_{S\text{-}pool}=\frac{e_{S\text{-}pool}}{e_{E\text{-}pool}+e_{S\text{-}pool}}\left(w_{H\text{-}ES\text{-}pool}-\frac{1}{2}ce_{S\text{-}pool}^{2}\right)$$

$$+\frac{e_{S-pool}}{e_{E-pool}+e_{S-pool}}\left(w_{L-ES-pool}-\frac{1}{2}ce_{S-pool}^{2}\right) \tag{5.39}$$

關於 e_{S-pool} 求導，得：

$$ce_{S-pool}=\frac{e_{E-pool}}{(e_{E-pool}+e_{S-pool})^{2}}\Delta w_{ES-pool} \tag{5.40}$$

聯立式（5.36）和式（5.40）可以求解得嫉妒者的激勵相容約束（$IC-E$）和自利者的激勵相容約束（$IC-S$）分別為：

$$e_{E-pool}^{2}=\frac{(1+\alpha)\sqrt{1+\alpha}}{c\left(2+\alpha+2\sqrt{1+\alpha}\right)}\Delta w_{ES-pool} \tag{5.41}$$

$$e_{S-pool}^{2}=\frac{\sqrt{1+\alpha}}{c\left(2+\alpha+2\sqrt{1+\alpha}\right)}\Delta w_{ES-pool} \tag{5.42}$$

根據式（5.35）、式（5.41）和式（5.42）可得，嫉妒者的參與約束（$PC-E$）為：

$$w_{L-ES-pool}+\frac{2+\sqrt{1+\alpha}-3\alpha\sqrt{1+\alpha}}{2\left(2+\alpha+2\sqrt{1+\alpha}\right)}\Delta w_{ES-pool}\geqslant 0 \tag{5.43}$$

又根據式（5.39）、式（5.41）和式（5.42）可得，自利者的參與約束（$PC-E$）為：

$$w_{L-ES-pool}+\frac{2+\sqrt{1+\alpha}}{2\left(2+\alpha+2\sqrt{1+\alpha}\right)}\Delta w_{ES-pool}\geqslant 0 \tag{5.44}$$

與（5.39）式類似，委託人在混同競賽中的期望利潤為：

$$\mathrm{E}R_{p-ES-pool}=e_{E-pool}+e_{S-pool}-\Delta w_{ES-pool}-2w_{L-ES-pool} \tag{5.45}$$

同樣類似的，委託人通過設計恰當的激勵制度 $w_{L-ES-pool}$ 和 $\Delta w_{ES-pool}$（$=w_{H-ES-pool}-w_{L-ES-pool}$）在參與約束和激勵相容約束下追求最大期望利潤，根據式（5.41）~式（5.45），其決策問題表示為：

$$[P3]\ \max_{\Delta w_{ES-pool},w_{L-ES-pool}}\ \mathrm{E}R_{p-ES-pool}=e_{C-pool}+e_{S-pool}-\Delta w_{ES-pool}-2w_{L-ES-pool}$$

$$\text{s. t.}\begin{cases}(PC-E)\ w_{L-ES-pool}+\dfrac{2+\sqrt{1+\alpha}-3\alpha\sqrt{1+\alpha}}{2\left(2+\alpha+2\sqrt{1+\alpha}\right)}\Delta w_{ES-pool}\geqslant 0\\[2ex](PC-S)\ w_{L-ES-pool}+\dfrac{2+\sqrt{1+\alpha}}{2\left(2+\alpha+2\sqrt{1+\alpha}\right)}\Delta w_{ES-pool}\geqslant 0\\[2ex](IC-E)\ e_{E-pool}^{2}=\dfrac{(1+\alpha)\sqrt{1+\alpha}}{c\left(2+\alpha+2\sqrt{1+\alpha}\right)}\Delta w_{ES-pool}\\[2ex](IC-S)\ e_{S-pool}^{2}=\dfrac{\sqrt{1+\alpha}}{c\left(2+\alpha+2\sqrt{1+\alpha}\right)}\Delta w_{ES-pool}\end{cases}$$

因為 $U^{\text{lose}}_{C\text{-}pool}=w_{L\text{-}pool}-\frac{1}{2}ce^2_{C\text{-}pool}$，所以，嫉妒者的參與約束 $PC\text{-}E$ 成立時自利者的參與約束 $PC\text{-}S$ 一定成立。那麼，自利者的參與約束 $PC\text{-}S$ 是多余的，可以去掉。並且，分析可知，均衡時，嫉妒者的參與約束 $PC\text{-}E$ 一定取等式。否則，可以在不破壞約束條件的前提下通過減小 $w_{L\text{-}ES\text{-}pool}$ 進一步增大目標函數值。那麼，把取等式的嫉妒者的參與約束 $PC\text{-}E$ 和本就是等式的激勵相容約束一起代入目標函數得：

$$\max_{\Delta w_{ES\text{-}pool},\, w_{L\text{-}ES\text{-}pool}} \mathrm{E}R_{p\text{-}ES\text{-}pool}=\frac{\sqrt[4]{(1+\alpha)^3}+\sqrt[4]{1+\alpha}}{\left(1+\sqrt{1+\alpha}\right)\sqrt{c}}\sqrt{\Delta w_{ES\text{-}pool}}-\Delta w_{ES\text{-}pool}$$
$$+\frac{3\alpha\sqrt{1+\alpha}-\sqrt{1+\alpha}-2}{2+\alpha+2\sqrt{1+\alpha}}\Delta w_{ES\text{-}pool} \tag{5.46}$$

關於 $\Delta w_{ES\text{-}pool}$ 求導，根據一階條件，得：

$$\Delta w^*_{ES\text{-}pool}=\frac{\left[\sqrt[4]{(1+\alpha)^3}+\sqrt[4]{1+\alpha}\right]^2\left(1+\sqrt{1+\alpha}\right)^2}{4c\left[\alpha+\sqrt{1+\alpha}+3\alpha\sqrt{1+\alpha}\right]^2} \tag{5.47}$$

把式（5.47）代入取等式的嫉妒者的參與約束 $PC\text{-}E$，得：

$$w^*_{L\text{-}ES\text{-}pool}=\frac{\left[\sqrt[4]{(1+\alpha)^3}+\sqrt[4]{1+\alpha}\right]^2\left(3\alpha\sqrt{1+\alpha}-\sqrt{1+\alpha}-2\right)}{8c\left[\alpha+\sqrt{1+\alpha}+3\alpha\sqrt{1+\alpha}\right]^2} \tag{5.48}$$

以上三式決定了混同競賽的激勵結構。再把式（5.47）代入目標函數式（5.46），得委託人的期望利潤為：

$$\mathrm{E}R^*_{p\text{-}ES\text{-}pool}=\frac{\left[\sqrt[4]{(1+\alpha)^3}+\sqrt[4]{1+\alpha}\right]^2}{4c\left[\alpha+\sqrt{1+\alpha}+3\alpha\sqrt{1+\alpha}\right]} \tag{5.49}$$

此外，把式（5.47）代入激勵相容約束式（5.41）和式（5.42），得分類競賽中嫉妒者和自利者付出的努力水平分別為：

$$e^*_{E\text{-}pool}=\frac{(1+\alpha)\left(1+\sqrt{1+\alpha}\right)}{2c\left[\alpha+\sqrt{1+\alpha}+3\alpha\sqrt{1+\alpha}\right]} \tag{5.50}$$

和

$$e^*_{S\text{-}pool}=\frac{1+\alpha+\sqrt{1+\alpha}}{2c\left[\alpha+\sqrt{1+\alpha}+3\alpha\sqrt{1+\alpha}\right]} \tag{5.51}$$

可見，在混同競賽中，不僅嫉妒者的努力水平受其嫉妒心理的影響，而且嫉妒者的偏好特徵也會影響自利者的努力水平。

5.4.2 同情者與自利者之間的競賽

同情者與自利者展開競賽，同情者知道對方是自利者，且自利者知道對方是同情者，委託人也知道參與競賽的兩位代理人中一個是同情者另一個是自利者。設此時委託人設定的激勵結構為 $w_{H-CS-pool}$、$w_{L-CS-pool}$ 和 $\Delta w_{H-CS-pool}=w_{H-CS-pool}-w_{L-CS-pool}$，其中，*pool* 表示混同競賽。

同情者贏得競賽時，獲得的效用為：

$$U_{C-pool}^{\text{win}}=w_{H-CS-pool}-\beta\Delta w_{CS-pool}-\frac{1}{2}ce_{C-pool}^{2} \tag{5.52}$$

同情者在競賽中失利時，獲得的效用為：

$$U_{C-pool}^{\text{lose}}=w_{L-CS-pool}-\frac{1}{2}ce_{C-pool}^{2} \tag{5.53}$$

根據式（5.52）和式（5.53），同情者在混同競賽中獲得的期望效用為：

$$\begin{aligned}\mathrm{E}U_{C-pool}=&\frac{e_{C-pool}}{e_{C-pool}+e_{S-pool}}\left(w_{H-CS-pool}-\beta\Delta w_{CS-pool}-\frac{1}{2}ce_{C-pool}^{2}\right)\\&+\frac{e_{S-pool}}{e_{C-pool}+e_{S-pool}}\left(w_{L-CS-pool}-\frac{1}{2}ce_{C-pool}^{2}\right)\end{aligned} \tag{5.54}$$

同情者通過選擇努力水平 e_{C-pool} 追求最大的期望效用，上式中關於 e_{C-pool} 求導，得：

$$ce_{C-pool}=\frac{e_{S-pool}}{(e_{C-pool}+e_{S-pool})^{2}}(1-\beta)\Delta w_{CS-pool} \tag{5.55}$$

自利者贏得競賽時，獲得的效用為：

$$U_{S-pool}^{\text{win}}=w_{H-CS-pool}-\frac{1}{2}ce_{S-pool}^{2} \tag{5.56}$$

自利者在競賽中失利時，獲得的效用為：

$$U_{S-pool}^{\text{lose}}=w_{L-CS-pool}-\frac{1}{2}ce_{S-pool}^{2} \tag{5.57}$$

根據式（5.56）和式（5.57），自利者在混同競賽中獲得的期望效用為：

$$\begin{aligned}\mathrm{E}U_{S-pool}=&\frac{e_{S-pool}}{e_{C-pool}+e_{S-pool}}\left(w_{H-CS-pool}-\frac{1}{2}ce_{S-pool}^{2}\right)\\&+\frac{e_{C-pool}}{e_{C-pool}+e_{S-pool}}\left(w_{L-CS-pool}-\frac{1}{2}ce_{S-pool}^{2}\right)\end{aligned} \tag{5.58}$$

關於 e_{S-pool} 求導，得：

$$ce_{S-pool}=\frac{e_{C-pool}}{(e_{C-pool}+e_{S-pool})^{2}}\Delta w_{pool} \tag{5.59}$$

聯立式（5.55）和式（5.59），可以求得同情者的激勵相容約束（*IC*-*C*）和自利者的激勵相容約束（*IC*-*S*）分別為：

$$e_{C-pool}^{2}=\frac{(1-\beta)\sqrt{1-\beta}}{c\left(2-\beta+2\sqrt{1-\beta}\right)}\Delta w_{CS-pool} \tag{5.60}$$

和

$$e_{S-pool}^{2}=\frac{\sqrt{1-\beta}}{c\left(2-\beta+2\sqrt{1-\beta}\right)}\Delta w_{CS-pool} \tag{5.61}$$

根據式（5.54）、式（5.60）和式（5.61）可得，同情者的參與約束（$PC-C$）為：

$$w_{L-CS-pool}+\frac{(1-\beta)\sqrt{1-\beta}+2(1-\beta)^{2}}{2\left(2-\beta+2\sqrt{1-\beta}\right)}\Delta w_{CS-pool}\geqslant 0$$

又根據式（5.58）、式（5.60）和式（5.61）可得，自利者的參與約束（$PC-S$）為：

$$w_{L-CS-pool}+\frac{2+\sqrt{1-\beta}}{2\left(2-\beta+2\sqrt{1-\beta}\right)}\Delta w_{CS-pool}\geqslant 0 \tag{5.62}$$

與式（5.23）類似，委託人在混同競賽中的期望利潤為：

$$\mathrm{E}R_{p-pool}=e_{C-pool}+e_{S-pool}-\Delta w_{CS-pool}-2w_{L-CS-pool} \tag{5.63}$$

同樣類似的，委託人通過設計恰當的激勵制度 w_{L-pool} 和 $\Delta w_{pool}=(w_{H-pool}-w_{L-pool})$ 在參與約束和激勵相容約束下追求最大的期望利潤，其決策問題表示為：

$$[P4]\max_{\Delta w_{CS-pool},\,w_{L-CS-pool}}\mathrm{E}R_{p-CS-pool}=e_{C-pool}+e_{S-pool}-\Delta w_{CS-pool}-2w_{L-CS-pool}$$

$$\text{s. t.}\begin{cases}(PC-C)\,w_{L-CS-pool}+\dfrac{(1-\beta)\sqrt{1-\beta}+2(1-\beta)^{2}}{2\left(2-\beta+2\sqrt{1-\beta}\right)}\Delta w_{CS-pool}\geqslant 0\\(PC-S)\,w_{L-CS-pool}+\dfrac{2+\sqrt{1-\beta}}{2\left(2-\beta+2\sqrt{1-\beta}\right)}\Delta w_{CS-pool}\geqslant 0\\(IC-C)\,e_{C-pool}^{2}=\dfrac{(1-\beta)\sqrt{1-\beta}}{c\left(2-\beta+2\sqrt{1-\beta}\right)}\Delta w_{CS-pool}\\(IC-S)\,e_{S-pool}^{2}=\dfrac{\sqrt{1-\beta}}{c\left(2-\beta+2\sqrt{1-\beta}\right)}\Delta w_{CS-pool}\end{cases} \tag{5.64}$$

因為$\frac{2+\sqrt{1-\beta}}{2\left(2-\beta+2\sqrt{1-\beta}\right)}>\frac{(1-\beta)\sqrt{1-\beta}+2(1-\beta)^{2}}{2\left(2-\beta+2\sqrt{1-\beta}\right)}$（具體證明過程略），所以同情者的參與約束（$PC-C$）成立時自利者的參與約束（$PC-S$）一定成立。那麼，自利者的參與約束是多余的，可以去掉。並且，分析可知，均衡時，同情者的參與約束一定取等式。否則，可以在不破壞約束條件的前提下通過減小

w_{L-pool}進一步增大目標函數值。那麼，把取等式的同情者的參與約束 $PC-C$ 和本就是等式的激勵相容約束一起代入目標函數，得：

$$\max_{\Delta w_{CS-pool}, w_{L-CS-pool}} \mathrm{E}R_{p-CS-pool} = \frac{\sqrt[4]{(1-\beta)^3} + \sqrt[4]{1-\beta}}{\left(1+\sqrt{1-\beta}\right)\sqrt{c}}\sqrt{\Delta w_{CS-pool}} - \Delta w_{CS-pool} + \frac{(1-\beta)\sqrt{1-\beta}+2(1-\beta)^2}{2-\beta+2\sqrt{1-\beta}}\Delta w_{CS-pool} \tag{5.65}$$

關於 Δw_{pool} 求導，根據一階條件，得：

$$\Delta w^*_{CS-pool} = \frac{\left[\sqrt[4]{(1-\beta)^3} + \sqrt[4]{1-\beta}\right]^2 \left(1+\sqrt{1-\beta}\right)^2}{4c\left[3\beta+(1+\beta)\sqrt{1-\beta}-2\beta^2\right]^2} \tag{5.66}$$

把式（5.66）代入取等式的同情者的參與約束 $PC-C$，得：

$$w^*_{L-CS-pool} = -\frac{\left[\sqrt[4]{(1-\beta)^3} + \sqrt[4]{1-\beta}\right]^2 \left[(1-\beta)\sqrt{1-\beta}+2(1-\beta)^2\right]}{8c\left[3\beta+(1+\beta)\sqrt{1-\beta}-2\beta^2\right]^2} \tag{5.67}$$

把式（5.67）代入目標函數得委託人的期望利潤為：

$$\mathrm{E}R^*_{p-CS-pool} = \frac{\left[\sqrt[4]{(1-\beta)^3} + \sqrt[4]{1-\beta}\right]^2}{4c\left[3\beta+(1+\beta)\sqrt{1-\beta}-2\beta^2\right]} \tag{5.68}$$

此外，把式（5.66）代入激勵相容約束，得均衡時的同情者和自利者付出的努力水平分別為：

$$e^*_{C-pool} = \frac{(1-\beta)\left(1+\sqrt{1-\beta}\right)}{2c\left[3\beta+(1+\beta)\sqrt{1-\beta}-2\beta^2\right]} \tag{5.69}$$

和

$$e^*_{S-pool} = \frac{1-\beta+\sqrt{1-\beta}}{2c\left[3\beta+(1+\beta)\sqrt{1-\beta}-2\beta^2\right]} \tag{5.70}$$

可見，在混同競賽中，不僅同情者的努力水平受其同情心理的影響，而且同情者的偏好特徵也會影響自利者的努力水平。

5.4.3 嫉妒者與同情者之間的競賽

同情者與嫉妒者展開競賽，同情者知道對方是嫉妒者，且嫉妒者知道對方是同情者，委託人也知道參與競賽的兩個代理人中一個是同情者另一個是嫉妒者。設此時委託人設定的激勵結構為 w_{H-pool}、w_{L-pool} 和 $\Delta w_{H-pool} = w_{H-pool} - w_{L-pool}$，其中，$pool$ 表示混同競賽。

同情者贏得競賽時，獲得的效用為：

$$U_{C-pool}^{\text{win}}=w_{H-pool}-\beta\Delta w_{pool}-\frac{1}{2}ce_{C-pool}^{2} \tag{5.71}$$

同情者在競賽中失利時，獲得的效用為：

$$U_{C-pool}^{\text{lose}}=w_{L-pool}-\frac{1}{2}ce_{C-pool}^{2} \tag{5.72}$$

根據式（5.71）和式（5.72），同情者在混同競賽中獲得的期望效用為：

$$\begin{aligned}\mathrm{E}U_{C-pool}=&\frac{e_{C-pool}}{e_{E-pool}+e_{C-pool}}\left(w_{H-pool}-\beta\Delta w_{pool}-\frac{1}{2}ce_{C-pool}^{2}\right)\\&+\frac{e_{E-pool}}{e_{E-pool}+e_{C-pool}}\left(w_{L-pool}-\frac{1}{2}ce_{C-pool}^{2}\right)\end{aligned} \tag{5.73}$$

同情者通過選擇努力水平 e_{C-pool} 追求最大的期望效用，上式中關於 e_{C-pool} 求導，得：

$$ce_{C-pool}=\frac{e_{E-pool}}{(e_{C-pool}+e_{E-pool})^{2}}(1-\beta)\Delta w_{pool} \tag{5.74}$$

嫉妒者贏得競賽時，獲得的效用為：

$$U_{E-pool}^{\text{win}}=w_{H-pool}-\frac{1}{2}ce_{E-pool}^{2} \tag{5.75}$$

嫉妒者在競賽中失利時，獲得的效用為：

$$U_{E-pool}^{\text{lose}}=w_{L-pool}-\frac{1}{2}ce_{E-pool}^{2}-\alpha\Delta w_{EE} \tag{5.76}$$

根據式（5.75）和式（5.76），嫉妒者在混同競賽中獲得的期望效用為：

$$\begin{aligned}\mathrm{E}U_{E-pool}=&\frac{e_{E-pool}}{e_{E-pool}+e_{C-pool}}\left(w_{H-pool}-\frac{1}{2}ce_{E-pool}^{2}\right)\\&+\frac{e_{C-pool}}{e_{E-pool}+e_{C-pool}}\left(w_{L-pool}-\frac{1}{2}ce_{E-pool}^{2}-\alpha\Delta w_{pool}\right)\end{aligned} \tag{5.77}$$

嫉妒者通過選擇努力水平 e_{E-pool} 追求最大的期望效用，上式中關於 e_{E-pool} 求導，得：

$$ce_{E-pool}=\frac{e_{C-pool}}{(e_{C-pool}+e_{E-pool})^{2}}(1+\alpha)\Delta w_{pool} \tag{5.78}$$

聯立式（5.74）和式（5.78）可以求解得同情者的激勵相容約束（$IC-C$）和嫉妒者的激勵相容約束（$IC-E$）分別為：

$$e^2_{E-pool}=\frac{(1+\alpha)\sqrt{\dfrac{1+\alpha}{1-\beta}}}{c\left(1+2\sqrt{\dfrac{1+\alpha}{1-\beta}}+\dfrac{1+\alpha}{1-\beta}\right)}\Delta w_{pool} \tag{5.79}$$

和

$$e^2_{C-pool}=\frac{(1-\beta)\sqrt{\dfrac{1+\alpha}{1-\beta}}}{c\left(1+2\sqrt{\dfrac{1+\alpha}{1-\beta}}+\dfrac{1+\alpha}{1-\beta}\right)}\Delta w_{pool} \tag{5.80}$$

根據式（5.73）、式（5.79）和式（5.80）可得，同情者的參與約束（$PC-C$）為：

$$w_{L-pool}+\frac{2(1-\beta)+(1-\beta)\sqrt{\dfrac{1+\alpha}{1-\beta}}}{2\left(1+2\sqrt{\dfrac{1+\alpha}{1-\beta}}+\dfrac{1+\alpha}{1-\beta}\right)}\Delta w_{pool}\geqslant 0 \tag{5.81}$$

又根據式（5.77）、式（5.79）和式（5.80）可得，嫉妒者的參與約束（$PC-E$）為：

$$w_{L-pool}+\frac{\dfrac{2(1+\alpha)}{1-\beta}+(1-3\alpha)\sqrt{\dfrac{1+\alpha}{1-\beta}}-2\alpha}{2\left(1+2\sqrt{\dfrac{1+\alpha}{1-\beta}}+\dfrac{1+\alpha}{1-\beta}\right)}\Delta w_{pool}\geqslant 0 \tag{5.82}$$

與上類似，委託人在混同競賽中的期望利潤為：

$$\mathrm{E}R_{p-pool}=e_{C-pool}+e_{E-pool}-\Delta w_{pool}-2w_{L-pool} \tag{5.83}$$

同樣類似的，委託人通過設計恰當的激勵制度 w_{L-pool} 和 Δw_{pool} 在參與約束和激勵相容約束下追求最大的期望利潤，根據式（5.80）~式（5.83），其決策問題表示為：

$$[P5]\ \max_{\Delta w_{pool},\, w_{L-pool}}\ \mathrm{E}R_{p-pool}=e_{C-pool}+e_{E-pool}-\Delta w_{pool}-2w_{L-pool}$$

$$
\text{s. t.}\begin{cases}
(PC-C)\,w_{L-pool}+\dfrac{2(1-\beta)+(1-\beta)\sqrt{\dfrac{1+\alpha}{1-\beta}}}{2\left(1+2\sqrt{\dfrac{1+\alpha}{1-\beta}}+\dfrac{1+\alpha}{1-\beta}\right)}\Delta w_{pool}\geqslant 0\\
(PC-E)\,w_{L-pool}+\dfrac{\dfrac{2(1+\alpha)}{1-\beta}+(1-3\alpha)\sqrt{\dfrac{1+\alpha}{1-\beta}}-2\alpha}{2\left(1+2\sqrt{\dfrac{1+\alpha}{1-\beta}}+\dfrac{1+\alpha}{1-\beta}\right)}\Delta w_{pool}\geqslant 0\\
(IC-C)\,e^2_{C-pool}=\dfrac{(1-\beta)\sqrt{\dfrac{1+\alpha}{1-\beta}}}{c\left(1+2\sqrt{\dfrac{1+\alpha}{1-\beta}}+\dfrac{1+\alpha}{1-\beta}\right)}\Delta w_{pool}\\
(IC-E)\,e^2_{E-pool}=\dfrac{(1+\alpha)\sqrt{\dfrac{1+\alpha}{1-\beta}}}{c\left(1+2\sqrt{\dfrac{1+\alpha}{1-\beta}}+\dfrac{1+\alpha}{1-\beta}\right)}\Delta w_{pool}
\end{cases}
$$

取 $0.5\leqslant\alpha\leqslant1$ 與 $0\leqslant\beta\leqslant0.315$，

則$\dfrac{2(1-\beta)+(1-\beta)\sqrt{\dfrac{1+\alpha}{1-\beta}}}{2\left(1+2\sqrt{\dfrac{1+\alpha}{1-\beta}}+\dfrac{1+\alpha}{1-\beta}\right)}>\dfrac{\dfrac{2(1+\alpha)}{1-\beta}+(1-3\alpha)\sqrt{\dfrac{1+\alpha}{1-\beta}}-2\alpha}{2\left(1+2\sqrt{\dfrac{1+\alpha}{1-\beta}}+\dfrac{1+\alpha}{1-\beta}\right)}$。

即：嫉妒者的參與約束（$PC-E$）成立時同情者的參與約束（$PC-C$）一定成立。那麼，同情者的參與約束是多余的，可以去掉。並且，分析可知，均衡時，嫉妒者的參與約束一定取等式。否則，可以在不破壞約束條件的前提下通過減小 w_{L-pool} 進一步增大目標函數值。那麼，把取等式的嫉妒者的參與約束和激勵相容約束一起代入目標函數，得：

$$
\max_{\Delta w_{pool},\,w_{L-pool}} ER_{p-pool}=\frac{\sqrt[4]{\dfrac{1+\alpha}{1-\beta}}\left(\sqrt{1-\beta}+\sqrt{1-\alpha}\right)}{\left(1+\sqrt{\dfrac{1+\alpha}{1-\beta}}\right)\sqrt{c}}\sqrt{\Delta w_{pool}}-\frac{1+2\alpha-\dfrac{1+\alpha}{1-\beta}+(1+3\alpha)\sqrt{\dfrac{1+\alpha}{1-\beta}}}{\left(1+2\sqrt{\dfrac{1+\alpha}{1-\beta}}+\dfrac{1+\alpha}{1-\beta}\right)}\Delta w_{pool} \tag{5.84}
$$

關於 Δw_{pool} 求導，根據一階條件，得：

$$\Delta w_{pool}=\frac{\sqrt{\frac{1+\alpha}{1-\beta}}\left(1+\sqrt{\frac{1+\alpha}{1-\beta}}\right)^2(\sqrt{1-\beta}+\sqrt{1-\alpha})^2}{4c\left[1+2\alpha-\frac{1+\alpha}{1-\beta}+(1+3\alpha)\sqrt{\frac{1+\alpha}{1-\beta}}\right]^2} \tag{5.85}$$

把式（5.85）代入取等式的嫉妒者參與約束：

$$w_{L-pool}=-\frac{\left[\frac{2(1+\alpha)}{1-\beta}+(1-3\alpha)\sqrt{\frac{1+\alpha}{1-\beta}}-2\alpha\right]\sqrt{\frac{1+\alpha}{1-\beta}}(\sqrt{1-\beta}+\sqrt{1-\alpha})^2}{8c\left[1+2\alpha-\frac{1+\alpha}{1-\beta}-(1+3\alpha)\sqrt{\frac{1+\alpha}{1-\beta}}\right]^2} \tag{5.86}$$

把式（5.86）代入目標函數得委託人的利潤為：

$$\mathrm{E}R_{p-pool}=\frac{\sqrt{\frac{1+\alpha}{1-\beta}}(\sqrt{1-\beta}+\sqrt{1-\alpha})^2}{4c\left[1+2\alpha-\frac{1+\alpha}{1-\beta}+(1+3\alpha)\sqrt{\frac{1+\alpha}{1-\beta}}\right]} \tag{5.87}$$

此外，把式（5.86）代入激勵相容約束，得均衡時的同情者和嫉妒者付出的努力水平分別為：

$$e^*_{C-pool}=\frac{\sqrt{1+\alpha}(\sqrt{1-\beta}+\sqrt{1-\alpha})}{2c\left[1+2\alpha-\frac{1+\alpha}{1-\beta}+(1+3\alpha)\sqrt{\frac{1+\alpha}{1-\beta}}\right]} \tag{5.88}$$

和

$$e^*_{E-pool}=\frac{\sqrt{1+\alpha}\sqrt{\frac{1+\alpha}{1-\beta}}(\sqrt{1-\beta}+\sqrt{1-\alpha})}{2c\left[1+2\alpha-\frac{1+\alpha}{1-\beta}+(1+3\alpha)\sqrt{\frac{1+\alpha}{1-\beta}}\right]} \tag{5.89}$$

可見，在混同競賽中，同情者的努力水平不僅受其同情心理的影響還受到嫉妒者的嫉妒心理的影響，這種情況對於嫉妒者來說也是一樣。

5.5 比較分析

5.5.1 嫉妒者與自利者的比較分析

（1）激勵結構的比較

在工資差距方面，根據式（5.11）、式（5.30）和式（5.48）計算可得

（具體過程略），$\Delta w_{SS}^{*}>\Delta w_{ES-pool}^{*}>\Delta w_{EE}^{*}$，並且有$\frac{d\Delta w_{EE}^{*}}{d\alpha}<0$和$\frac{d\Delta w_{ES-pool}^{*}}{d\alpha}<0$。

因此，可得結論 5.1：嫉妒者的競賽工資差距小於自利者的競賽工資差距，混同競賽的工資差距大於分類競賽的工資差距；無論是分類競賽還是混同競賽，代理人嫉妒心理越強，競賽工資差距就越小。

因此，代理人的公平偏好類型和強度都會影響競賽工資結構，嫉妒偏好下的最優工資結構小於自利偏好下的最優工資結構，如果委託人以自利偏好下的工資結構來激勵具有嫉妒偏好的代理人，那麼代理人的期望效用就會減小從而降低努力水平。另外，由結論 5.1 可知，無論是嫉妒者與嫉妒者展開競賽還是嫉妒者與自利者展開競賽，代理人嫉妒心理強度越大，委託人應該適當減小工資差距從而減少嫉妒者的公平負效用。

在平均工資方面，根據式（5.11）和式（5.13）計算可得嫉妒者在分類競賽中平均工資為：

$$\bar{w}_{EE}^{*}=w_{L-EE}^{*}+\frac{1}{2}\Delta w_{EE}^{*}=\frac{5\alpha^{2}+6\alpha-1}{2c\ (1+5\alpha)^{2}}=\frac{1+\alpha}{2c(1+5\alpha)} \tag{5.90}$$

根據（5.30）和（5.31）計算得自利者在分類競賽中平均工資為：

$$\bar{w}_{SS}^{*}=w_{L-SS}^{*}+\frac{1}{2}\Delta w_{SS}^{*}=\frac{1}{2c} \tag{5.91}$$

根據式（5.47）和式（5.48）計算得混同競賽中平均工資為：

$$\bar{w}_{ES-pool}^{*}=w_{L-ES-pool}^{*}+\frac{1}{2}\Delta w_{ES-pool}^{*}=\frac{\left[\sqrt[4]{(1+\alpha)^{3}}+\sqrt[4]{1+\alpha}\right]^{2}}{8c\left[\alpha+\sqrt{1+\alpha}+3\alpha\sqrt{1+\alpha}\right]} \tag{5.92}$$

由以上三式計算可得（具體過程略），$\bar{w}_{SS}^{*}>\bar{w}_{EE}^{*}$，當 $\alpha>0.45$ 時，$\bar{w}_{EE}^{*}>\bar{w}_{ES-pool}^{*}$，當 $\alpha<0.45$，$\bar{w}_{EE}^{*}<\bar{w}_{ES-pool}^{*}$，但有，$\frac{d\bar{w}_{EE}^{*}}{d\alpha}<0$和$\frac{d\bar{w}_{ES-pool}^{*}}{d\alpha}<0$。

因此，可以得到結論 5.2：嫉妒者的競賽平均工資小於自利者的競賽平均工資，當 $\alpha>0.45$，混同競賽的平均工資小於分類競賽的平均工資；無論是分類競賽還是混同競賽，代理人嫉妒心理越強，競賽平均工資就越小。

（2）嫉妒者的比較

在努力水平方面，根據式（5.12）和式（5.50）計算可得（具體過程略），$e_{E-pool}^{*}>e_{E-sep}^{*}$，並且有$\frac{de_{E-sep}^{*}}{d\alpha}<0$和$\frac{de_{E-pool}^{*}}{d\alpha}<0$。

在期望效用方面，由於［$P1$］和［$P3$］中嫉妒者的參與約束都取等式，那麼嫉妒者在分類競賽和混同競賽中獲得的期望效用都等於保留效用。

綜合以上兩方面，可得結論 5.3：嫉妒者在混同競賽中付出的努力要高於在分類競賽中付出的努力，並且無論在混同競賽還是分類競賽中，代理人的嫉妒心理越強付出的努力水平越低。但是，嫉妒者在混同競賽和分類競賽中都只能獲得保留效用。

因此，混同競賽能夠激勵嫉妒者更努力地工作，而嫉妒者也願意參加混同競賽，因為無論是參加混同競賽還是參加分類競賽都只能獲得保留效用。從現實中我們也可以看到，一些企業員工即使收入高於同行業（或者同企業的其他部門）水平，但是當其他同事（無論是本企業同部門或其他部門）的收入遠遠高於自己時，這些員工不是靠提高努力水平來獲得更多的報酬，而是降低自己的努力水平，這就是因為員工的嫉妒偏好發揮了負效用。

（3）自利者的比較

在努力水平方面，自利者在分類競賽中付出的努力水平為式（5.29）定義的 e^*_{S-sep}，在混同競賽中付出的努力為式（5.51）定義的 e^*_{S-pool}，計算可得（具體過程略），$e^*_{S-sep}>e^*_{S-pool}$ 和 $\frac{de^*_{S-pool}}{d\alpha}<0$。

因此，有結論 5.4：自利者在混同競賽中付出的努力更低，而且受嫉妒者嫉妒心理強度的影響，嫉妒者心理越強，自利者付出的努力越低。

因此，當自利者和嫉妒者進行競賽時，自利者在競賽中的努力水平也會受到嫉妒者的影響，再結合結論 5.3，進一步說明，企業應該採取措施減小嫉妒者的嫉妒心理強度，提高嫉妒者同時也提高自利者的努力水平，改善團隊生產環境，促進提高團隊產出。

在期望效用方面，在分類競賽中，根據激勵結構式（5.30）和式（5.31）、努力水平 $e^*_{S-sep}=\frac{1}{c}$ 和努力成本函數 $C(e)=\frac{1}{2}ce^2$，計算可得，自利者的期望效用等於保留效用。而在混同競賽中，把式（5.47）、式（5.48）及式（5.50）、式（5.51）代入式（5.39）計算可得，自利者的期望效用為：

$$\mathrm{EU}^*_{S-pool}=\frac{3\alpha\sqrt{1+\alpha}\left[\sqrt[4]{1+\alpha^3}+\sqrt[4]{1+\alpha}\right]^2}{8c\left[\alpha+\sqrt{1+\alpha}+3\alpha\sqrt{1+\alpha}\right]^2} \tag{5.93}$$

計算可得（具體過程略），$\mathrm{EU}^*_{S-pool}>0$ 和 $\frac{d^2\mathrm{EU}^*_{S-pool}}{d^2\alpha}<0$。

於是，有結論 5.5：自利者在分類競賽中只能獲得保留效用，而在混同競賽中可以獲得高於保留效用的期望效用；並且自利者的期望效用受嫉妒者嫉妒心理強度的影響，先隨嫉妒者嫉妒心理的增強而增大，再隨嫉妒者嫉妒心理的增強而減小。

由此可以發現兩點：第一，自利者更願意參加混同競賽，因為可以獲得更高期望效用。第二，混同競賽中存在交叉效應，嫉妒者的嫉妒心理強度不僅會影響嫉妒者自己付出的努力水平和獲得的期望效用，而且會影響自利者付出的努力水平和獲得的期望效用。因此，企業應該盡量雇傭嫉妒偏好強度較低的代理人，當然企業也可以通過企業文化、思想工作等一系列措施來降低員工的嫉妒心理強度，或者隱藏一些員工的實際高收入情況方面的信息。比如，企業員工每月底都會開出一列紙質工資單，每個員工可以看到自己和別人的工資，某些具有嫉妒偏好的員工會因看到一些其他同事工資比自己高，而產生嫉妒負效用，甚至向各處抱怨，在一定程度上使得大家工作氛圍緊張。而現在很多企業建立了網上工資系統，每個員工只能看到自己的工資而不能看到其他同事的工資，這樣就可以減少因嫉妒產生的負效用，提高員工的努力水平。從而減少員工之間因嫉妒而產生的負效用，通過這些措施就可以有效降低員工的道德風險，從而實現提高團隊總產出的目標，也可以使員工獲得更多的收益。

（4）委託人的比較

在分類競賽下，根據式（5.14）和式（5.32），委託人從一個自利者和一個嫉妒者那裡獲得的期望利潤為：

$$\mathrm{E}R^*_{p-sep} = \frac{1}{2}(\mathrm{E}R^*_{p-EE} + \mathrm{E}R^*_{p-SS}) = \frac{1+3\alpha}{c(1+5\alpha)} \tag{5.94}$$

而在混同競賽下，委託人從一個自利者和一個嫉妒者那裡獲得的期望利潤是式（5.49）表示的 $\mathrm{E}R^*_{p-ES-pool}$。根據式（5.49）和式（5.94）計算可得（具體過程略），$\mathrm{E}R^*_{p-sep} > \mathrm{E}R^*_{p-ES-pool}$，並且有 $\frac{d\mathrm{E}R^*_{p-sep}}{d\alpha} < 0$、$\frac{d\mathrm{E}R^*_{p-ES-pool}}{d\alpha} < 0$ 和 $\frac{d(\mathrm{E}R^*_{p-sep} - \mathrm{E}R^*_{p-ES-pool})}{d\alpha} > 0$。

於是，可得結論 5.6：委託人採取分類競賽可以獲得更多期望利潤，嫉妒者嫉妒心理越強，採取分類競賽可以獲取的額外利潤越多，分類競賽的優勢越明顯。但是，無論是分類競賽還是混同競賽，嫉妒者嫉妒心理越強，委託人獲得的期望利潤就越少。

代理人的嫉妒心理偏好要求委託人除了要補償代理人的努力成本外還要補償代理人因任何不公平分配而導致的公平負效用，公平偏好中的嫉妒偏好成為一項激勵約束，且嫉妒強度越大，激勵成本越高，委託人的期望利潤越少。而當委託人雇傭具有自利偏好的代理人，由於代理人不會產生任何公平負效用，因此，只需要委託人補償自利偏好代理人的努力成本即可。

5.5.2 同情者與自利者的比較分析

（1）激勵結構的比較

在工資差距方面，根據式（5.25）、式（5.26）和式（5.65）計算可得，$\Delta w_{SS}^{*}>\Delta w_{CC}^{*}$，當 $\beta\leqslant 0.396$ 時，$\Delta w_{CC}^{*}>\Delta w_{CS-pool}^{*}$，但$\frac{d\Delta w_{CC}^{*}}{d\beta}<0$ 和$\frac{d\Delta w_{CS-pool}^{*}}{d\beta}<0$。

因此，可得結論 5.7：無論 β 取何值，同情者的競賽工資差距小於自利者的工資競賽差距。當 $\beta\leqslant 0.396$，混同競賽的工資差距小於分類競賽的工資差距，且無論是分類競賽還是混同競賽，代理人同情心理越強，競賽工資差距就越小。

在平均工資方面，自利者的分類競賽中平均工資為式（5.91）的 $\bar{w}_{SS}^{*}$；

根據式（5.26）和式（5.27），計算得同情者的分類競賽中平均工資為：

$$\bar{w}_{CC}^{*}=w_{L-CC}^{*}+\frac{1}{2}\Delta w_{CC}^{*}=\frac{1+2\beta-3\beta^{2}}{2c\ (1+3\beta)^{2}} \tag{5.95}$$

根據式（5.66）和式（5.67），計算得混同競賽中平均工資為：

$$\bar{w}_{CS-pool}^{*}=w_{L-CS-pool}^{*}+\frac{1}{2}\Delta w_{CS-pool}^{*}=\frac{\left[\sqrt[4]{(1-\beta)^{3}}+\sqrt[4]{1-\beta}\right]^{2}}{8c\left[3\beta+(1+\beta)\sqrt{1-\beta}-2\beta^{2}\right]} \tag{5.96}$$

由式（5.91）和式（5.95）計算可得，$\bar{w}_{SS}^{*}>\bar{w}_{CC}^{*}$，當 $\beta\leqslant 0.18$ 時，$\bar{w}_{cc}^{*}>\bar{w}_{CS-pool}^{*}$，但有$\frac{d\bar{w}_{CC}^{*}}{d\beta}<0$ 和$\frac{d\bar{w}_{CS-pool}^{*}}{d\beta}<0$。

因此，可以得出結論 5.8：無論 β 取何值，同情者的競賽平均工資小於自利者的競賽平均工資。當 $\beta\leqslant 0.18$ 時，混同競賽的平均工資小於同情者的分類競賽的平均工資，且無論是分類競賽還是混同競賽，代理人同情心理越強，競賽平均工資越小。

結合結論 5.7，無論在混同競賽還是分類競賽中，同情者的競賽工資差距都小於自利者的工資競賽差距，且代理人同情心理越強，競賽工資差距就越小。因此，與嫉妒心理強度一樣，同情心理也影響競賽工資差距。

（2）同情者的比較

在努力水平方面，根據式（5.20）和式（5.69），計算可得，當 $\beta\leqslant 0.418$ 時，$e_{C-sep}^{*}>e_{C-pool}^{*}$，但有$\frac{de_{C-sep}^{*}}{d\beta}<0$ 和$\frac{de_{C-pool}^{*}}{d\beta}<0$。

由於［$P2$］和［$P4$］中同情者的參與約束都取等式，那麼同情者在分類競賽和混同競賽中獲得的期望效用都等於保留效用。

綜合以上兩方面，可得結論 5.9：當 $\beta \leqslant 0.418$ 時，同情者在混同競賽中的努力水平低於在分類競賽中的努力水平，而當 $\beta > 0.418$ 時，同情者在混同競賽中的努力水平要高於在分類競賽中的努力水平。無論 β 取何值，代理人在混同競賽與分類競賽中同情心理越強的努力水平越低，且同情者無論是在混同競賽還是分類競賽中都只能獲得保留效用。

因此，當 $\beta \leqslant 0.418$ 時，分類競賽更能激勵同情者更努力地工作，而同情者也願意參加分類競賽；當 $\beta > 0.418$，混同競賽更能激勵同情者更努力地工作，而同情者也願意參加混同競賽；因為無論是在混同競賽還是分類競賽中都只能獲得保留效用。

（3）自利者的比較

在努力水平方面，自利者在分類競賽中付出的努力水平為式（5.29）定義的 e^*_{S-sep}，在混同競賽中付出的努力為式（5.70）定義的 e^*_{S-pool}，計算可得，$e^*_{S-sep} > e^*_{S-pool}$ 和 $\frac{de^*_{S-pool}}{d\beta} < 0$。

因此可得結論 5.10：自利者在混同競賽中付出的努力更低，而且受同情者同情心理強度的影響，同情者同情心理越強，自利者付出的努力越低。

在期望效用方面，在分類競賽中，根據激勵結構式（5.30）和式（5.31）、努力水平 $e^*_{S-sep} = \frac{1}{c}$ 和努力成本函數 $C(e) = \frac{1}{2}ce^2$，計算可得，自利者的期望效用等於保留效用。而在混同競賽中，把式（5.66）、式（5.67）和式（5.69）、式（5.70）代入式（5.58）計算，可得自利者的期望效用為：

$$\mathrm{EU}^*_{S-pool} = \frac{\left[4\beta + \beta\sqrt{1-\beta} - 2\beta^2\right]\left[\sqrt[4]{(1-\beta)^3} + \sqrt[4]{1-\beta}\right]^2}{8c\left[3\beta + (1+\beta)\sqrt{1-\beta} - 2\beta^2\right]^2} \tag{5.97}$$

計算可得（具體過程略），$\mathrm{EU}^*_{S-pool} > 0$ 和 $\frac{d^2\mathrm{EU}^*_{S-pool}}{d^2\beta} < 0$。

於是，有結論 5.11：自利者在分類競賽中只能獲得保留效用，而在混同競賽中可以獲得高於保留效用的期望效用；且自利者的期望效用受同情者同情心理強度的影響，先隨同情者同情心理的增強而增大，再隨同情者同情心理的增強而減小。

由此可以發現兩點：第一，自利者更願意參加混同競賽，因為可以獲得更高期望效用。第二，混同競賽中存在交叉效應，同情者的同情心理強度不僅會影響同情者自己付出的努力水平和獲得的期望效用，而且會影響自利者付出的努力水平和獲得的期望效用。

(4) 委託人的比較

在分類競賽下，根據式（5.28）和式（5.32），委託人從一個自利者和一個同情者那裡獲得的期望利潤為：

$$\mathrm{E}R_{p-sep}^{*}=\frac{1}{2}(\mathrm{E}R_{p-CC}^{*}+\mathrm{E}R_{p-SS}^{*})=\frac{1-\beta}{2c(1+3\beta)}+\frac{1}{2c}=\frac{1+\beta}{c(1+3\beta)} \quad (5.98)$$

而在混同競賽下，委託人從一個自利者和一個同情者那裡獲得的期望利潤是式（5.68）表示的 $\mathrm{E}R_{p-CS-pool}^{*}$。根據式（5.68）和式（5.98）計算可得（具體過程略），$\mathrm{E}R_{p-sep}^{*}>\mathrm{E}R_{p-CS-pool}^{*}$，並且有 $\frac{d\mathrm{E}R_{p-sep}^{*}}{d\beta}<0$、$\frac{d\mathrm{E}R_{p-CS-pool}^{*}}{d\beta}<0$ 和 $\frac{d(\mathrm{E}R_{p-sep}^{*}-\mathrm{E}R_{p-CS-pool}^{*})}{d\beta}>0$。

於是，可得結論 5.12：委託人採取分類競賽可以獲得更多期望利潤，同情者同情心理越強，採取分類競賽可以獲取的額外利潤越多，分類競賽的優勢越明顯。但是，無論是分類競賽還是混同競賽，同情者同情心理越強，委託人獲得的期望利潤就越少。

由上可知，委託人更希望採取分類競賽，讓自利者與自利者競賽、同情者與同情者競賽、嫉妒者與嫉妒者競賽，尤其是人的偏好心理越強時。但是，根據結論 5.5 和結論 5.12，自利者更願意參加混同競賽，因為從混同競賽中可以獲得高於保留效用而從分類競賽中只能獲得保留效用。那麼，當委託人實施分類競賽時，自利者就有動機僞裝成同情者去和同情者競賽（或僞裝成嫉妒者去和嫉妒者競賽），而不願意直接真實表達自己是自利者的偏好類型去和自利者競賽，因為前者事實上構成混同競賽而后者事實上構成分類競賽。

5.5.3 嫉妒者與同情者的比較分析

(1) 激勵結構的比較

在工資差距方面，根據式（5.11）、式（5.25）和式（5.85）計算可得，$\Delta w_{CC}^{*}>\Delta w_{pool}^{*}$，$\Delta w_{CC}^{*}>\Delta w_{EE}^{*}$，當 $\alpha>0.21$ 時，$\Delta w_{EE}^{*}>\Delta w_{pool}^{*}$，但有 $\frac{d\Delta w_{CC}^{*}}{d\beta}<0$ 和 $\frac{d\Delta w_{pool}^{*}}{d\beta}<0$，$\frac{d\Delta w_{EE}^{*}}{d\alpha}<0$ 和 $\frac{d\Delta w_{pool}^{*}}{d\alpha}<0$。

因此，可得結論 5.13：具有心理偏好者的競賽工資差距小於自利者的競賽工資差距。對嫉妒者而言，混同競賽的工資差距小於分類競賽的工資差距；

對同情者而言，混同競賽的工資差距小於分類競賽的工資差距；且無論是分類競賽還是混同競賽，代理人心理偏好越強，競賽工資差距就越小。

在平均工資方面，嫉妒者的分類競賽中平均工資為式（5.90）的 $\bar{w}_{EE}^*$，同情者的分類競賽平均工資為式（5.95）的 $\bar{w}_{CC}^*$。

根據式（5.85）和式（5.86）計算得混同競賽中平均工資為：

$$\bar{w}_{pool}^* = w_{L-pool}^* + \frac{1}{2}\Delta w_{pool}^* = \frac{\sqrt{\frac{1+\alpha}{1-\beta}}\left(\sqrt{1-\beta}+\sqrt{1-\alpha}\right)^2}{8c\left[1+2\alpha-\frac{1+\alpha}{1-\beta}+(1+3\alpha)\sqrt{\frac{1+\alpha}{1-\beta}}\right]} \tag{5.99}$$

由以上三式計算可得（具體過程略），$\bar{w}_{pool}^* > \bar{w}_{EE}^*$，$\bar{w}_{pool}^* > \bar{w}_{CC}^*$，當 $\alpha \geqslant 0.71$ 時，$\bar{w}_{EE}^* > \bar{w}_{CC}^*$，且有 $\frac{d\bar{w}_{CC}^*}{d\beta}<0$ 和 $\frac{d\bar{w}_{pool}^*}{d\beta}<0$，$\frac{d\bar{w}_{EE}^*}{d\alpha}<0$ 和 $\frac{d\bar{w}_{pool}^*}{d\alpha}<0$。

因此，可以得到結論 5.14：具有心理偏好者的競賽平均工資小於自利者的競賽平均工資，混同競賽的平均工資小於分類競賽的平均工資；並且無論是分類競賽還是混同競賽，代理人心理偏好越強，競賽平均工資就越小。

（2）同情者的比較

在努力水平方面，根據式（5.26）和式（5.88）計算可得（具體過程略），$e_{c-sep}^* > e_{C-pool}^*$，並且有 $\frac{de_{C-sep}^*}{d\beta}<0$ 和 $\frac{de_{C-pool}^*}{d\beta}<0$ 及 $\frac{de_{C-pool}^*}{d\alpha}<0$。

因此，可得結論 5.15：同情者在混同競賽中付出的努力要低於在分類競賽中付出的努力，並且無論是在分類競賽中還是混同競賽中代理人的同情心理越強，付出的努力水平越低，且同情者在混同競賽中付出的努力水平隨嫉妒者嫉妒心理強度的增強而降低。

在期望效用方面，在分類競賽中，根據激勵結構式（5.25）和式（5.27）、努力水平式（5.26）和努力成本函數 $C(e)=\frac{1}{2}ce^2$ 計算可得，同情者的期望效用等於保留效用。而在混同競賽中，把式（5.85）、式（5.86）、式（5.88）代入式（5.73）計算，可得同情者的期望效用為：

$$\mathrm{EU}_{C-pool}^* = \frac{\left[\frac{2\beta^2-4\beta-2\alpha\beta}{1-\beta}\sqrt{\frac{1+\alpha}{1-\beta}}-\frac{(1-2\beta+3\alpha)(1+\alpha)}{1-\beta}-(1+\alpha)\right]\left(\sqrt{1-\beta}+\sqrt{1-\alpha}\right)^2}{8c\left[1+2\alpha-\frac{1+\alpha}{1-\beta}+(1+3\alpha)\sqrt{\frac{1+\alpha}{1-\beta}}\right]^2} \tag{5.100}$$

計算可得（具體過程略），$\mathrm{E}U_{C-pool}^{*}>0$ 和 $\frac{d\mathrm{E}U_{C-pool}^{*}}{d\alpha}<0$ 及 $\frac{d\mathrm{E}U_{C-pool}^{*}}{d\beta}<0$。

於是，有結論 5.16：同情者在分類競賽中只能獲得保留效用，而在混同競賽中可以獲得高於保留效用的期望效用；並且同情者的期望效用受心理偏好強度的影響，隨心理偏好強度的增大而減小。

由此，可以發現兩點：第一，同情者更願意參加分類競賽，因為同情者在分類競賽中獲得的效用比在混同競賽中高。第二，混同競賽中存在交叉效應，嫉妒者的心理不僅會影響嫉妒者自己付出的努力水平和獲得的期望效用，而且會影響同情者付出的努力水平和獲得的期望效用。

（3）嫉妒者的比較

在努力水平方面，根據式（5.12）和式（5.89）計算可得（具體過程略），$e_{E-sep}^{*}>e_{E-pool}^{*}$，並且有 $\frac{de_{E-sep}^{*}}{d\alpha}<0$ 和 $\frac{de_{E-pool}^{*}}{d\alpha}<0$ 及 $\frac{de_{E-pool}^{*}}{d\beta}<0$。

在期望效用方面，由於［$P1$］和［$P5$］中嫉妒者的參與約束都取等式，那麼，嫉妒者在分類競賽和混同競賽中獲得的期望效用都等於保留效用。

綜合以上兩方面，可得結論 5.17：嫉妒者在混同競賽中付出的努力要低於在分類競賽中付出的努力，並且無論在混同競賽還是分類競賽中代理人的嫉妒心理越強付出的努力水平越低，且嫉妒者在混同競賽中付出的努力水平隨同情者同情心理強度的增大而減小。但是嫉妒者在混同競賽和分類競賽中都只能獲得保留效用。

因此，分類競賽能夠激勵嫉妒者更努力地工作，而嫉妒者也願意參加分類競賽，因為無論是參加分類競賽還是混同競賽都只能獲得保留效用。

（4）委託人的比較

在分類競賽下，根據式（5.12）和式（5.26），委託人從一個同情者與一個自利者那裡獲得的期望利潤為：

$$\mathrm{E}R_{p-sep}^{*}=\frac{1}{2}(e_{C-sep}^{*}+e_{E-sep}^{*})=\frac{1}{2}\left[\frac{1-\beta}{(1+3\beta)c}+\frac{1+\alpha}{c(1+5\alpha)}\right]=\frac{1+3\alpha+\beta-\alpha\beta}{(1+3\beta)(1+5\alpha)c} \tag{5.101}$$

而在混同競賽下，委託人從一個同情者和一個嫉妒者那裡獲得的期望利潤是式（5.87）表示的 $\mathrm{E}R_{p-pool}^{*}$。根據式（5.87）和式（5.101）計算可得（具體過程略），$\mathrm{E}R_{p-sep}^{*}>\mathrm{E}R_{p-pool}^{*}$，並且有 $\frac{d\mathrm{E}R_{p-pool}^{*}}{d\alpha}<0$、$\frac{d\mathrm{E}R_{p-pool}^{*}}{d\beta}<0$ 和 $\frac{d\mathrm{E}R_{p-sep}^{*}}{d\alpha}<0$、$\frac{d\mathrm{E}R_{p-sep}^{*}}{d\beta}<0$ 和 $\frac{d(\mathrm{E}R_{p-sep}^{*}-\mathrm{E}R_{p-pool}^{*})}{d\alpha}<0$、$\frac{d(\mathrm{E}R_{p-sep}^{*}-\mathrm{E}R_{p-pool}^{*})}{d\beta}<0$。

於是，可得結論 5.18：委託人採取分類競賽可以獲得更多的利潤，心理偏好越強，採取分類競賽可以獲取的額外利潤越多，分類競賽的優勢越明顯。但是，無論是分類競賽還是混同競賽，公平心理越強，委託人獲得的期望利潤就越少。

因此，委託人更希望採取分類競賽，讓同情者與同情者競賽、嫉妒者與嫉妒者競賽，但當代理人的公平心理越來越強時，委託人所獲得的期望利潤就會減少，因此，識別代理人的公平心理強弱有助於委託人減少所獲期望利潤，但是，根據結論 5.15 可知，同情者更願意參加混同競賽，因為從混同競賽中可以獲得高於保留效用的期望效用而從分類競賽中只能獲得保留效用。那麼當委託人實施分類競賽時，同情者就有動機僞裝成嫉妒者去和嫉妒者競賽，而不願意直接真實表達自己是同情者的偏好類型去和同情者競賽，因為前者事實上構成混同競賽而后者事實上構成分類競賽。

5.6 數值分析

雖然以上理論分析已經得到了嚴謹的、明確的顯性解釋，但是為了更清晰、更直觀地展現理論分析結論，特別是展現激勵結構、代理人努力水平和期望效用、委託人期望利潤等隨心理偏好強度變化的趨勢，下面將進行數值分析。

5.6.1 嫉妒者與自利者的數值分析

取邊際成本系數 $c=1$，同時取嫉妒心理強度 $0 \leqslant \alpha \leqslant 1$ [實驗研究表明 α 的平均值約為 0.85，並且大於 1 的可能性只有 10% (Matthias，2008)。所以為了必要的數學簡化而又不失一般性，假設 $0 \leqslant \alpha \leqslant 1$]。其中，$\alpha=0$ 表示純粹自利。

(1) 激勵結構的分析

把 $c=1$ 代入分別代入式 (5.11)、式 (5.30)、式 (5.47)、式 (5.90) 和式 (5.92)，應用 MATLAB 作圖得出的工資差距、平均工資隨嫉妒心理強度變化的趨勢如圖 5.1 和圖 5.2 所示。其中，縱坐標截距表示自利者在分類競賽下的工資差距和平均工資，橫坐標表示嫉妒心理強度的變化。

從圖 5.1 中可以看出，對嫉妒者的工資小於對自利者的，嫉妒心理越強其工資差距越小；對嫉妒者而言，分類競賽的工資差距小於混同競賽的。這驗證和展示了結論 5.1。

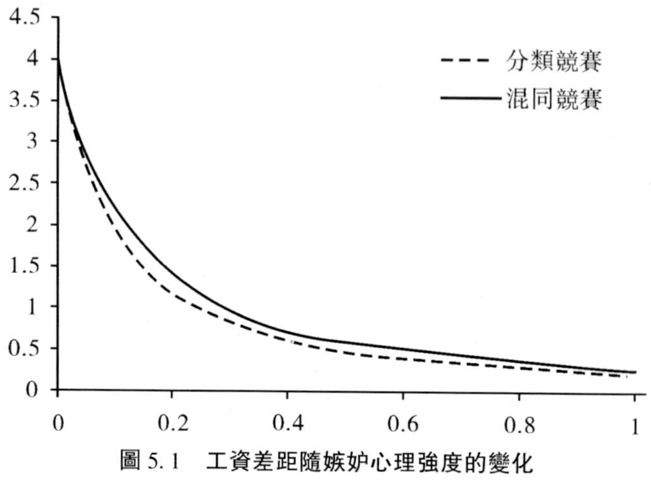

圖 5.1　工資差距隨嫉妒心理強度的變化

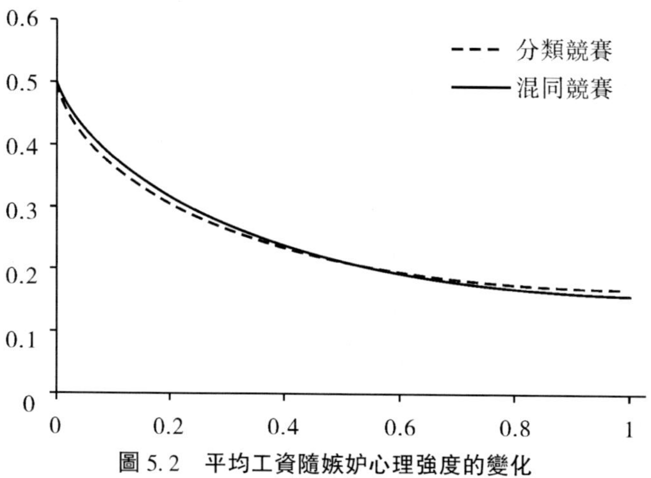

圖 5.2　平均工資隨嫉妒心理強度的變化

從圖 5.2 可以看出，對嫉妒者的平均工資差距小於對自利者的，嫉妒心理越強其平均工資越低；對嫉妒者而言，當 $\alpha>0.45$ 時，分類競賽的平均工資才大於混同競賽的平均工資，且兩者的差別隨嫉妒心理強度的增大而增大。這驗證和展示了結論 5.2。

(2) 嫉妒者的分析

把 $c=1$ 代入式 (5.12) 和式 (5.50)，應用 MATLAB 作圖得出的嫉妒者的努力水平隨嫉妒心理強度變化的趨勢如圖 5.3 所示。其中，縱坐標截距表示自利者在分類競賽下付出的努力水平，橫坐標表示嫉妒心理強度的變化。

從圖 5.3 中可以看出，嫉妒者在分類競賽下的努力水平小於在混同競賽下

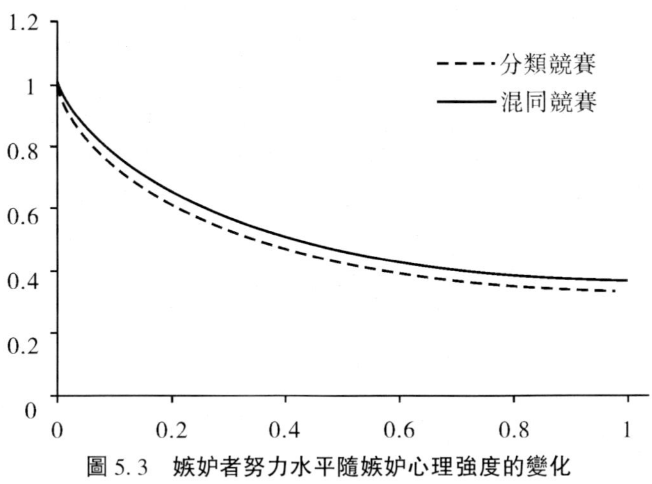

圖 5.3 嫉妒者努力水平隨嫉妒心理強度的變化

的努力水平；並且，儘管兩者都隨嫉妒心理強度的增大而減小，但兩者的差別隨嫉妒心理強度先增大后減小，大約在 $\alpha=0.24$ 時由大變小。這驗證和展示了結論 5.3。

（3）自利者的分析

把 $c=1$ 分別代入式（5.29）、式（5.51）和式（5.93），應用 MATLAB 作圖得出的自利者在混同競賽中的努力水平、期望效用隨嫉妒者嫉妒心理強度變化的趨勢如圖 5.4 和圖 5.5 所示。其中，縱坐標截距表示自利者在分類競賽中的努力水平和期望效用，橫坐標表示嫉妒心理強度的變化。

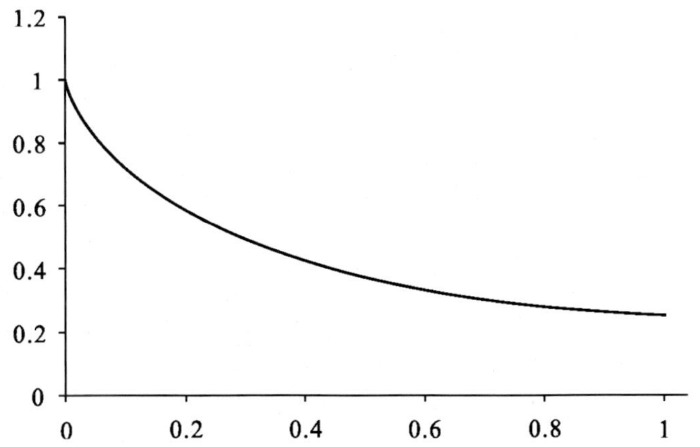

圖 5.4 自利者在混同競賽中付出的努力水平隨嫉妒者嫉妒心理強度的變化

從圖 5.4 中可以看出，自利者在混同競賽中付出的努力水平隨嫉妒心理強度的增強而降低。這驗證和展示了結論 5.4。

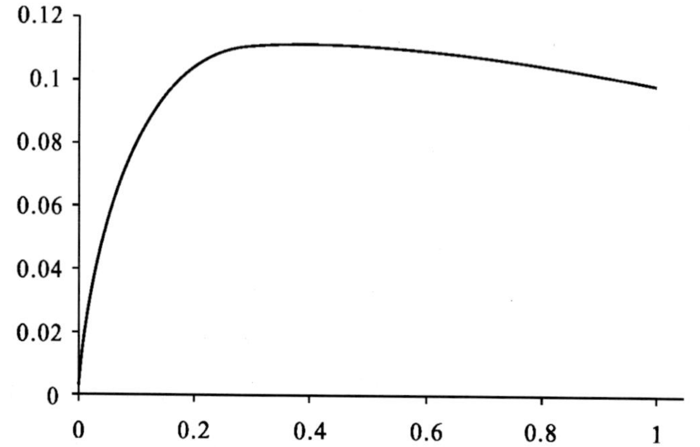

圖 5.5　自利者在混同競賽中獲得的期望效用隨嫉妒者嫉妒心理強度的變化

從圖 5.5 可以看出，自利者在混同競賽中獲得的期望效用大於保留效用（0），且先隨嫉妒者嫉妒心理的增強而增大，再隨嫉妒者嫉妒心理的增強而減小，大約在嫉妒者的嫉妒心理強度為 $\alpha=0.37$ 時達到最大。這驗證和展示了結論 5.5。

（4）委託人的分析

把 $c=1$ 代入式（5.49）和式（5.94），應用 MATLAB 作圖得出的委託人在分類競賽和混同競賽中獲得的期望利潤隨嫉妒心理強度變化的趨勢如圖 5.6 所示。其中，縱坐標截距表示委託人在自利者的分類競賽中獲得的期望利潤，橫坐標表示嫉妒心理強度的變化。

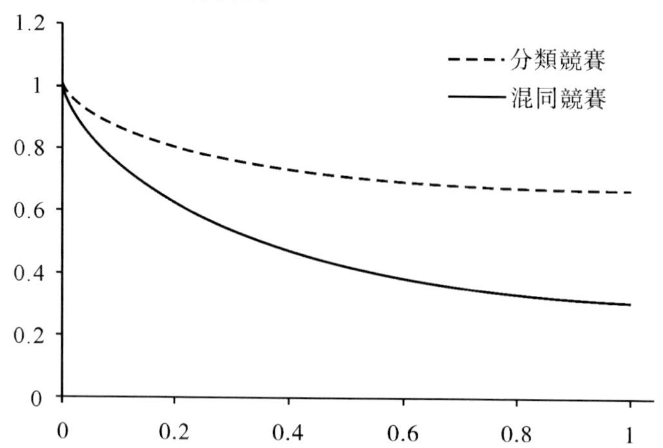

圖 5.6　委託人在分類競賽和混同競賽中獲得的期望利潤隨嫉妒心理強度的變化

從圖 5.6 中可以看出，雖然委託人的期望利潤在分類競賽和混同競賽中都會隨嫉妒心理的增大而減小，但委託人在分類競賽中獲得的期望利潤更高，而且代理人嫉妒心理越強委託人採取分類競賽可以獲取越多的額外利潤。這驗證和展示了結論 5.6。

5.6.2 同情者與自利者的數值分析

取邊際成本系數 $c=1$，同時取同情心理強度 $0\leqslant\beta\leqslant0.6$（實驗研究表明 β 的平均值約為 0.315）。其中，$\beta=0$ 表示純粹自利。

（1）激勵結構的分析

把 $c=1$ 分別代入式（5.25）、式（5.30）、式（5.66）、式（5.95）和式（5.96），應用 MATLAB 作圖得出的工資差距、平均工資隨同情心理強度變化的趨勢如圖 5.7 和圖 5.8 所示。其中，縱坐標截距為自利者分類競賽的工資差距和平均工資，橫坐標表示同情心理強度的變化。

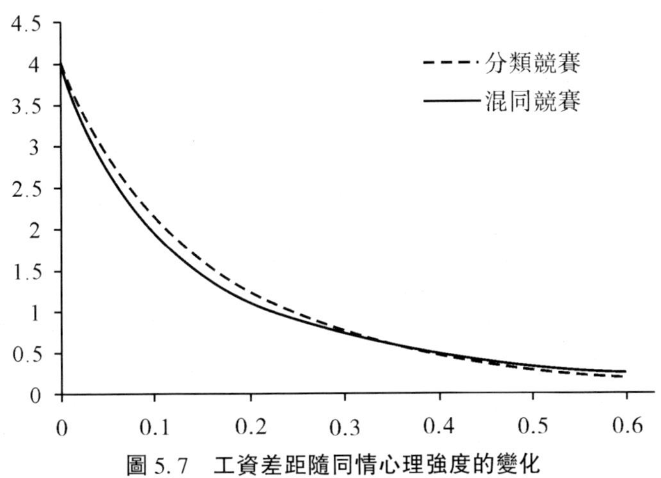

圖 5.7　工資差距隨同情心理強度的變化

從圖 5.7 中可以看出，對同情者的工資差距小於對自利者的，同情心理越強其工資差距越小；對同情者而言，只有當 $\beta\leqslant0.396$ 時，分類競賽的工資差距才大於混同競賽的工資差距。這驗證和展示了結論 5.7。

從圖 5.8 可以看出，對同情者的平均工資差距小於對自利者的，同情心理越強其平均工資越低；對同情者而言，當 $\beta\geqslant0.18$ 時，混同競賽的平均工資大於分類競賽的平均工資，且兩者的差別隨同情心理強度的增大而擴大。這驗證和展示了結論 5.8。

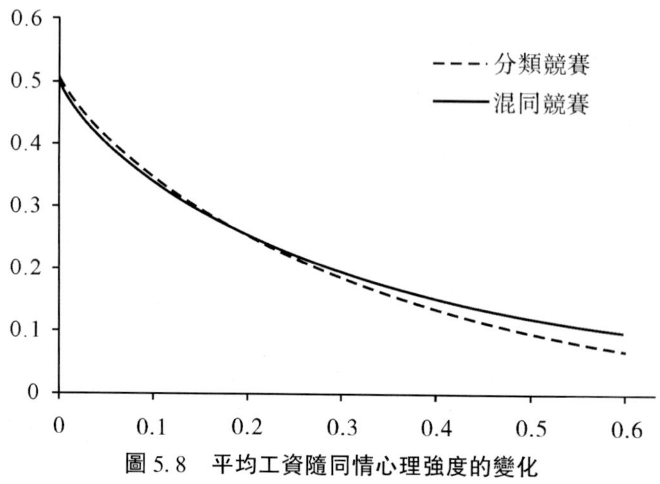

圖 5.8　平均工資隨同情心理強度的變化

(2) 同情者的分析

把 $c=1$ 代入式 (5.29) 和式 (5.69), 應用 MATLAB 作圖得出的同情者的努力水平隨同情心理強度變化的趨勢如圖 5.9 所示。其中, 縱坐標截距表示自利者在分類競賽下付出的努力水平, 橫坐標表示同情心理強度的變化。

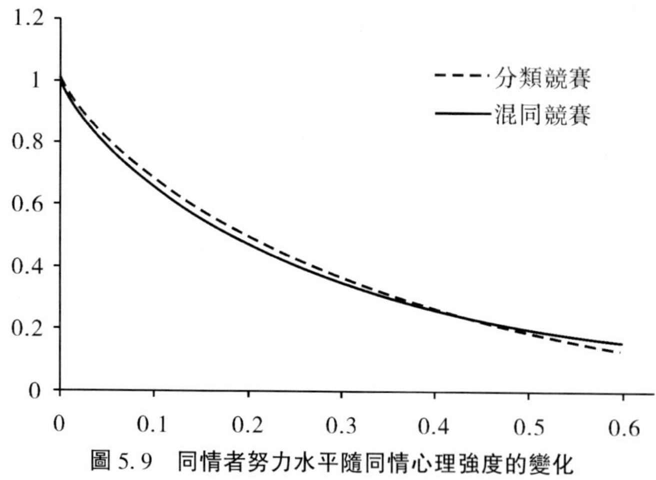

圖 5.9　同情者努力水平隨同情心理強度的變化

從圖 5.9 可以看出, 只有當 $\beta \leq 0.418$ 時, 同情者在分類競賽下的努力水平才大於在混同競賽下的努力水平, 但兩者都隨同情心理強度的增大而減小。這驗證和展示了結論 5.9。

(3) 自利者的分析

把 $c=1$ 分別代入式（5.29）、式（5.70）和式（5.97），應用 MATLAB 作圖得出的自利者在混同競賽中的努力水平、期望效用隨同情者同情心理強度變化的趨勢如圖 5.10 和圖 5.11 所示。其中，縱坐標截距表示自利者在分類競賽中的努力水平和期望效用，橫坐標表示同情心理強度的變化。

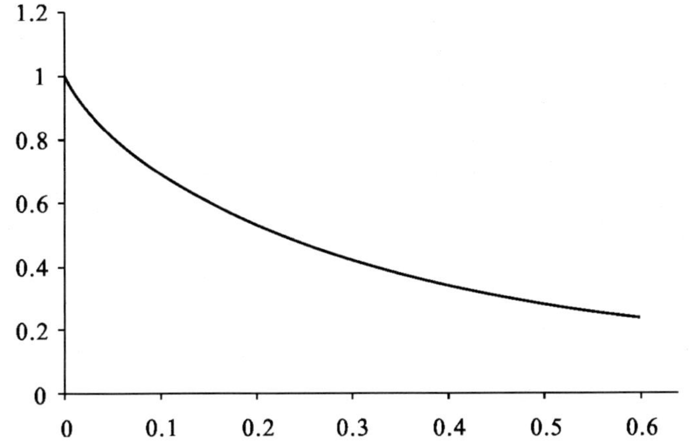

圖 5.10　**自利者在混同競賽中付出的努力水平隨同情者同情心理強度的變化**

從圖 5.10 中可以看出，自利者在混同競賽中付出的努力水平隨同情者同情心理的增強而降低。這驗證和展示了結論 5.10。

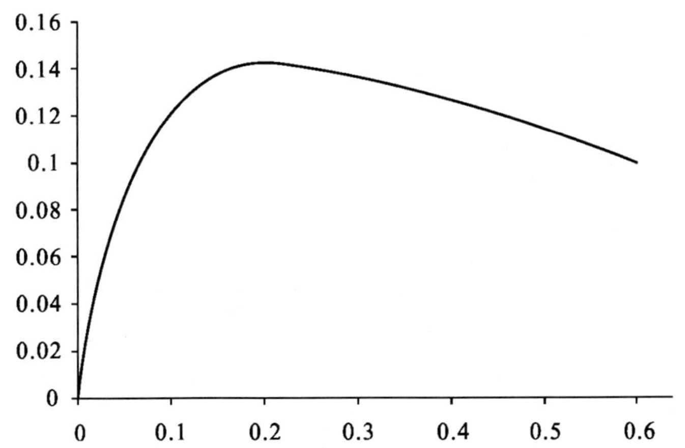

圖 5.11　**自利者在混同競賽中獲得的期望效用隨同情者同情心理強度的變化**

從圖 5.11 可以看出，自利者在混同競賽中獲得的期望效用大於保留效用（0），且先隨同情者同情心理的增強而增大，再隨同情者同情心理的增強而減小，大約在同情者的同情心理強度為$\beta=0.21$ 時達到最大。這驗證和展示了結論 5.11。

（4）委託人的分析

把 $c=1$ 代入式（5.68）和式（5.98），應用 MATLAB 作圖得出的委託人在分類競賽和混同競賽中獲得的期望利潤隨同情心理強度變化的趨勢如圖 5.12 所示。其中，縱坐標截距表示委託人在自利者的分類競賽中獲得的期望利潤，橫坐標表示同情心理強度的變化。

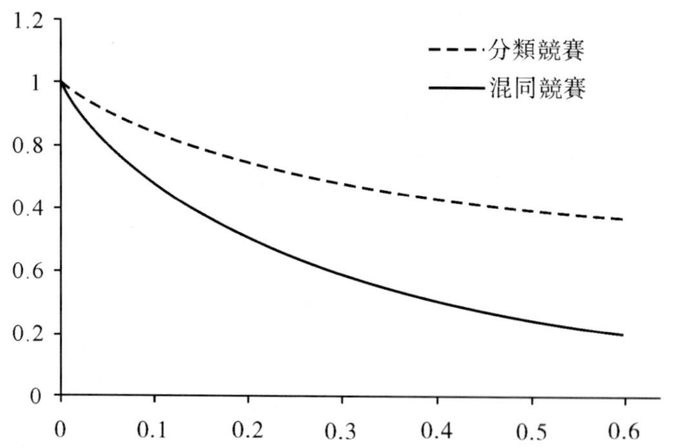

圖 5.12　委託人在分類競賽和混同競賽中獲得的期望利潤隨同情心理強度的變化

從圖 5.12 中可以看出，雖然委託人的期望利潤在分類競賽和混同競賽中都會隨同情心理的增強而減小，但是委託人在分類競賽中獲得的期望利潤更高，而且代理人同情心理越強，委託人採取分類競賽可以獲取越多的額外利潤。這驗證和展示了結論 5.12。

5.6.3　嫉妒者與同情者的數值分析

取邊際成本系數 $c=1$，同時取 $0.5\leqslant\alpha\leqslant1$ 與 $0\leqslant\beta\leqslant0.315$。

（1）激勵結構的分析

把 $c=1$ 分別代入式（5.11）、式（5.25）和（5.85），應用 MATLAB 作圖得出的工資差距隨公平心理強度變化的趨勢如圖 5.13、圖 5.14 所示。其中，縱坐標截距為自利者分類競賽的工資差距，橫坐標分別表示同情心理強度、嫉妒心理強度的變化。

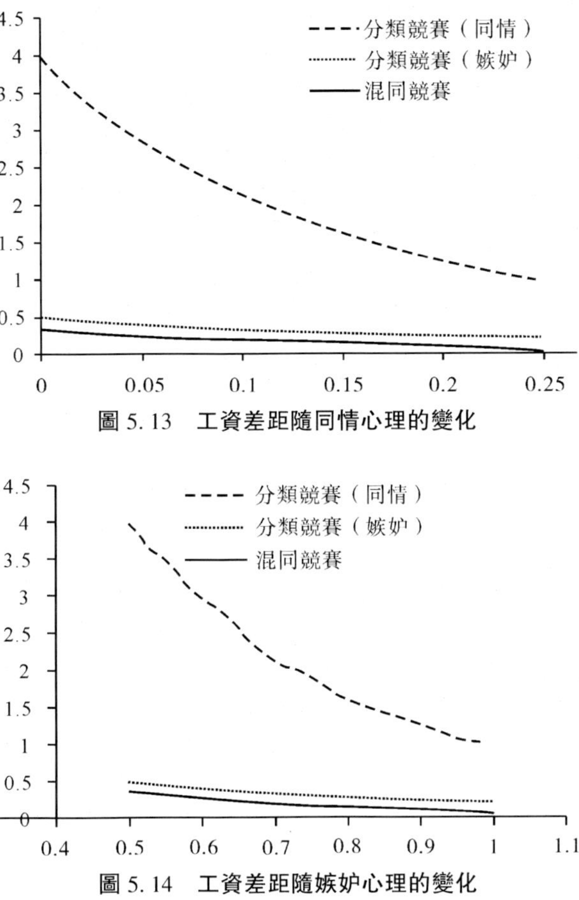

圖 5.13　工資差距隨同情心理的變化

圖 5.14　工資差距隨嫉妒心理的變化

從圖 5.13 及圖 5.14 中可以看出，對具有心理偏好者的工資差距小於對自利者的，公平心理越強其工資差距越小；對嫉妒者而言，當 $\alpha>0.21$ 與 $\beta>0.07$ 時，分類競賽下的工資差距大於混同競賽的工資差距；對同情者而言，無論 α 與 β 如何變化，分類競賽下的工資差距總大於混同競賽的工資差距。但同情者在分類競賽下付出的努力要比嫉妒者在分類競賽下付出的努力多，這驗證和展示了結論 5.13。

把 $c=1$ 分別代入式（5.90）、式（5.95）和式（5.99），應用 MATLAB 作圖得出的平均工資隨公平心理強度變化的趨勢如圖 5.15、圖 5.16 所示。其中，縱坐標截距為自利者分類競賽的平均工資，橫坐標分別表示同情心理強度、嫉妒心理強度的變化。

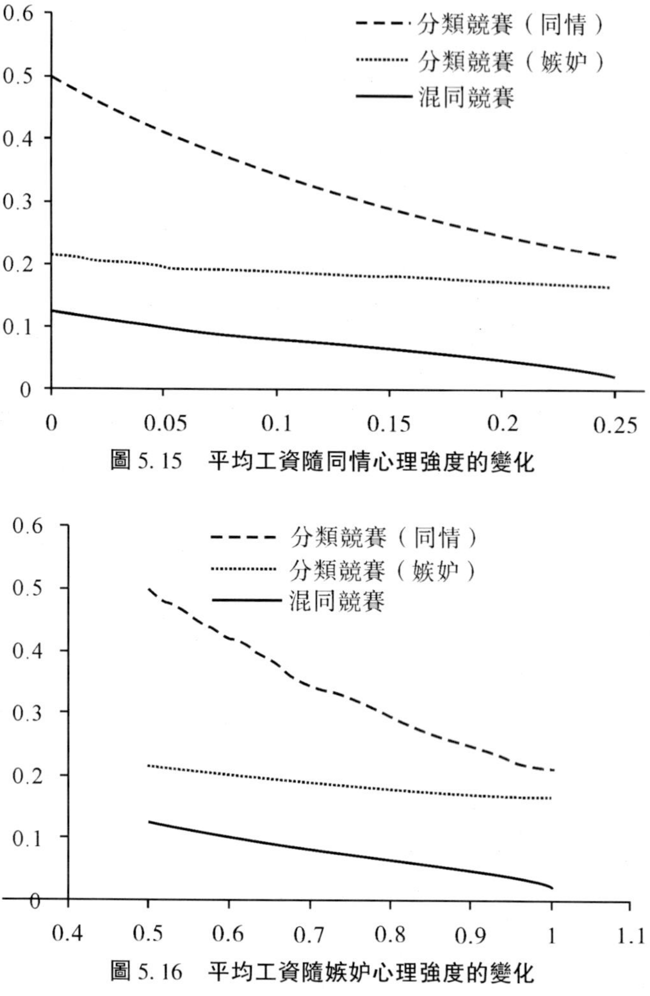

圖 5.15　平均工資隨同情心理強度的變化

圖 5.16　平均工資隨嫉妒心理強度的變化

從圖 5.15 與圖 5.16 中可以看出，對具有公平心理者的工資差距小於對自利者的，公平心理越強其平均工資越低；對具有公平心理者而言，分類競賽的平均工資大於混同競賽的平均工資，對嫉妒者而言，分類競賽與混同競賽的差別隨嫉妒心理強度的增大而增大，對同情者而言，分類競賽與混同競賽的差別隨同情心理強度先增大后減小。這驗證和展示了結論 5.14。

（2）同情者的分析

把 $c=1$ 分別代入式（5.26）、式（5.88）和式（5.100），應用 MATLAB 作圖得出的同情者的努力水平隨同情心理強度變化的趨勢如圖 5.17 所示，同情者在混同競賽中的努力水平、期望效用隨嫉妒者嫉妒心理強度變化的趨勢如

圖 5. 18 和圖 5. 20 所示。其中縱坐標表示努力水平、期望效用，橫坐標表示嫉妒心理強度的變化。

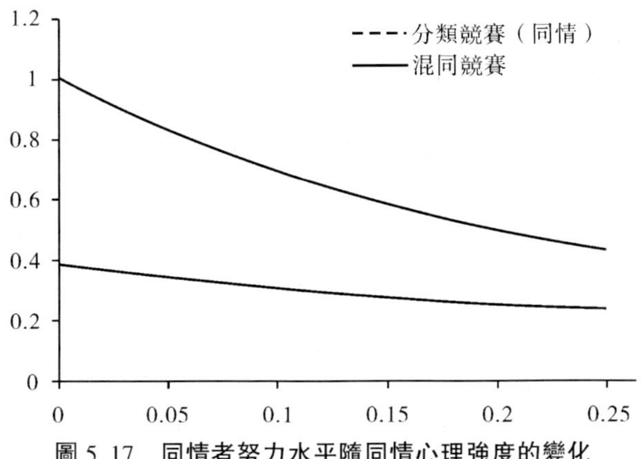

圖 5. 17　同情者努力水平隨同情心理強度的變化

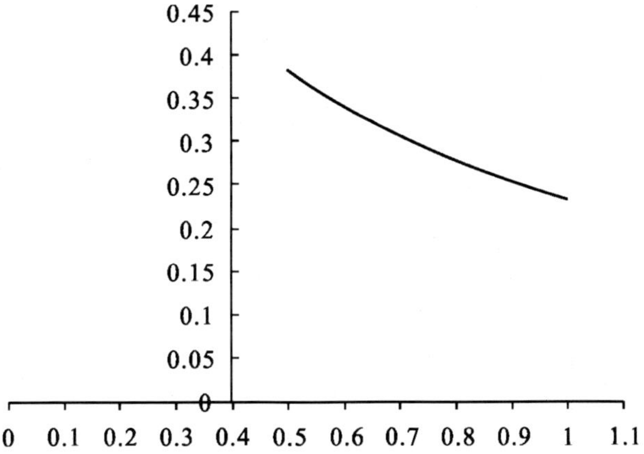

圖 5. 18　同情者在混同競賽中的努力水平隨嫉妒者嫉妒心理強度的變化

從圖 5. 17 中可以看出，同情者在分類競賽下的努力水平大於在混同競賽下的努力水平，兩者都隨同情心理強度的增大而減小，且兩者的差別隨同情心理強度的增大而減小；從圖 5. 18 中可以看出，同情者在混同競賽中付出的努力水平隨嫉妒者嫉妒心理強度的增強而降低，這驗證和展示了結論 5. 15。

從圖 5. 19 及圖 5. 20 中可以看出，同情者在混同競賽中獲得的期望效用小於保留效用（0），且隨公平心理強度的增強而增大，這驗證和展示了結論 5. 16。綜合以上，可以發現，如果同情者參加混同競賽，嫉妒者的嫉妒心理越強，那麼，同情者付出的努力越少，而獲得的期望效用越大。

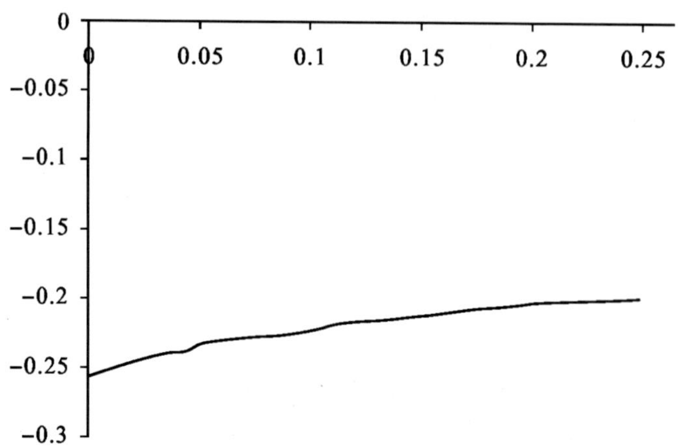

圖 5.19　同情者在混同競賽中獲得的期望效用隨同情者同情心理強度的變化

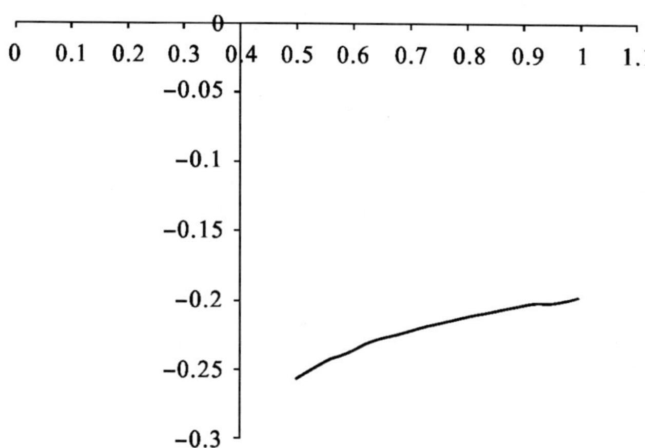

圖 5.20　同情者在混同競賽中獲得的期望效用隨嫉妒心理強度的變化

(3) 嫉妒者的分析

把 $c=1$ 代入式（5.12）和式（5.89），應用 MATLAB 作圖得出的嫉妒者努力水平隨嫉妒心理強度的變化如圖 5.21 所示，嫉妒者努力水平隨同情心理強度變化的趨勢如圖 5.22 所示。其中，縱坐標表示努力水平，橫坐標表示嫉妒心理強度的變化。

從圖 5.21 中可以看出，嫉妒者在分類競賽下的努力水平大於在混同競賽下的努力水平；並且儘管兩者都隨嫉妒心理強度的增大而減小，但是兩者的差別隨嫉妒心理強度的增大而擴大。

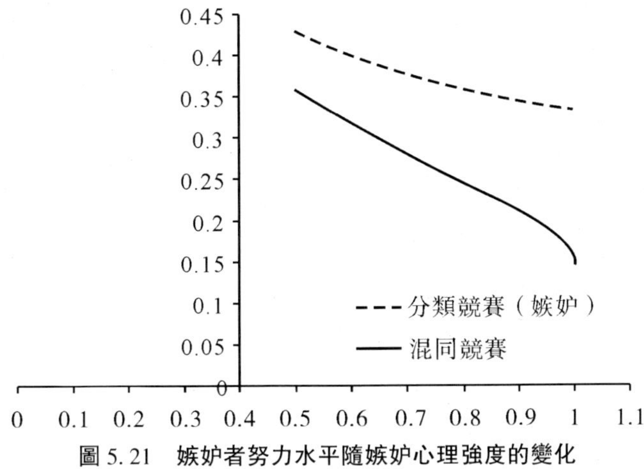

圖 5. 21　嫉妒者努力水平隨嫉妒心理強度的變化

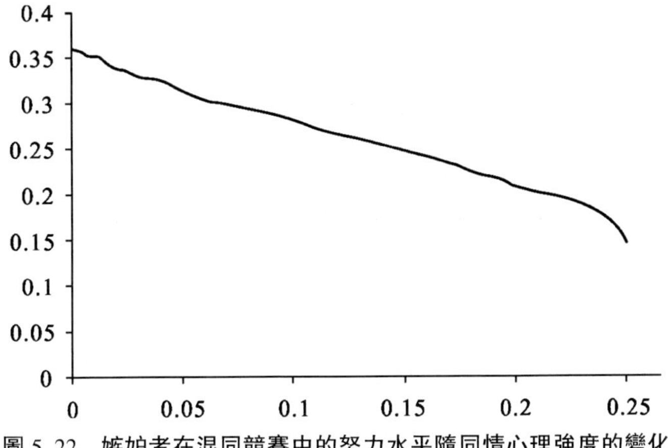

圖 5. 22　嫉妒者在混同競賽中的努力水平隨同情心理強度的變化

從圖 5. 22 中可以看出，嫉妒者在混同競賽中付出的努力水平隨同情者同情心理強度的增強而降低。這驗證和展示了結論 5. 17。

（4）委託人的分析

把 $c=1$ 代入式（5. 87）和式（5. 101），應用 MATLAB 作圖得出的委託人分類競賽下和混同競賽中獲得的期望利潤隨嫉妒心理強度和同情心理強度變化的趨勢如圖 5. 23 與圖 5. 24 所示。其中，縱坐標表示期望利潤，橫坐標表示嫉妒心理及同情心理強度。

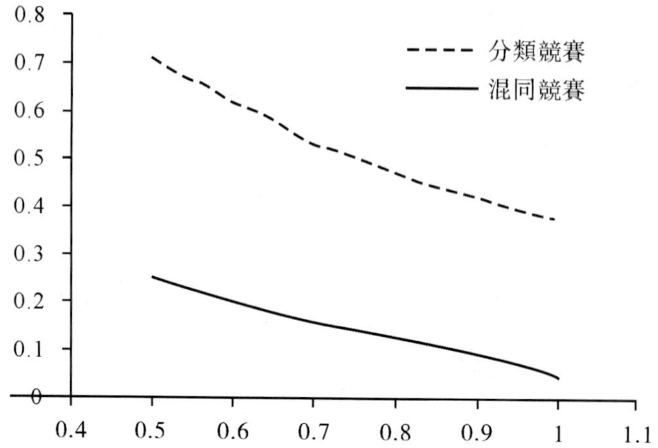

圖 5.23　委託人在分類競賽和混同競賽中獲得的期望利潤隨同情心理強度的變化

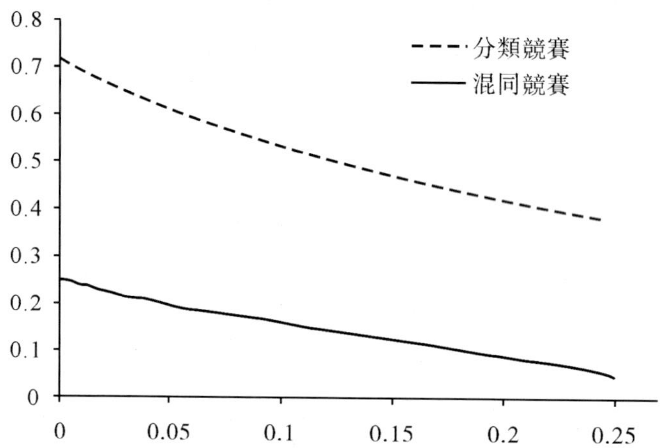

圖 5.24　委託人在分類競賽和混同競賽中獲得的期望利潤隨嫉妒心理強度的變化

從圖 5.23 與圖 5.24 中可以看出，雖然委託人的期望利潤在分類競賽和混同競賽中都會隨公平心理的增強而減小，但是委託人在分類競賽中獲得的期望利潤更高，而且代理人心理偏好越強，委託人採取分類競賽獲取的額外利潤越多。這驗證和展示了結論 5.18。

5.7　本章小結

針對存在不同偏好結構的錦標競賽，本章主要研究了在對稱信息條件下，以委託人的總利潤最大化為目標的錦標激勵機制，討論了不同偏好結構下，委託人如何組織競賽及不同偏好結構對努力水平、期望效用、錦標激勵結構和委託人的期望利潤的影響。通過分析發現，無論代理人具有哪一類心理偏好，代理人都希望採取分類競賽，這樣可以獲得高於混同競賽的期望效用，委託人也同樣希望組織代理人進行分類競賽。

為了使理論分析更加明朗、清晰，本章還採用了數值分析，更直觀地得到如下結論：

a. 無論是分類競賽還是混同競賽，代理人心理偏好越強，競賽工資差距、競賽平均工資及代理人努力水平就越小。

b. 自利者與心理偏好者競賽，自利者在混同競賽中付出的努力更少，但可以獲得高於保留效用的期望效用；且其期望效用先隨心理偏好強度的增大而增大，后隨心理偏好強度的增大而減小。嫉妒者與同情者競賽，兩者在混同競賽中付出的努力更少，其努力程度隨心理偏好的增強而降低。但同情者在混同競賽中可以獲得高於保留效用的期望效用，且其期望效用隨心理偏好強度的增大而減小；嫉妒者只能獲得保留效用。

c. 對於委託人的期望利潤而言，無論是嫉妒者與自利者、同情者與自利者還是嫉妒者與同情者競賽，委託人採取分類競賽可以獲取更多的利潤，且其心理偏好越強，分類競賽的優勢越明顯，但委託人獲得的期望利潤都在同時減小。

上述理論結果給予我們的啟示是，委託人在激勵代理人之前，應該充分地瞭解代理人的總體偏好情況。在此基礎上，才能有效地發揮激勵的作用。如果代理人的心理偏好都屬於強強組合，那麼委託人採取分類競賽與混同競賽之間的差距將不再明顯；如果代理人的心理偏好為強弱組合，那麼委託人會優於選擇分類競賽，對代理人來說也是如此，這樣可以避免心理偏好弱的代理人受心理偏好強的代理人的影響，因為強勢代理人的心理偏好越強，弱勢代理人的努力水平越低。

6 總結與展望

6.1 總結

團隊生產是現代企業廣泛採用的生產方式，其效率問題自然成為人們所關注的焦點，而如何有效地激勵代理人為團隊生產多做貢獻也一直是困擾委託人的難題。對此，很多專家學者都進行了大量研究，但大多基於代理人的純粹自利偏好假設，並認為在團隊生產中預算均衡與帕累托最優兩者不可兼得，要解決團隊生產中的「搭便車」問題，就要打破預算均衡。但是，近年來一系列的博弈實驗令人信服地證明，人們在自利偏好之外還具有公平偏好，即在追求個人收益時還會關注收益分配或行為動機是否公平。公平偏好和自利偏好一樣會影響人們的行為決策，而且有時候兩者的影響是矛盾的，比如人們可能會犧牲部分收益去維護收益分配公平，也可能會犧牲部分收益去報答善意行為或報復敵意行為。

很多國內外學者的研究都表明，當人們具有公平偏好時，團隊的生產效率要高於經典模型的團隊生產效率。公平偏好因素的引入，改變了傳統委託—代理模型的許多結論；同時也表明引入公平偏好，有助於實現團隊生產的帕累托改進，進而實現團隊生產的帕累托最優。在委託—代理模型中，當代理人的物質收益與團隊總產出掛勾時，委託人就會選用具有公平偏好的代理人，並且設定一個讓代理人序貫選擇各自努力水平的激勵機制，以期提高團隊生產效率，實現團隊生產的帕累托最優。

但是，這些研究通常都是基於代理人為風險中性的假設前提，來研究公平偏好對團隊產出的影響。當前，隨著風險規避理論重要性的凸顯，越來越多的學者也對此進行了大量研究。他們的研究表明：激勵系數的大小受委託人和代理人的風險偏好影響。委託人在制定激勵合同時，應結合自己及代理人的風險偏好，這樣才能達到有效的激勵目的。由於委託人瞭解自己的風險厭惡度，但卻不能確定代理人的風險規避。因此在制定激勵合同時，委託人要考慮代理人的風險規避以及風險規避強度，才能制定出有效的激勵合同，改進團隊產出。引入風險規避，能夠更加貼合實際情況，使得理論研究更具準確性。

因此，第二章介紹了公平偏好理論、團隊生產理論、風險規避理論的國內外研究現狀，綜述了國內外的各類文獻，梳理公平偏好理論和風險規避理論在團隊生產中的應用研究。

第三章基於風險中性的假設前提，考慮團隊成員的公平偏好（包括收益公平和動機公平）特徵，把公平心理損益引入效用函數，構建了同時描述能力水平差異和公平偏好強度差異的團隊生產博弈模型，研究兩類公平偏好在不同博弈時序下影響團隊生產效率的內在機理。在風險中性的假設前提下，研究了收益公平和動機公平在不同博弈時序下影響團隊生產效率的內在機理，並與純粹自利偏好情形做了對比分析。理論分析表明，選擇具有動機公平的代理人組建工作團隊，並且讓代理人按先后順序行動，更有利於實現團隊生產的帕累托改進，進而實現帕累托最優。通過數值分析發現，a. 在靜態博弈下，收益公平會產生代理人的協調一致效應，而在序貫博弈下，收益公平會產生代理人的承諾效應。b. 動機公平相對純粹自利偏好帕累托改進了團隊生產，且序貫博弈帕累托改進團隊生產的程度要大於靜態博弈帕累托改進團隊生產的程度。c. 序貫博弈下收益公平和動機公平帕累托改進團隊生產效率的程度均比靜態博弈時大。因此，委託人在招聘員工時，應該深入瞭解各個員工的工作能力狀況，識別其偏好類型，確定各自的公平偏好強度等等，優先選用具有動機公平的員工，並且設計合理的激勵契約讓員工序貫行動，並且確保后行動者具有動機公平，如此更易於實現團隊生產的帕累托改進，進而實現團隊生產的帕累托最優。

第四章引入風險規避，考慮團隊成員的公平偏好（包括收益公平和動機公平）特徵，把公平心理損益引入效用函數，構建了同時描述能力水平差異和公平偏好強度差異的團隊生產博弈模型，研究兩類公平偏好和風險規避對團隊生產的綜合影響。研究表明：a. 只要滿足特定的限制條件，收益公平和動機公平都能夠帕累托改進團隊生產，但動機公平改進團隊生產的條件更寬松，而收益公平帕累托改進團隊生產效率的條件比較苛刻，即在靜態博弈下要求代理人能力大小比值大於其收益公平強度比值的倒數，序貫博弈要求讓低能力的代理人先行動而高能力的代理人后行動並且代理人間的能力差異不大。動機公平能夠帕累托改進團隊生產效率，其改進團隊生產效率的條件比較寬松。在靜態博弈下只要求團隊中至少存在一位具有動機公平的代理人，在序貫博弈下只要求后行動者具有動機公平，動機公平就能夠帕累托改進團隊生產。b. 與靜態博弈相比，兩類公平偏好在序貫博弈下帕累托改進團隊生產效率的程度更大。在序貫博弈中，無論是博弈先行動者還是博弈后行動者，都會選擇比靜態博弈中更高的努力水平。c. 在靜態博弈下，收益公平會形成協調一致效應；在序貫博弈下，收益公平會形成承諾效應。d. 代理人的風險規避抑制了團隊產出的增加，對團隊生產產生了不利影響。但是理論研究表明，只要滿足特定條件，風險規避降低團隊產出的負效用就會低於公平偏好增加團隊產出的正效用。

第五章研究了具有不同偏好結構下的錦標競賽機制，並分別考察每種心理偏好（這裡主要研究同情、嫉妒和自利）對錦標激勵的影響。採用數理模型和數值分析得出：a. 無論是分類競賽還是混同競賽，代理人心理偏好越強，競賽工資差距、競賽平均工資及代理人努力水平就越小。b. 自利者與心理偏好者競賽，自利者在混同競賽中付出的努力更低，但可以獲得高於保留效用的期望效用；且其期望效用先隨心理偏好強度的增大而增大，后隨心理偏好強度的增大而減小。嫉妒者與同情者競賽，兩者在混同競賽中付出的努力更低，其努力程度隨心理偏好的增強而降低。但同情者在混同競賽中可以獲得高於保留效用的期望效用，且其期望效用隨心理偏好強度的增大而減小；嫉妒者只能獲得保留效用。c. 對於委託人的期望利潤而言，無論是嫉妒者與自利者、同情者與自利者還是嫉妒者與同情者競賽，委託人採取分類競賽可以獲取更多的利潤，且其心理偏好越強，分類競賽的優勢越明顯，但委託人獲得的期望利潤都在同時減小。

6.2 存在問題和展望研究

6.2.1 存在問題

雖然以上研究取得了一定成果，但是還存在以下不足之處：

第一，只研究了收益公平和動機公平，沒有研究組織行為學裡的程序公平、信息公平和人際公平等問題。理論分析所採取的 FS 模型和 Rabin 模型假設，行為人只相互比較收益分配高低，而沒有比較各自努力成本差異。雖然很多時候，行為人並不知道他人付出努力的成本，特別是從事不同工作性質的行為人之間，因而他們也就不會比較努力成本的高低。但是在相互比較熟悉的同事/同行之間，行為人對努力成本有大致瞭解，那麼努力成本確實是可以相互比較的一個重要方面。

第二，只研究了委託人激勵代理人努力工作的道德風險問題，而沒有研究如何識別代理人公平偏好類型及強弱的逆向選擇問題。本研究假設雖然委託人知道代理人的公平偏好強弱系數，但不知道代理人努力水平，所設計的激勵機制也只研究如何激勵代理人努力工作。其中，公平偏好強弱系數是影響激勵契約結構的重要因素，但事實上，公平偏好系數是代理人的私有信息，委託人一般不知道代理人公平偏好強弱。且研究也發現，代理人為了獲得更高的工資報酬，有僞裝和謊報公平偏好強度的動機。於是，激勵機制應該同時針對關於努力水平的道德風險問題和關於公平偏好強弱的逆向選擇問題（即甄別代理人的公平偏好類型並精確獲取代理人的公平偏好強度），相應的最優報酬契約也必須能夠同時激勵代理人努力工作，同時讓代理人真實顯示自己的公平偏好強度。

6.2.2 展望研究

以上研究對引入公平偏好和風險規避的團隊生產中代理人行為選擇問題進行了分析，並研究了不同偏好下的錦標競賽機制。未來的可能研究方向包括：

第一，將收益公平、動機公平與程序公平、信息公平、人際公平進行整合，從而構建統一公平理論模型，用行為契約理論研究更具一般性、更符合實際的組織行為問題。本研究嘗試將（收益和動機）公平偏好融入契約理論，在一定程度上擴展了研究領域，提高了研究的有效性和實用性。未來的研究可以嘗試進一步把動機公平、程序公平、信息公平和人際公平融入行為契約理論，研究更具一般性的組織行為問題。

第二，設計同時關於代理人努力水平的道德風險問題和關於代理人公平偏好強度的逆向選擇問題，既能激勵代理人真實顯示自己公平偏好強弱又能激勵代理人努力工作的最優報酬契約。在組織行為學裡，雖然研究者已經開發了很多方法和工具來識別代理人公平偏好強度，如採用人員測評問卷來識別人們的性格特徵。由嫉妒心理和同情心理形成的公平偏好，當然也是代理人性格特徵的一個重要方面。所以，也應該相應開發用於識別代理人公平偏好類型和強弱的測評工具，設計如何甄別公平偏好強弱的激勵機制已然成為今后的研究方向。

第三，進行實驗研究，驗證並改進理論分析。由於現實中的績效產出不僅受代理人公平偏好和風險規避的影響，還會受到其他多種因素的影響，如市場、生產環境等。為了研究代理人公平偏好和風險規避的影響效應，可以採用實驗來比較不同公平偏好和風險規避下的報酬契約激勵效率和激勵成本的差異，包括如何選擇被試，如何設計實驗規則，以及如何控製和消除其他多種因素的影響等一系列問題，都值得進行探索和研究。

6.2.3 建議

中國共產黨第十八屆三中全會關於《中共中央關於全面深化改革若干重大問題的決定》中強調：堅定信心，凝聚共識，統籌謀劃，協同推進，堅持社會主義市場經濟改革方向，以促進社會公平正義、增進人民福祉為出發點和落腳點；同時指出：應加快轉變經濟發展方式，推動經濟更有效率、更加公平、更可持續發展，進而建成富強民主文明和諧的社會主義現代化國家、實現中華民族偉大復興的中國夢。這表明中國共產黨再一次強調構建和諧社會的重要性。

中國正處於構建社會主義和諧社會的轉型期，和諧社會蘊含著經濟主體之間的公平和互惠。和諧社會應當是同時注重效率與公平、惠及社會所有成員的經濟。即一方面社會經濟的發展應該帶動擴大社會就業並增加勞動者收入，同時維護從業人員合法權益和生命財產安全等，另一方面社會經濟發展的社會財富應該能通過二次收入分配，在全面支持教育、文化、衛生、社會福利保障、公益慈善、社會基礎設施等事業發展的同時，逐漸縮小人民收入差距、降低社會差別、減少人民貧困，從而維護社會的穩定和可持續發展，讓所有成員都能享受社會發展所帶來的經濟福利，產生間接的社會福利效應，促進經濟發展與社會發展相和諧。

經濟學視角下的和諧社會是一種能夠採用主流社會能接受和倡導的經濟手段來實現整個社會群體最大化福利的社會。經濟手段的運用應該為社會大多數成員所接受，從而能順應社會發展的趨勢，這裡就包含實現社會發展的因素：收益公平（強調收益分配結果的公平）和動機公平（強調收益分配過程的公平）。在和諧社會中，每個社會成員都能夠在合理追求自我利益（盡可能最大）的同時適當、合理地關注並兼顧他們的收益，從而使每個社會成員的收益和福利都能得到有效的改善，緩減並消除社會矛盾，最小化社會的運行成本、不斷擴大社會財富，每個社會成員的個人福利也會在社會財富不斷擴大的過程中得到持續改善。

經濟學視角下，和諧社會實現的一個重要目標就是社會整體福利的改善，這種實現不僅僅要依靠傳統的和非傳統的經濟學手段，還要符合和諧社會主義社會的本質內涵。在和諧社會中，應該公平而有效地實現社會資源配置，有效保證人與自然之間的和諧發展，而公平則是保證人與人之間和諧的基礎和前提。因此，公平是出發點，也是落腳點，公平是和諧社會發展的內在要求。而古典經濟學對各個經濟主體經濟行為的研究都是假設他們為完全或純粹理性的，即只關注自身利益的最大化，而不關注他人的收益，經濟主體都是自私自利的個體。這種假設在理論上加劇了社會經濟關係的衝突和矛盾，不利於當前社會主義和諧社會的構建和發展。大量的實驗經濟學、心理學和行為經濟學研究表明，經濟行為主體還存在其他社會偏好（指利他、嫉妒、互惠、公平等關注他人的心理偏好；也稱「涉他偏好」，少數文獻中亦稱「互動偏好」），而各個主體之間的公平、互惠與合作，正是構建和諧經濟社會的必然要求和條件。因此，應研究社會成員之間的公平、互惠與合作，進而促進社會成員之間的和諧、提高團體或組織的效率，從而促進社會的和諧。

本研究考慮團隊成員的公平偏好特徵，把公平偏好心理損益引入效用函數，構建了同時描述能力水平差異和公平偏好強度差異的團隊生產博弈模型，研究公平偏好在不同博弈時序下影響團隊生產效率的內在機理。因此，本研究將行為經濟學中的收益公平和動機公平理論與信息經濟學中的委託代理理論相結合，通過建立基於收益公平和動機公平的委託代理模型，改進了經典的標準委託代理模型，且本研究證明，與標準的委託代理模型相比，考慮收益公平和動機的委託代理模型都能實現帕累托改進，因此植入收益公平和動機公平的委託代理契約能產生更高的收益。當然，政府應當充分發揮促進經濟和諧發展的手段，如政策設計、輿論引導和法律懲戒等，來鼓勵社會成員向公平偏好型轉變，從而累積實現群體經濟行為和諧的條件，進而實現經濟和諧發展乃至社會和諧發展。

國家圖書館出版品預行編目(CIP)資料

基於公平互惠心理偏好的激勵機制設計 / 魏光興 等著. -- 第一版.
-- 臺北市 : 崧博出版 : 財經錢線文化發行, 2018.10

面 ; 公分

ISBN 978-957-735-573-7(平裝)

1.企業管理 2.激勵

494.1 107017086

書　名：基於公平互惠心理偏好的激勵機制設計
作　者：魏光興、覃燕紅、方涌、彭京玲、唐瑜 著
發行人：黃振庭
出版者：崧博出版事業有限公司
發行者：財經錢線文化事業有限公司
E-mail：sonbookservice@gmail.com
粉絲頁　　網　址：
地　址：台北市中正區延平南路六十一號五樓一室
8F.-815, No.61, Sec. 1, Chongqing S. Rd., Zhongzheng Dist., Taipei City 100, Taiwan (R.O.C.)
電　話：(02)2370-3310 傳　真：(02) 2370-3210
總經銷：紅螞蟻圖書有限公司
地　址：台北市內湖區舊宗路二段 121 巷 19 號
電　話 :02-2795-3656　傳真 :02-2795-4100　網址：
印　刷　：京峯彩色印刷有限公司（京峰數位）

定價：350元
發行日期：2018 年 10 月第一版
◎ 本書以POD印製發行